Messerschmitt Bf 110

Die Rehabilitierung eines Flugzeuges

Michael Ziefle

Messerschmitt Bf 110

Die Rehabilitierung eines Flugzeuges

Bibliografische Information der Deutschen Nationalbibliothek
Die Deutsche Nationalbibliothek verzeichnet diese Publikation in der Deutschen Nationalbibliografie; detaillierte bibliografische Daten sind im Internet über http://dnb.d-nb.de abrufbar.

Abbildung Cover:
Me 110 E-2 von Staffelkapitän Olt. Hans-Karl Kamp, NJG 4, Mitte 1942.
Foto: BA 101 I-360-2095-31

Satz, Umschlagdesign, Herstellung und Verlag:
Books on Demand GmbH, Norderstedt

ISBN: 978-3-8370-2289-6

Inhaltsverzeichnis

I. Anmerkungen zum Buch

Seit nunmehr 40 Jahren interessiere ich mich für die Luftfahrt, dabei nimmt die Militärluftfahrt einen überragenden Platz ein. Immer wenn ich Bücher über Luftkriegsgeschichte des Zweiten Weltkrieges gelesen habe, ist mir aufgefallen, dass über ein bestimmtes deutsches Flugzeugmuster oft abfällig und negativ berichtet wird.

Vieles davon wirkt abgeschrieben ohne fundierte Untersuchung der Geschehnisse und Ereignisse. Auch in diesem Buch gibt es, vor allem im Polen- und Norwegenfeldzug, Ähnlichkeiten mit anderen Verfassern von Büchern, da eben die Ereignisse im Luftkampf in den besagten Feldzügen sehr überschaubar waren. Aber bereits im Westfeldzug kommt es zu ersten größeren Gegensätzlichkeiten mit anderen Autoren.

Wie die Überschrift schon aussagt, geht es hier um die Messerschmitt 110. Ob man sie als Me 110 oder Bf 110 bezeichnet, ist meines Erachtens mehr als sekundär, trotzdem habe ich bei der Überschrift das für manchen heutigen Zeitgenossen so wichtige Bf hinzugefügt, aber im Text auf dieses Anhängsel verzichtet.

Hier hat sich ein Oberstabsingenieur mit Namen Roluf Lucht bis heute verewigen können, indem er anordnete, dass alle Flugzeuge, die vor 1938 durch die BFW (Bayerische Flugzeugwerke) entwickelt und konstruiert wurden, die Bezeichnung Bf zu tragen hätten. Dies wurde auch in den Dienstanweisungen so gehalten, auch in Kriegstagebüchern. BFW ist 1938 durch die Messerschmitt AG übernommen worden. Natürlich ist die Me 110 vor 1938 konstruiert worden, aber auch die Me 109 ist schon 1937 in Zürich geflogen und hat dort in punkto Geschwindigkeit über eine Rundstrecke von 202 km gewonnen. In einem Flugzeug-Typenbuch von 1939/40 wird sie trotzdem auch mit Me 109 bezeichnet. Auf jeden Fall hat der geniale Konstrukteur Professor Willy Messerschmitt beide Flugzeuge mit seinen Mitarbeitern entwickelt und sie wurden in Serie bei der Messerschmitt AG gebaut.

Da ich natürlich im Laufe von vierzig Jahren viel gelesen habe und mich auch mit Zeitzeugen gerne über ihre Geschichten und Erlebnisse unterhalten habe, bin ich persönlich hinsichtlich der Me 110 zu einer ganz anderen Wertung gekommen.

Zu den Zeitzeugen, mit denen ich gesprochen habe, gehörten bis zum 13.02.2008 und 30.07.2008 keine 110er-Piloten, sondern ein Fw-190-Schlachtflieger sowie ein Ju 52- Transportflieger. Man kann sagen, dass dies vielleicht zu einer objektiven Betrachtungsweise mehr beigetragen hat.

Diese beiden Piloten haben mich, der ja auch von dem Negativimage der Maschine teilweise infiziert war, einer differenzierteren Betrachtungsweise zugeführt. Vor allem der Ju 52-Pilot, der die Me 110 als Escortmaschine sowohl in Norwegen als auch bei Flügen nach Nordafrika erlebt hat, brachte mich hier zum Umdenken. Die Intention seiner Aussage war auf jeden Fall die, ohne Me 110 und deren Piloten würde er nicht mehr leben.

Es gibt Autoren, die eine Menge Zeit investieren, jeden Verlust einer Me 110 oder deren Beschädigung auf jedwedem Kriegsschauplatz zu dokumentieren, ihre Erfolge übergehen sie jedoch zielstrebig.

Aufgabe des Buches soll sein, die Gefechts- und Kampfleistung der Me 110 in das rechte Licht zu rücken, was sowohl den Einsatz als Zerstörer als auch als Jäger betrifft.

Somit will ich diese Maschine von ihrem Negativimage befreien und natürlich auch ihren Piloten den ihnen zustehenden Platz in der Luftkriegsgeschichte einräumen.

Es geht erstrangig um die Aufgabenerfüllung auf verschiedenen Kriegsschauplätzen und die verschiedenen Rollen des Flugzeuges, am Schluss der Kapitel werden einige Piloten mit ihrer Erfolgsbilanz genannt.

Bleibt noch zu sagen, dass ich mich von der Ideologie des Nationalsozialismus distanziere und dies als ein reines Sachbuch über einen Teilaspekt des Luftkrieges im Zweiten Weltkrieg zu verstehen ist.

Das Buch soll in erster Linie für an der militärischen Luftfahrthistorie interessierte Leser geschrieben sein, die objektiven Sachargumenten zugänglich sind.

II. Entstehungsgeschichte der Me 110

Es wird keine komplette Typengeschichte der Me 110 erfolgen, hierfür gibt es schon eine ganze Reihe von Büchern. Hier soll nur ein Basiswissen vermittelt werden, denn primär geht es in dem Buch um die Kampf- und Gefechtsqualitäten des Flugzeuges.

Im Jahre 1934 kam der Gedanke auf, Bomber durch einen Langstreckenjäger begleiten zu lassen. Der für die Luftfahrt in Deutschland zuständige Hermann Göring hat sich für diesen Gedanken gewinnen lassen, was eine entsprechende Ausschreibung im Jahre 1934 zur Folge hatte. Statt zweier anderer Bewerber, Focke-Wulf 57 und Henschel 124, entschied man sich für das damals noch unter BFW-Federführung konzipierte Produkt, später von der Messerschmitt AG übernommen, mit der Bezeichnung 110.

Hierbei wurde hauptsächlich auf die Vielseitigkeit des Flugzeuges Wert gelegt.

Wenn man sich die blanken Daten der Me 110 vor Augen führt, so konnte die getestete Maschine mit Junkers-Motor 210Da und nur 680 PS eine Höchstgeschwindigkeit von etwas mehr als 400 km/h erzielen. Ausschlaggebend für die Entscheidung könnte auch noch der Faktor Bewaffnung gewesen sein, da man die 110 mit vier Maschinengewehren und zwei Maschinenkanonen im Rumpfbug ausrüsten konnte und einem beweglichen MG 15 für den Beobachter. Die Maschinenkanonen wurden erst 1939 ab C-Serie eingebaut.

Ein Flugzeug zu konzipieren, das als zweimotorige Maschine ausgelegt ist und über so viel Agilität verfügen sollte, um gegebenenfalls auch einmotorige Jagdmaschinen in den Griff zu bekommen, ist nicht gerade einfach. Doch ist es Professor Messerschmitt und seinem Team gelungen, das Optimale in dieser Hinsicht herauszuholen. Dies wird in weiteren Kapiteln auch immer wieder zur Sprache gebracht werden.

Als Messerschmitt die Serienproduktion mit der B-Serie aufnahm, kam auch ein stärkerer Junkers-Motor zum Einsatz, nämlich der 210Ga mit einer nominellen Leistung von 730 PS, der die Me 110 in 4000 m Höhe 455 km / h schnell machte. Einige dieser Maschinen wurden auch noch im Polenfeldzug eingesetzt oder später zur Schulung und anfänglich zur hellen Nachtjagd.

Mit Einführung der C-Serie kam dann der lange erwartete Einbau der Daimler-Benz-600 / 601-Motoren in das Flugzeug.

In diesem Buch werden in den laufenden Kapiteln immer wieder die technischen Daten des entsprechenden Einsatzmusters zur Kenntnis gebracht.

Trotzdem sollen hier ein paar Daten zur Me 110-C-Serie genannt werden:

Spannweite:	16,26 m
Länge:	12,65 m
Höhe:	3,50 m
Leermasse:	5,20 t
Startmasse:	6,75 t
Antrieb:	2 Triebwerke DB 601 mit anfänglich 1 100 PS Leistung zwischen 540 km / h und 560 km / h in 6 000-7 000 m Höhe
Reichweite:	800 km
Dienstgipfelhöhe:	10 000 m
Anfangssteiggeschwindigkeit:	11 m / sec
Bewaffnung:	4 x MG 17 7,9 mm, 2 x MG / FF 20 mm, 1 MG 15 7,9 mm für Bordfunker / Beobachter.

Auch wurde hier schon das Funkgerät FuG 10 verwendet, mit Reichweiten im Langwellenbereich von 450 km und auf Kurzwelle 1 800 km. In der späteren Ausführung P entfiel der Langwellenbereich, dafür wurde der Peilempfänger G 6 installiert.

Zur Entstehungsgeschichte möchte ich noch folgende Aussage treffen:

Die überwiegende Antipathie gegen die Me 110 resultiert oft daraus, dass der Reichsmarschall Hermann Göring sehr stark das Projekt unterstützte und die Zerstörereinheiten von ihm seine „Eisernen“ genannt wurden. So konnten namhafte Autoren nicht umhin, ihre verständliche Abneigung gegen Göring auf das Flugzeug zu projizieren.

Als Beispiel mag dienen Toliver / Constable in ihrem Buch „Das waren die deutschen Jagdfliegerasse 1939-1945“. Hier wird sofort, es geht um die Luftschlacht von England, Bezug auf Hermann Göring genommen. Zitiere: „Auch eines der Lieblingsprojekte Görings, der schwere Jäger oder Zerstörer Me 110, erwies sich als Versager.“

Dem Leser wird gleich psychologisch gut verpackt vermittelt, dass ein Flugzeug, hinter dem Göring stand, ja nur ein Versagerflugzeug sein könnte. Dies zieht sich teilweise, natürlich ungerechtfertigterweise, durch die Luftkriegsliteratur wie ein roter Faden.

Gerade dieser Hermann Göring war es, der sein „Lieblingskind“ Zerstörer Me 110 durch taktische Fehlentscheidungen in manche Bredouille bringen sollte. Ausführlich wird in diesem Buch darauf eingegangen. Doch bei aller Antipathie gegen Hermann Göring sollte man doch dem Flugzeug gegenüber eine zumindest professionelle Fairness walten lassen.

Auch andere Länder sind auf den Zug, einen schweren Jäger zu entwickeln und zu bauen, aufgesprungen. England mit der Beaufighter, Frankreich führte die Potez 63 ein, in Japan brachte man die Ki-45, genannt „Toryu“, heraus, in der Sowjetunion die Pe-2, nicht zu vergessen die Fokker G-1 der Niederländer, die Breda Ba 88 der Italiener und natürlich aus den USA die P-38, wohl einer der damals aktuellsten Entwürfe für einen schweren Jäger, sie wurde Mitte des Jahres 1940 an die Armeeluftwaffe ausgeliefert.

Schon allein daran ist zu erkennen, dass das Konzept eines schweren Jägers nicht so abwegig gewesen sein kann, wie einem oft suggeriert wird.

Abb. 1: Me 110 C-Reihe 1940
Foto: Bundesarchiv (BA) 101 I-403-0310-03

III. Verwendungs- und Einsatzmöglichkeiten

Die Me 110 konnte als schwerer Jäger Begleitschutzaufgaben übernehmen, als einen reinrassigen Jäger konnte man sie nicht bezeichnen, denn sie hatte immerhin ein Anfangsleergewicht von 5,2 t, und das auch nur bis zur C-Serie. Danach stieg das Gewicht der 110 stetig. Zum Vergleich: Eine Me 109 hatte eine Leermasse von 2,0 t.

So wurde die 110 von Anfang an nicht als Jäger, sondern als Zerstörer bezeichnet. Die mit der Me 110 ausgerüsteten Geschwader wurden ja auch als Zerstörergeschwader und nicht als Jagdgeschwader bezeichnet. Beispiele: ZG 1, 2, 26, 76, um nur die Bekanntesten zu nennen.

Die Luftwaffenführung wusste also selbst, dass es sich bei diesem Flugzeugtyp um keinen reinen Jäger handeln konnte, sondern um eine Option von vielen in den verschiedenen Einsatzrollen.

Auch als Jagdbomber wurde sie schon von Kriegsbeginn an eingesetzt, auch als Schnellbomber, da sie bis zu 1,2 t Bombenlast tragen konnte, allerdings diese Bombenlast erst mit der F-Serie. Man hängte jedoch bei dieser Serie auch meist nur 1,0 t ein, um die Struktur des Flugzeuges zu schonen und um eine höhere Geschwindigkeit erreichen zu können. Dabei hat die Me 110 C-4 / B schon bei der „Luftschlacht um England“ in der Erprobungsgruppe 210, später SKG 210, gute Erfolge erzielt.

Übrigens hat der Luftkrieg nicht den Sinn, Luftkämpfe auszufechten, sondern den Gegner bereits am Boden so zu schwächen, dass es nur noch vereinzelt zu Luftgefechten kommen kann, dies wäre der Idealzustand.

Auch in der Aufklärerrolle war die Me 110 eine Bank in der Luftwaffe, und Heer und Marine haben nicht selten von den guten Aufklärereigenschaften der Me 110 profitiert.

Auf dem Gebiet der elektronischen Ausstattung (Funkmess) war die 110 nicht immer optimal ausgerüstet, vor allem bei der Nachtjagd bekam man das zu spüren. Dies kann und darf man aber nicht dem Flugzeug als solchem anlasten, wenn man auf dem elektronischen Sektor nicht immer auf der Höhe der Zeit lag.

Sondern man kann ihre Flugeigenschaften nicht hoch genug einschätzen, dass sie trotz unterlegener elektronischer Ausrüstung diese Erfolge in der Nachtjagd erzielt hat. Natürlich darf man die ausgezeichneten Piloten nicht außer Acht lassen.

Mal ganz abgesehen davon, war die Me 110 rein äußerlich betrachtet eine formschöne, elegante, aerodynamische Erscheinung, das mal nur so nebenbei erwähnt.

Auf die Me 110 als Jäger werde ich noch weiter eingehen, vor allem in der viel beschriebenen „Luftschlacht um England“, vorab jedoch noch einige Anmerkungen zu Luftkampfsiegen im Allgemeinen.
Durch berühmte Piloten bei den einmotorigen Jägern, u. a. Erich Hartmann (352 Abschüsse), Erich Barkhorn (302 Abschüsse), Günter Rall (275 Abschüsse) und so könnte man noch Dutzende nennen, ist der Blickwinkel zu sehr auf Abschusszahlen fokussiert worden. Um das Ganze zu relativieren, muss man sich vor Augen halten, dass bei den westlichen Alliierten eine Abschusszahl von fünf genügte, damit man als Ass galt.

IV. Im Einsatz auf den verschiedenen Kriegsschauplätzen

1. Polen

Um nun mit dem eigentlichen Thema anzufangen, sollte man mit dem Polenfeldzug beginnen, es klingt vielleicht eigenartig, doch zunächst wollte ich diesen Feldzug eigentlich aussparen oder nur kurz streifen, bin aber doch noch auf einige interessante Luftkampfaktivitäten der Zerstörer in Polen gestoßen. Drei Gruppen Zerstörereinheiten, die mit der Me 110 ausgerüstet waren, wurden bei diesem Feldzug mit etwa 90 bis 100 Maschinen aufgeboten. Dies waren die I. / ZG 1, I. (Z) / LG 1 und I. / ZG 76. Die I. / ZG 2 war auch beteiligt, allerdings mit Me 109D.

Gleich in den ersten Tagen kam es zu größeren Luftkämpfen, an denen die Me 110-Einheiten beteiligt waren. Der Hauptfeind waren hier Jagdflugzeuge des Typs PZL 11c. Dies waren Hochdecker mit einem Sternmotor, der etwa 600 PS leistete und eine Höchstgeschwindigkeit von knapp 400 km / h ermöglichte. Ihre Steigleistung von 14,5 m / s war allerdings für diese Zeit enorm. Auch waren sie durch ihre Wendigkeit durchaus ernst zu nehmen. Jedenfalls haben es die polnischen Jagdpiloten an Mut nicht fehlen lassen.

So kam es am Nachmittag des 01.09.1939 zum ersten Luftkampf zwischen Me 110 der I. (Z) / LG 1 mit 20 Maschinen gegen 28 PZL 11c. Bei diesem folgenden Luftkampf waren schon die C-Serie-Modelle der 110 im Einsatz. Es war in diesen Maschinen der DB-601B1-Motor verbaut mit 1 100 PS Leistung. Er verlieh der Maschine eine Höchstgeschwindigkeit von gut 540 km / h.

Hauptmann Schleif war vorübergehend Kommandeur dieser Einheit. Bei diesem ersten Gefecht konnten die Zerstörer sechs polnische Jäger abschießen und hatten dabei keine eigenen Verluste. Der Hauptmann Schleif selbst schoss allein drei Gegner ab. Es gibt hierüber auch Geschichten, wie diese Luftsiege zustande gekommen sein sollen. Nachdem der Hauptmann Schleif eine polnische Maschine abgeschossen hatte, soll sich eine der Me 110 als getroffen davongeschlichen haben, um die polnischen Jäger auf sich zu ziehen, dabei sei der nächste polnische Jäger abgeschossen worden. Und diese Taktik wäre noch einige Male mit Erfolg angewandt worden. Nur glaube ich nicht, dass polnische Jagdflieger fünfmal bei einem Luftkampf auf den gleichen Trick hereinfielen.

Auch am 02.09.1939 kam es zwischen polnischen PZL 11c und Me 110, diesmal mit Zerstörern des ZG 76, zu Luftgefechten. Hier war der später so erfolgreiche Nachtjäger Helmut Lent mit einem Abschuss dabei, nachdem er am Morgen bereits einige Bomber am Boden zerstört hatte. Ein Geschwaderkollege von ihm konnte ebenfalls noch einen Abschuss erzielen. Bei diesem Luftkampf hatten die zwei beteiligten Staffeln des ZG 76 drei Verluste hinzunehmen.

Dazu muss bemerkt werden, dass im I. / ZG 76 noch Staffeln mit Me 110 B-1 ausgerüstet waren, mit Jumo-210-Triebwerken und 730 PS, also nicht nur die Me 109 D mit Jumo-Motor, sondern auch Me 110 mit dieser Motorisierung wurden noch im Polenfeldzug eingesetzt.

Hiermit konnte nur eine Höchstgeschwindigkeit von 455 km / h erzielt werden, auch die Steigleistung ließ zu wünschen übrig, es wäre möglich, dass die eine oder andere Maschine dieser Baureihe ein Opfer der polnischen Jäger wurde, was nicht gegen die polnischen Jäger spricht. Die I. / ZG 1 hatte auch noch einige Maschinen der Baureihe B-1 in ihrem Inventar. Ausschließlich C-Serie-Modelle gab es nur in der I. (Z) / LG 1.

Denn am 03.09.1939 kommt es noch mal zu einer Begegnung bei Warschau unter Beteiligung der I. (Z) / LG 1, wobei das Zahlenverhältnis etwa identisch war mit dem vom 01.09.1939. Hier gelingen der Zerstörergruppe noch einmal fünf Luftsiege bei einem eigenen Verlust. Diese Zerstörergruppe I. (Z) / LG 1 erzielte im Polenfeldzug 29 Abschüsse und war mit die erfolgreichste Einheit. Oft werden in verschiedenen Publikationen PZL 24 als Gegner angegeben, dies war eine verbesserte Exportversion der PZL 11c und wurde bei der polnischen Luftwaffe normal nicht verwendet. Es kann aber gut sein, dass einige fertig gestellte Maschinen für die Eigenverteidigung verwendet wurden.

Obwohl sich die Me 110-, aber auch Me 109-Einheiten schwertaten gegen die polnischen Hochdecker und ihre Wendigkeit, waren doch die deutschen Jägerverluste in Luftkämpfen als gering zu bezeichnen. Die Jäger der Luftwaffe hatten in Polen weit mehr Verluste durch polnische Flugabwehrgeschütze und Unfälle zu verzeichnen als durch Abfangjäger. Es gingen sieben Me 110 bei Luftkämpfen verloren und zehn Me 109.

Mindestens 54 polnische Flugzeuge wurden von Me 110 bei Luftkämpfen abgeschossen. Der überwiegende Teil der polnischen Luftwaffe wurde bereits am Boden ausgeschaltet. Auch hierbei waren die Me 110-Einheiten mit ihrer starken Bewaffnung sehr erfolgreich.

Im Polenfeldzug bei den Zerstörereinheiten wohl der erfolgreichste Pilot war Oberleutnant Werner Methfessel vom I. (Z) / LG 1 mit vier Luftsiegen, jeweils drei Abschüsse hatten der Hauptmann Schleif und der Unteroffizier Alfred Warrelmann, auch beide I. (Z) / LG 1, aufzuweisen. Das I. (Z) / LG 1 wurde im Oktober 1939 in V. (Z) / LG 1 umbenannt.

Ebenso haben der Oberleutnant Hans Jäger und Leutnant Fritz Fahlbusch vom I. / ZG 76 je drei Luftsiege errungen, auch der spätere Nachtjagdorganisator Oberleutnant Wolfgang Falck, 2. / ZG 76, ist mit ebenfalls drei Abschüssen dabei. Von der I. / ZG 76 wurden insgesamt 19 bestätigte Abschüsse erzielt.

Das am Polenfeldzug ebenfalls beteiligte I. / ZG 1 kam letztendlich auf sechs Abschüsse, der spätere Nachtjäger Oberleutnant Walter Ehle hat dabei zwei Luftsiege auf sich verbuchen können.

Auf dem Bild ist der Kommandeur I. / ZG 76, Hauptmann Günther Reinecke, zu erkennen, der im Polenfeldzug einen Luftsieg über eine PZL 11c erzielen konnte.

Abb. 2: Hptm. Günther Reinecke, I. ZG 76,
beim Anlegen des Fallschirmes
Foto: BA 101 I-379-0041-21A

2. Norwegenfeldzug oder Weserübung

Der Norwegenfeldzug, auch genannt „Weserübung", war auf den 09.04.1940 angesetzt worden.

Die deutsche Luftwaffe, die das Ganze letztendlich zu einem erfolgreichen Ausgang gebracht hat, war mit knapp 400 Kampfflugzeugen und 450 Transportflugzeugen beteiligt. Vor allem die Transportkapazität der Luftwaffe hat letztendlich zu einem positiven Ausgang des Feldzuges geführt.

Es wird in mehreren historischen Darstellungen von der Beteiligung zweier Gruppen Me 109 und einer Gruppe Me 110 geschrieben, dies ist ein Irrtum. Nachweislich war es umgekehrt. Die I. Gruppe des ZG 76 unter Hauptmann Reinecke sowie die I. Gruppe des ZG 1 unter Hauptmann Falck waren hier eingesetzt mit zusammen 64 Maschinen des Baumusters Me 110 C. An Me 109 war zunächst nur die II. Gruppe JG 77 mit 38 Maschinen unter Major Harry von Bülow-Bothkamp beteiligt.

Nun zum eigentlichen Geschehen am 09.04.1940:
Die Einnahme des Flugplatzes Oslo-Fornebu sollte ebenfalls einen bedeutenden Platz in der Me 110-Einsatzgeschichte finden.

Ursprünglich war es vorgesehen, den Flugplatz Fornebu durch Fallschirmjäger zu besetzen. Durch schweren Nebel beim Anflug wurde der Verband mit den Fallschirmjägern zurückbeordert. Die zweite Welle mit einem Infanteriebataillon war ebenfalls auf dem Weg nach Fornebu, Göring wollte, dass dieser Verband ebenfalls zurückgerufen wird. Doch der Lufttransportchef Freiherr von Gablenz lehnte dies ab. Er meinte: „Die Landung kann auch auf dem nicht freigekämpften Platz erzwungen werden." Dies war leichter gesagt, als getan.

Trotzdem hat der Kommandeur einen Rückzugsbefehl erhalten, da sich General Geisler durchgesetzt hatte. Der Kommandeur Transportgruppe hielt dies für eine List des Gegners und flog weiter.

Zwar wurden von den Zerstörern bereits Angriffe gegen den Flugplatz geflogen, doch durch das Ausbleiben der Fallschirmjäger war die Flugplatzverteidigung noch nicht niedergekämpft. Zur gleichen Zeit musste sich die Zerstörerstaffel mit neun Gloster Gladiators herumschlagen, einem sehr fortschrittlichen Doppeldecker, der eine Spitzengeschwindigkeit von knapp 420 km / h erreichen konnte. Dabei kam es zum Ausfall zweier Me 110, durch die norwegischen Jäger.

Die Me 110 sollten den Fallschirmjägern Feuerschutz geben. Da diese nicht kamen, hatten die Zerstörer fast ihren gesamten Sprit verflogen. Doch auf einmal kreuzten einige Ju 52 auf, man vermutete, hier handele es sich um die verspäteten Fallschirmjäger. Doch niemand sprang aus den Flugzeugen. Die Me 110-Piloten waren ganz verwundert, als die Ju 52 zur Landung ansetzten. Die Ju Piloten mussten jedoch erkennen, dass eine Landung zu diesem Zeitpunkt, bedingt durch die Platzverteidigung, unmöglich erschien. Da fasste der Staffelführer Oberleutnant Hansen den Entschluss, mit seinen Zerstörern den Flugplatz einzunehmen. Die sechs Me 110 waren bereits mächtig ramponiert und hatten so gut wie keinen Sprit mehr an Bord.

Auch hier treffen wir wieder auf Helmut Lent, den später so berühmt gewordenen Nachtjäger. Er erhielt als Erster den Befehl von Oberleutnant Hansen zu landen. Lt. Lent hatte im Luftkampf zuvor mit dem Abschuss eines Gladiators seinen fünften Luftsieg errungen. Ein Motor seiner 110 war durch Überhitzung ausgefallen. Er musste nun mit seiner Me im Einmotorenflug die Landung einleiten. Mit zu viel Fahrt schlittert er über den Platzrand hinaus, nur einige Meter vor einem Gebäude und Bäumen bleibt die Maschine stehen.

Der nächste Landeversuch, diesmal von Oberleutnant Hansen, verlief nicht viel besser, aber genauso glücklich, zehn Meter vor einem Abhang blieb seine Maschine stehen. Dazu kam noch das Maschinengewehrfeuer der Norweger, das alle unverletzt überstanden.

Diese Aktion machte auf den Flugplatzkommandeur Erling Dahl einen solchen Eindruck, dass die Verteidiger resigniert aufgaben. Danach konnten die Ju 52 mit ihren Infanteristen den Flugplatz vollends einnehmen und sichern.

So hat eine Zerstörerstaffel nicht nur die anfliegenden Ju 52 vor den Gloster Gladiators geschützt, sondern einen wichtigen Flugplatz in Eigeninitiative eingenommen.

Abb. 3: Me 110 des Lt. Helmut Lent nach der Bauchlandung
Foto: BA 101 I-399-0007-05A

Von den neun angetretenen Gladiators wurden zwei direkt von den Zerstörern abgeschossen, sechs davon wurden stark beschädigt und sind bei der anschließenden Notlandung zu Bruch gegangen. Nur ein Gladiator überlebte das Gefecht mit den Zerstörern.

Die Einnahme des Flugplatzes Stavanger-Sola war etwas unspektakulärer, hier klappte die Landung von Fallschirmjägern. Diese wurden aus der Luft von der 3. Staffel ZG76 unterstützt. Geführt von Oberleutnant Gordon Gollob. Allerdings war die Einheit mit nur zwei Zerstörern beteiligt, die mit ihren acht MG und vier MK trotzdem eine eindrucksvolle Feuerkraft darstellten. Die anderen Staffelangehörigen hatten sich bei schlechtem Wetter verfranzt.

Man muss den Norwegern zugestehen, dass sie sich tapfer geschlagen haben. Ihre Luftstreitkräfte verfügten nur über 27 Jäger, davon zwölf Gladiators und 15 Hawker Fury.

Zumal die Norweger insgesamt nur schwach für eine militärische Auseinandersetzung gerüstet waren. So wurden teilweise aus Sicherheitsgründen von ihnen die Gewehre in einem bestimmten Depot gelagert, die für das Schießen notwendigen Gewehrschlösser wurden wieder an einem anderen Ort aufbewahrt, deshalb hat es bei den Norwegern anfangs Probleme bei der Mobilisierung gegeben. Das hat aber für die Leistung der Flugplatzeinnahmen durch die Me 110 keine Relevanz, da sich dort hauptsächlich aktive norwegische Einheiten befanden.

Kurze Zeit nach Beginn des Feldzuges wurden die Norweger durch britische Flugzeuge sowie Bodentruppen, auch französische, unterstützt. Hierbei kamen in der Hauptsache Gloster Gladiator und Bristol Blenheim zum Einsatz. Diese konnten die deutsche Luftüberlegenheit nicht in Frage stellen, die gerade hier im Besonderen durch die Me 110-Einheiten herbeigeführt wurde.

Lt. Lent kam im Verlaufe des Norwegenfeldzuges noch einmal zu zwei Luftsiegen über Gloster Gladiator. Für einen Me 110-Piloten nicht so einfach, da hier eine enorme Wendigkeit des Doppeldeckers vorgelegen hat und die Briten ihre Apparate beherrschten. Ich will nur damit ausdrücken, es liest sich einfacher, als es in Wirklichkeit war.

Gerade als die britisch-französischen Streitkräfte in Norwegen Nachschub und Truppenverstärkungen zum Ende des Monats April erhalten sollten, kam es vermehrt zu Luftkämpfen mit RAF-Einheiten. Hierbei setzte die RAF vermehrt den leichten Bomber Blenheim ein, auch als Langstreckenjäger für ihre Konvois nach Norwegen. Bei einem Luftkampf mit eben diesen Blenheim-Bombern / Jägern ist der Gruppenkommandeur der I. / ZG 76, Hptm. Reinecke, mit seinem Bordfunker am 30.04.1940 tödlich abgeschossen worden.

Auch trägergestützte Einheiten wurden von den Briten in den Kampf geworfen. Als Beispiel sei angeführt der Versuch von 15 Blackburn Skuas, dies waren englische Trägerflugzeuge der Ark Royal, beim Angriff auf das deutsche Schlachtschiff Scharnhorst am 13.06.1940 im Trondheimfjord. Die Flugzeuge waren Sturzkampfbomber mit einer 227-kg-Bombe unter dem Rumpf. Es stellten sich ihnen die 4. / JG 77 und die 3. / ZG 76 entgegen. Es konnten neun dieser Bomber abgeschossen werden, den Erfolg teilten sich die beiden Einheiten mit fünf Luftsiegen JG 77 und vier für das ZG 76. Doch wichtiger war natürlich, dass es auf dem Schlachtschiff Scharnhorst so gut wie keine Schäden gab. Mit jeweils einem Abschuss waren hier der Oberleutnant Gollob und Oberfeldwebel Schob beteiligt.

Im Norwegenfeldzug zählte der Leutnant Helmut Lent mit vier Abschüssen zur Spitze der Zerstörerpiloten. Ihm folgte Oberfeldwebel Leo Schuhmacher ebenfalls mit vier Abschüssen. Oberleutnant Gordon Gollob sowie Oberfeldwebel Herbert Schob waren mit jeweils zwei Luftsiegen erfolgreich.

3. Frankreichfeldzug, Sonderfall Niederlande

Der eigentliche Krieg im Westen begann am 10.05.1940 mit dem Angriff gegen Frankreich, Belgien und die sich neutral verhaltenden Niederlande. Gerade der Fünf-Tage-Krieg gegen die Niederlande hatte es in sich. Hier hatte die Luftwaffe schwere Verluste hinzunehmen. Vor allem die Transportfliegerverbände waren durch die starke niederländische Flak bei

Luftlandeeinsätzen sehr stark in Mitleidenschaft gezogen worden. Diese Verluste hatten wahrscheinlich noch Nachwirkungen bis auf den Kriegsschauplatz Nordafrika 1941, da mindestens 150 Transportflugzeuge abgeschossen oder so sehr beschädigt wurden, dass eine weitere Verwendung nicht mehr in Frage kam.

Ein schnelles Auffüllen der Transportkapazitäten war nicht möglich, da die Produktion von Transportflugzeugen in der Prioritätenliste nicht sehr weit oben stand. Im Jahr 1940 lag die monatliche Produktion an Ju 52 bei durchschnittlich knapp 30 Flugzeugen. Man legte zu diesem Zeitpunkt sehr viel mehr Wert auf die Produktion von Kampfflugzeugen, selbst Jäger mussten zurückstehen, was sich später negativ auswirkte, doch wahrscheinlich aufgrund der Produktionsmittel nicht zu ändern war.

Zu vereinzelten Luftkämpfen mit niederländischen Jägern kam es immer wieder. Die Niederländer setzten die Fokker D.XXI und einen zweimotorigen Jäger Fokker G-1 ein. Vor allem der zweimotorige Jäger war ein sehr fortschrittliches Flugzeug, was die Konstruktion betraf, nur die Motoren waren zu schwach, um mit den deutschen Jägern mithalten zu können.

Gerade die Daten dieses Jägers sollen dem Leser nicht vorenthalten werden. Mit zwei Mercury-Motoren von je 830 PS konnte er eine Höchstgeschwindigkeit von 475 km / h erreichen. Dazu hatte er im Rumpfvorderteil eine richtiggehende MG-Batterie, bestehend aus acht Brownings 7,9 mm.

Damit konnten die Niederländer einige deutsche Bomber sowie Ju 52 abschießen. Schon am ersten Tag, dem 10.05.1940, machten die G-1-Maschinen auf sich aufmerksam, als sie einige Heinkel 111 abschießen konnten, die gerade ihren Flugplatz Waalhaven bombardierten. In einer dieser He 111, die abgeschossen wurden, befand sich der Gruppenkommodore des KG 4, Oberst Martin Fiebig. Dieser sprang mit dem Fallschirm ab und kam prompt in niederländische Gefangenschaft.

Auch die deutschen Jäger mussten Verluste hinnehmen, immerhin neun Me 109 und vier Me 110 gingen in Luftkämpfen über den Niederlanden verloren durch fast ausschließlich niederländische Fokker-D.XXI-Jäger, jedoch wurden zwei Me 109-Abschüsse durch G-1 gemeldet. Drei Me 109 und eine Me 110 wurden zusätzlich von französischen und englischen Jagdmaschinen über den Niederlanden abgeschossen.

Die deutsche Luftwaffe beanspruchte ihrerseits 40 Jägerabschüsse über den Niederlanden, davon gingen 23 auf das Konto der Me 110, worin auch die Abschüsse von französischen Flugzeugen sowie fünf englischen Hurricane enthalten sind, die den Niederländern zu Hilfe geeilt waren.

Aber nicht nur Hurricane, auch Blenheim-MK-IF-Langstreckenjäger-Verbände versuchten die deutsche Offensive in den Niederlanden zu stoppen. Dies waren eigentlich leichte Bomber mit einer Wanne unter dem Rumpf, in der sich vier starr nach vorne gerichtete MG befanden, zwei MG befanden sich in einer Glaskuppel auf dem Rumpfrücken, die Höchstgeschwindigkeit lag bei 410 km / h.

So kam es am 10.05.1940 zu einer Begegnung zwischen sechs Blenheim MK IF und einer Staffel Me 110 C-4 des ZG 1, die einen Bomberverband von He 111 begleitete. Bei diesem Luftkampf wurden fünf Blenheim abgeschossen ohne eigenen Verlust.

Bereits am nächsten Tag, dem 11.05.1940, kamen französische Flugzeuge, um den Niederländern zu helfen, hier hat der Oberfeldwebel Fritz Stahl mit seiner Me 110 in einem Luftkampf zwei französische Potez 63 abschießen können. Die Potez 63 war bei den Franzosen das Gegenstück zu der Me 110. Sie hatte glänzende Flugeigenschaften, doch die Motorleistung war zu schwach, um mit der 110 ernsthaft konkurrieren zu können, schon die Höchstgeschwindigkeit von 425 km / h war indiskutabel, und die Bewaffnung mit 3 x 7,5 mm-Maschinengewehren konnte zu dieser Zeit keinen mehr so richtig beeindrucken. Hier im Segment der Zweimotorigen hatten die Niederländer mit der Fokker G-1 den Deutschen eine überzeugendere Maschine entgegenzustellen als die französischen Luftstreitkräfte.

Trotz dieses Erfolges war der Nebenfeldzug in den Niederlanden kein Spaziergang, wie er oft dargestellt wird, gerade im Bereich der Ju 52-Transporteinheiten war er ein Desaster. Die Verluste resultierten allerdings zu 40 % aus der gut organisierten niederländischen Flak, Artilleriebeschuss und Angriffe von niederländischen Flugzeugen auf gelandete deutsche Transportverbände und etliche Landeunfälle machten 45 % aus, die restlichen 15 % die niederländischen Jäger in der Luft. Auch die Koordination zwischen Deckungs- und Transportfliegereinheiten klappte auf deutscher Seite nicht immer reibungslos.

Im Bereich Niederlande war die I. und II. / ZG 1 eingesetzt. Hier wären noch die Zerstörerpiloten Leutnant Richard Marchfelder zu nennen mit drei Erfolgen, davon zwei Fokker D.XXI und eine Spitfire[1], und Leutnant Wolfgang Schenck mit zwei Fokker-D.XXI-Abschüssen.

Und jetzt zum eigentlichen Frankreichfeldzug

Ich beginne diesen Abschnitt mit der Aussage eines französischen Piloten, Jean Gisclon, der in seinem Buch „Sie eröffneten den Tanz“ Folgendes zur Me 110 bemerkte: „Die Me 110 ist ein schweres Jagdflugzeug mit einer hohen Beweglichkeit.“

Schließlich muss er es ja wissen, da er mehrfach die Klingen mit Flugzeugen des Typs Me 110 gekreuzt hat. In dem oben genannten Buch werden die Luftkämpfe zwischen französischen und deutschen Jägern fair und eindrucksvoll geschildert, was man nicht unbedingt von allen alliierten Autoren behaupten kann. Von Fallobst im Zusammenhang mit der Me 110 konnte in diesem Insider-Buch nicht die Rede sein.

Auch auf diesem Kriegsschauplatz gehörten die Me 110 fast ausschließlich der C- Baureihe an. Sie mussten sich hier mit Morane-406-, Hawk-75-, Dewoitne-520-, Bloch-151-Jägern auseinandersetzen, deren Höchstgeschwindigkeit bei 500 bis 540 km / h lag.

Man kann es schon an der Geschwindigkeit der französischen Jäger ablesen, dass ihnen Entscheidendes gefehlt hatte, ich bin ja schon im Kapitel Niederlande kurz darauf eingegangen, als ich über den Abschuss der zwei Potez 63 berichtete. Nämlich ein konkurrenzfähiger Flugzeugmotor, hier hatten die Franzosen die Entwicklung leistungsfähiger Flugmotoren versäumt, ihre Jäger konnten nur eine Motorleistung von 900 bis 1 000 PS an die Luftschraube bringen.

---

1 Wahrscheinlich zu diesem Zeitpunkt eine Hurricane, Spitfire wurden erst nach dem 20.05.1940 von der RAF eingesetzt.

Es gelang, zwischen 250 und 400 französische Jäger in Luftkämpfen außer Gefecht zu setzen, hierzu gibt es sehr viele widersprüchliche Zahlenwerke. Davon gingen auf das Konto der Me 110 mindestens 90 Abschüsse. Ihre Hauptaufgabe war hier schon das Begleiten von Kampfflugzeugen und der Einsatz als Erdkampfflugzeug.

Und gerade in diesem Einsatzszenario hat es den Zerstörereinheiten nicht an Fortune gemangelt. Die französische Luftwaffe verlor bereits in den ersten Stunden und Tagen des Angriffes 50 % ihrer Flugzeuge am Boden, auch die Kommunikationseinrichtungen wurden dabei ausgeschaltet. Natürlich waren hier auch andere Luftwaffenformationen beteiligt, die zum Erfolg beitrugen. Aber gerade bei Angriffen auf französische Flugplätze waren meist die Zerstörer in großem Umfang vertreten. Somit kam es nur noch zu sporadischen Luftkämpfen. Trotzdem haben sich die französischen Jagdflieger bravourös geschlagen. Sie hatten exzellente Piloten in ihren Reihen.

Großbritannien hat versucht, Frankreich mit dem Einsatz seiner RAF zu stabilisieren. Es wurden sowohl Hurricanes in größerer Menge als auch einige Staffeln Spitfire über Frankreich eingesetzt.

Es gibt tatsächlich Autoren, die behaupten, Großbritannien hätte keine Spitfire nach Frankreich entsandt. Der für die Luftverteidigung zuständige General Hugh Dowding hat Churchill bremsen müssen, nicht zu viele Jagdstaffeln nach Frankreich zu schicken. Auch hat er Churchill klargemacht, dass gerade die Spitfire-Staffeln der 11. Group für Großbritannien noch lebenswichtig werden könnten, und man solle sie jetzt nicht mehr über Frankreich verheizen. Quelle: „Der vergessene Sieger" von Robert Wright.

Gerade als es darum ging, den Rückzug der geschlagenen britischen Armee aus Dünkirchen zu decken, wurde von der RAF vermehrt auf die Spitfire zurückgegriffen. Diese konnten auch einige Erfolge gegen die deutsche Luftwaffe erzielen. Es kam hier auch zu mehreren Luftkämpfen zwischen Me 110-Einheiten und Spitfire-Sqn.

Ein solcher Tag war der 31.05.1940, als es zu einer Konfrontation zwischen der 5. Staffel des II. / ZG 26 und britischen Spitfire über Dünkirchen kam. Staffelkapitän war Theodor Rossiwall, der bei diesem Luftkampf selbst zwei Spitfire abschießen konnte, insgesamt erzielte die Staffel fünf Luftsiege.

Abb. 4: Olt. Theodor Rossiwall, 5./ZG26, während des Westfeldzuges
Foto: BA I -341-0496-33

Am 01.06.1940 sollen laut britischen Quellen sogar acht Spitfire durch die II./ZG76 abgeschossen worden sein.

Bei dieser Operation „Dynamo" hat die RAF 177 Flugzeuge in Luftkämpfen verloren, und etwa 200 Schiffe wurden durch die Luftwaffe versenkt. Die beiden ZG26 und 76 übrigens, die II./76 waren die Me 110 mit dem Haifischmaul unter der Führung von Hauptmann Erich Groth, waren hier mit knapp 40 Luftsiegen beteiligt. Die deutsche Seite hatte dabei 132 Flugzeuge als Verluste zu beklagen, hier sind natürlich deutsche Kampfflugzeuge mit eingeschlossen.

Bereits drei Tage vor Beginn der britischen Operation, also am 23.05.1940, kam es zu einem Luftgefecht zwischen Spitfire- und Me 110-Einheiten, die einen deutschen Verband von Ju 87 und Ju 88 begleiteten. Es gibt hier von englischer Seite einen eindrucksvollen Einsatzbericht. Von dem Einheitsführer der 92. Squadron wird die Me 110 wie folgt beschrieben: „Die deutsche Me 110 ist im Horizontalflug der Spitfire bezüglich der Geschwindigkeit jedenfalls unterlegen, sie kurvt aber ausgezeichnet [!] und taucht bei Angriffen auch regelmäßig sehr schnell weg. Zumindest im Kurvenflug sind unsere Spitfire der Me 110 aber in jedem Falle gleichwertig." Die Beurteilung des RAF-Einheitsführers in Bezug auf die Flugeigenschaften der Me 110 ist doch sehr aufschlussreich, wie ich meine.

Das Ergebnis an diesem Tag: Sieben Me 110 sollen abgeschossen worden sein, aber auch die 92. Sqn. verlor drei Spitfire bei diesem Einsatz. Nur am 23.05.1940 hatten die Zerstörereinheiten keine Totalverluste zu beklagen. Bei dem genannten Luftgefecht wurden drei Me 110 lediglich schwer beschädigt. Zwei Spitfire-Piloten aus diesem Luftkampf gerieten jedoch in deutsche Gefangenschaft. Bei den Kampfflugzeugen gingen drei Ju 87 verloren durch eine Hurricane-Einheit. Die Ju 88 kamen mit einigen Schrammen davon. Am Luftkampfgeschehen auf deutscher Seite war die II. / ZG 76 beteiligt. Im Einsatzbericht der RAF-Einheit steht weiter, dass alle restlichen Flugzeuge der Squadron mehrfach getroffen wurden.

Ich will nicht den Eindruck vermitteln, dass die Spitfire kein hervorragendes Jagdflugzeug gewesen wäre. Doch wie immer sollte man sich mit Übertreibungen zurückhalten. Eines der britischen Asse im Zweiten Weltkrieg, Vizeluftmarschall J. E. Johnson, schreibt dazu in seinem Buch „Jagd am Himmel": „Leider haben die bei Dünkirchen eingesetzten Jagdflieger der RAF dreimal mehr Abschüsse feindlicher Flugzeuge behauptet, als tatsächlich vernichtet wurden, wonach dann phantastische Berichte von der Überlegenheit der britischen Jäger in Umlauf gebracht wurden."

Solcherart phantastische Gerüchte werden von Autoren heute noch in Umlauf gebracht. Oder will man dem Vizeluftmarschall Johnson, der selbst Spitfire flog, seine Sachkenntnis absprechen?

Als ein Extrembeispiel mag der 11.05.1940 dienen, also zu einem Zeitpunkt vor dem Unternehmen „Dynamo". Hier kamen sich eine Hurricane-

Squadron und Me 110 der I. / ZG 2 in die Quere. Die britischen Jäger meldeten den Abschuss von 25 [!] Me 110, das wäre die gesamte deutsche Gruppe gewesen. Tatsächlich wurden von ihrer Einheit sechs Luftsiege anerkannt. In anderer Quelle werden gar nur zwei Me 110 als Verlust angegeben. Denn für diesen Tag werden sieben Gesamtverluste durch die Luftwaffe eingeräumt. Im Einzelnen kamen noch drei Verluste ZG 1 und zwei Verluste ZG 26 hinzu. Dafür war die II. / ZG 76 an diesem Tag bei einem Begleitschutzeinsatz erfolgreich gegen französische Jäger mit fünf Abschüssen über Morane-406- und Hawk-75-Jäger.

Am 12.05.1940 konnte das III. / ZG 26 bei einem Einsatz über Belgien, im Raum Gent-Dendermonde, sieben Luftsiege gegen französische Jäger der Typen Morane 406 und Hawk 75 erzielen, ohne eigene Verluste.

Dieselbe britische Einheit, die am 11.05.1940 25 Me 110 abgeschossen haben will, hat am 15.05.1940 noch einmal alleine 16 Me 110 als abgeschossen gemeldet, es gingen an diesem Tag insgesamt, von allen Zerstörereinheiten, „nur“ neun Flugzeuge verloren. Am besagten Datum war die Einsatzfrequenz der am Frankreichfeldzug beteiligten Zerstörereinheiten besonders hoch. Es gab einen Luftkampf zwischen der 6. / ZG 76 und der nicht näher von mir bezeichneten RAF-Squadron. Bei diesem Luftkampf wurden zwei Me 110 abgeschossen, die britischen Verluste beliefen sich auf drei Maschinen. Dass die eine oder andere Me 110 an diesem Tag zu einem anderen Zeitpunkt von einer dieser Hurricanes derselben Squadron abgeschossen wurde, kann ich nicht ausschließen, doch insgesamt 16 auf keinen Fall.

Das III. / ZG 26 mit seinem Kommandeur Major Schalk hat bei einem Luftkampf mit französischen Jägern zwei Verluste hinnehmen müssen, das III. / ZG 26 meldete den Abschuss von neun feindlichen Jägern, es wurden jedoch nur drei Abschüsse anerkannt.

Bei einem Luftkampf in der Nähe von Reims mit Hurricane-Jägern, bei dem die 14. (Z) / LG 1 mit ihrem Staffelkapitän Olt. Werner Methfessel beteiligt war, ist Olt. Methfessel mit Bordfunker tödlich abgeschossen worden. Olt.

Methfessel war bis dato einer der erfolgreichsten Me 110-Piloten mit acht Abschüssen.

17.05.1940
Start ca. 9.15 Uhr
Neun Me 110 mit Gruppenkommandeur Hptm. Groth II. ZG 76
Begleitschutz für eine Staffel He 111
Ziel Eisenbahnknotenpunkt am Albert-Kanal
Feindkontakt um 11.45 Uhr, ca. 25-30 Feindjäger Morane, Hawk
Luftkampf mit Feindjägern
Erfolg: Sieben Abschüsse: Hptm. Groth zwei Hawk 75,
Fw. Anthony zwei Morane,
Uffz. Jörke zwei Hawk 75,
Lt. Borchers eine Morane.
Verluste: keine

Ein besonders verlustreicher Tag war der 18.05.1940 mit acht Verlusten, dazu zählte der Major Walter Grabmann, Kommodore ZG 76, er überlebte den Vorfall. Doch konnten auch sie, nämlich die 5. / ZG 76, sechs Luftsiege gegen Hurricane und eine Morane erzielen.

Um noch einmal auf die Evakuierung des britischen Expeditionskorps zurückzukommen: Am 27.05.1940 kam es zu einer Begegnung der 8. / ZG 26 mit einer Hurricane Squadron, dies dürfte die 79. gewesen sein. Die Briten beanspruchten zwei Luftsiege, einen wahrscheinlichen, und Beschädigung einer Me 110. Doch die Zerstörer konnten sechs Hurricane-Jäger in diesem Luftkampf bezwingen.

Großbritannien hat in der Schlacht um Frankreich gut 200 Hurricanes und 70 Spitfire verloren. Dies wird von Briten auch nicht mehr bestritten, nur von überwiegend deutschen Autoren wird das Märchen vom Nichteinsetzen der Spitfire am Leben erhalten.

Die Gesamtverluste der RAF an allen Flugzeugen lagen bei 700 Maschinen. In einigen Zahlenwerken wird von über 1 000 RAF-Flugzeugen gesprochen, das dürfte überzogen sein, die deutschen Verluste mit 1200 Maschinen ebenfalls, hier dürften 800-900 der Realität eher entsprechen. Die Gesamtzahl der Zerstörerverluste liegt bei 100 Flugzeugen, mit eingeschlossen durch Flak und Unfälle.

Am 24.06.1940 musste Frankreich trotz Hilfe Großbritanniens kapitulieren. Auch die deutsche Luftüberlegenheit konnte nicht verhindern, dass über 330000 alliierte Soldaten nach Großbritannien evakuiert wurden, was man als logistische Glanzleistung bewerten muss. Doch sollte auch erwähnt werden, dass Hitler selbst den Panzerverbänden verboten hat, weiter gegen das britische Expeditionskorps vorzugehen, warum auch immer.

Die Me 110-Verbände haben auch in dieser Phase Herausragendes geleistet, auch wenn die Verluste hier mit etwa 60 Maschinen allein gegen RAF-Jäger – die französische Luftwaffe konnte noch mal 15 Me 110 in Luftkämpfen bezwingen – höher lagen als in den anderen Feldzügen. Dies war aber auch bei den anderen Jagdverbänden der Fall. Immerhin gelang es, Frankreich in sechs Wochen niederzuringen, natürlich nicht nur mit der Luftwaffe, was vorher niemand geglaubt hätte. Wenigstens 70-80 englische Jagdmaschinen fielen den deutschen Zerstörern zum Opfer, darunter etliche Spitfire. Nimmt man die Erfolge gegen die französische Luftwaffe hinzu, beträgt das Abschussverhältnis in etwa 1,5-2:1 zugunsten der Me 110-Piloten.

Ich möchte hier noch eine Anmerkung machen zu den Verlusten gegen die französische Luftwaffe. Es wurden von französischen Piloten mehr als besagte 15 Luftsiege über Me 110 beansprucht. Erklärung dafür ist, dass die Zerstörereinheiten am Anfang oft Kampfflugzeuge des Typs Do 17 begleitet haben, diese Maschine sah der Me 110 wegen ihres ebenfalls vorhandenen doppelten Seitenleitwerkes zum Verwechseln ähnlich und sie sah auch nicht viel größer aus mit ihrem schmalen Rumpf. So dürften einige Me 110 als abgeschossen deklariert worden sein, die in Wirklichkeit Do 17 gewesen sind.

Zugegeben, gegen die RAF war das Abschussverhältnis nicht so positiv. Der sehr erfolgreiche Hans-Joachim Jabs hat nach dem Krieg die mangelnde Geschwindigkeit kritisiert und dass die Me 110 eben nicht wendig genug gewesen sei. Dies allerdings im Vergleich zur Spitfire, die ja wohl als reinrassiger Jäger zu bezeichnen ist. Ich möchte diese kritische Einlassung nicht verhehlen, obwohl gerade er sehr erfolgreich mit der Me 110 unterwegs war, und nicht nur Hans-Joachim Jabs.

Man hat zu dem Zeitpunkt alle aerodynamischen Möglichkeiten, die zur Verfügung standen, wie automatische Handley-Page-Vorflügel, Querruder mit Massenausgleich unter anderem eingesetzt, um die Agilität der Me 110 zu erhöhen. Es ist dies relativ gelungen, nämlich im Vergleich zu anderen zweimotorigen Jägern, doch absolut natürlich nicht ganz. Doch möchte ich auf ein Vergleichsfliegen zwischen einem Focke-Wulf-Prototypen Fw 190 V5, kurz bevor diese Maschine in Serie ging, und einer Me 110 C-4 hinweisen, bei dem die 110 enger kurven konnte. Danach erhöhte man bei der 190 die Spannweite um knapp einen Meter, um sie wendiger zu machen. Eine kurze Spannweite reicht eben nicht aus, wenn das Gewicht dabei laufend erhöht wird. Physikalische Gesetze können nicht einfach beiseitegeschoben werden. Die Spannweite der Me 110 zur Erinnerung: 16,26 m, Gewicht: 5,2 t, die Daten der Spitfire: 11,20 m und 2,3 t. Zu denken, dass man ohne größere Verluste gegen die RAF davonkommen könnte, ist der nationalsozialistischen Indoktrination und Propaganda zuzuschreiben.

Die Me 110-Einheiten haben dennoch zum Erfolg beigetragen, und chancenlos gegen Einmotorige, wie einige schreiben, waren sie auf keinen Fall. Denn allein auf wendige Flugzeuge kam es auch nicht an, denn dann hätte man ja auf die Dreidecker aus dem Ersten Weltkrieg zurückgreifen müssen.

Leider können nachfolgend nicht alle erfolgreichen Piloten genannt werden, da hierfür die entsprechenden Unterlagen und Dokumente fehlen. So sind in der Hauptsache die Piloten des III. / ZG 26 erfasst. Das Gesamtergebnis dieser Gruppe: Für sie stehen 58 Abschüsse zu Buche. In Frankreich waren der Gruppenkommandeur III. / ZG 26, Major Johannes Schalk, mit drei und sein Bordfunker Unteroffizier Hans Scheuplein mit zwei Abschüssen eine erfolgreiche Besatzung.

Abb. 5: Maj. Schalk (Mitte), Kdr. III.. und Olt. Rossiwall (rechts) vom II. / ZG 26
Foto: BA 101 I-341-0496-31

Leutnant Siegfried Kuhrke gelangen fünf Abschüsse über Jäger. Der Oberleutnant Sophus Baagoe schoss vier Jäger, davon zwei britische Hurricane, ab. Oberleutnant Günther Specht vom Stab I. / ZG 26 konnte bei Calais drei britische Jäger bezwingen, er hatte beim Abschuss eines Wellington-Bombers mit Me 109D Anfang Dezember 1939 über der Nordsee ein Auge verloren. Umso erstaunlicher die Leistung dieses Piloten.

Beim ZG 76 verhält sich die Sache einfacher, das I. / ZG 76 war zum Zeitpunkt des Frankreichfeldzuges in Norwegen disloziert und die III. / ZG 76 befand sich in der Aufstellung bei Trier.

Aber die II. / ZG 76, die so genannte Haifischgruppe, nahm am Frankreichfeldzug teil. Gesamtresultat der Gruppe: 103 Abschüsse. Oberleutnant Heinz Nacke schoss im Frankreichfeldzug neun Flugzeuge ab, davon vier

RAF-Jäger bei Dünkirchen. Leutnant Hans-Joachim Jabs gelangen sieben Abschüsse, davon zwei Spitfire bei Dünkirchen. Gruppenkommandeur Hauptmann Erich Groth erzielte vier, Oberleutnant Wilhelm Herget vier, Leutnant Walter Borchers vier und Oberfeldwebel Georg Anthony vier Luftsiege. Von den vier Letztgenannten wurden alleine sechs Spitfire bei Dünkirchen abgeschossen.

Das V. (Z) / LG 1 hatte sich bereits in Polen bewährt, auch hier in Frankreich hat es der Gruppe an Erfolgen nicht gemangelt. Insgesamt standen für die Gruppe 18 Abschüsse an Jägern zu Buche. Allein der Oberleutnant Helmut Müller brachte es auf fünf Luftsiege, darunter zwei Spitfire bei Dünkirchen. Feldwebel Gerhard Jentzsch schoss zwei Spitfire ab, bei Reims und Amiens.

Auf eine Episode am Rande will ich hier eingehen, es geht um die Grenzzwischenfälle mit der Schweiz, da man diese Ereignisse gerne als Beweis nimmt, um die Me 110 als Jagdflugzeug zu diskreditieren. Das Ganze spielte sich im Mai / Juni 1940 ab, also zu der Zeit, da der Frankreichfeldzug seinen Höhepunkt erreicht hatte.

Hier kamen sich Schweizer Abfangjäger und deutsche Me 110-Einheiten in die Quere. Wohlgemerkt sollten die Schweizer provoziert werden, da sie über ihrem Hoheitsgebiet einige deutsche Kampfflugzeuge abgeschossen hatten. Das von Göring angezettelte Geplänkel war wirklich an Dummheit nicht zu überbieten.

Alle drei Staffeln des II. / ZG 1 sollten als eine Art Begleitschutz für He 111 an der Schweizer Grenze entlang fliegen. Die Zahlen schwanken, 24-28 Me 110 sollen beteiligt gewesen sein. Die Zerstörer haben dann wohl die Grenze überschritten und sind in drei verschiedenen Höhen Abwehrkreise geflogen, um zu erkunden, was wohl die Schweizer so machen werden. Die Schweizer haben das gemacht, woran sie im Ernst nicht gedacht hatten. 15 Me 109 E der Schweizer Flugwaffe griffen die Me 110-Formationen an wie im Bilderbuch, aus der Sonne kommend und aus 1 000 m Überhöhung, drei Me 110 wurden während des nachfolgenden Gefechtes abgeschossen und eine konnte auf Schweizer Gebiet notlanden. Bei der Verfolgung konnte eine

Schweizer Me 109 schwer beschädigt werden, so dass diese abgeschrieben werden musste.

Die Schweizer konnten sich zum Teil einer weiteren Verfolgung entziehen, da sie ja die Örtlichkeiten besser kannten als ihre deutschen Widersacher, sprich, sie flogen relativ tief in die umliegenden Täler, wie z. B. die Taubenlochschlucht hinein, wohin ihnen die größere Me 110 und ihre Piloten, die ja auch das Gelände nicht kannten, nicht folgen konnten. Eine endlose Ausweitung des Luftkampfes konnte auch nicht stattfinden, da diese von der deutschen Führung nicht abgedeckt war.

Man hat die Schweizer unterschätzt, dies wäre mit Sicherheit auch anderen Flugzeugtypen bei dieser Taktik widerfahren. Zumal man wissen musste, dass die Schweizer hervorragende Piloten in ihren Reihen hatten und mit der Me 109 E auch über ein leistungsstarkes Flugzeug verfügten, und Abwehrkreise sind meiner Meinung nach kein probates Mittel gegen Angreifer, weil zu statisch und unflexibel, zumal bei einer Maschine wie der Me 110, die mehr aus der Dynamik heraus eingesetzt werden muss.

Auch die Komponente, dass ein Flugzeug sich überraschend auf einen Gegner stürzte, ihn abschoss und dann wieder in den Kreis zurückkehrte, war nicht immer von Erfolg gekrönt. Im Gegenteil, die Gegner konnten sich so auf diese einzelne Maschine konzentrieren und sie gegebenenfalls abschießen, die anderen verblieben ja im Abwehrkreis. Man hat diese Abwehrkreise auch nur noch einige Male über England und Nordafrika praktiziert, teilweise mit Erfolg, vor allen Dingen wenn es sich um kleinere Verbände handelte. Nur hier über der Schweiz war es natürlich fatal zu warten, bis der „Gegner“ in Erscheinung trat, denn man kann nicht so ohne weiteres einfach schnell den Hebel auf Aktion umlegen.

Man muss der Zerstörerwaffe hier zugutehalten, dass es sie ja erst seit 1938 gab und sie sich noch teilweise, was die Taktiken betraf, im Versuchsstadium befand. Es kam auch immer etwas darauf an, ob der entsprechende Gruppenkommandeur von den Jägern kam oder von den Kampffliegern. Zumal die damals erfolgreichsten Zerstörerverbände, was die Luftsiege betraf, nämlich ZG 26 und 76 oder V.(Z) / LG 1, nicht an der Aktion beteiligt waren.

Göring hat danach bei der Schweizer Regierung Druck gemacht, natürlich zu Unrecht, und die deutschen Flugzeuge durften ab 20.06.1940 nicht mehr von der Schweizer Flugwaffe angegriffen werden, jedenfalls innerhalb einer bestimmten Zone. Natürlich waren die Schweizer Politiker so realistisch und lenkten ein, denn das wussten sie, mit ihren knapp 100 Jagdflugzeugen – davon 10 Me 109 D und etwa 30 Me 109 E, dazu kamen noch etwa 60 D-3800 einer verbesserten Lizenzfertigung der Schweizer Luftfahrtindustrie von der französischen Morane 406 – konnten sie einem massiven deutschen Vergeltungsschlag aus der Luft nicht viel entgegensetzen. Zumal um sie herum nur noch Feindgebiet gewesen wäre, außer Liechtenstein.

Man hat auch bei den vielen Darstellungen den Werdegang des II. / ZG 1 nicht in Betracht gezogen, das an diesen Vorgängen beteiligt war. Diese Gruppe flog bis März / April 1940 Me 109 D oder E und wurde dann auf die Me 110 C umgeschult. Dass natürlich in kaum zwei Monaten die Piloten mit dem Handling der schwereren Maschine nicht unbedingt vertraut waren, dürfte wohl jedem einleuchten, auch die Zusammenarbeit zwischen Pilot und Bordfunker hat hier nicht geklappt, wie zwei gefangene Bordfunker beim Verhör aussagten. Darauf hat die Luftwaffenführung keine Rücksicht genommen, da man ja die anderen Nationen generell unterschätzte.

Dass man allerdings eine allumfassende Quintessenz der Leistungsfähigkeit eines Flugzeuges daraus zieht, wie es manche Autoren gerne tun, vermag ich bei der oben genannten Sachlage nicht nachzuvollziehen. Zumal eingeräumt worden ist, dass die Gefechte schwer überschaubar gewesen sein sollen, und wer einen Gegner abgeschossen oder beschädigt habe, lasse sich nicht mehr exakt ermitteln, denn eine Me 110 wurde durch eine Schweizer 7,5-cm-Flakbatterie mit Recht als Abschuss für sich in Anspruch genommen. Auch einige D-3800 sollen sich noch an den Luftkämpfen beteiligt haben, so dass sich die zahlenmäßige Überlegenheit deutscherseits arg in Grenzen hielt.

Aber genug, Adolf Hitler hatte nicht vor, jedenfalls nicht wegen der oben beschriebenen Geplänkel, die Schweiz zu überfallen, hier war der ansonsten irrationale Hitler vernünftiger als seine Militärs. Meines Erachtens hat aber auch das Schweizer Militär nicht vernünftig gehandelt, denn wegen

Luftraumverletzungen die Waffen sprechen zu lassen, ist eine zumindest riskante Reaktion gewesen. Auf beiden Seiten gab es Tote, und die Schweizer mussten schlussendlich doch klein beigeben. Natürlich waren die Schweizer im Recht, keine Frage, aber auch die sich neutral verhaltenden Niederlande waren im Recht, und keiner konnte es zu dieser Zeit durchsetzen.

Man brauchte die Schweiz für andere Geschäfte, auch war der Sieg über Frankreich das alles überschattende Ereignis zu dieser Zeit, und somit brauchte die Schweiz keine nachhaltigeren Konsequenzen zu tragen.

4. Die Luftschlacht um England

In diesem Kapitel werde ich umfassend auf diese Begebenheit, ab 13.08.1940 auch „Adlertag" genannt, eingehen. Denn sie ist gerade für die Me 110 ein Schlüsselereignis gewesen. Jeder misst das Flugzeug an diesem Ereignis, wo doch die eigentliche Luftschlacht nur einen Zeitraum von zwölf Wochen einnahm. Doch sehr viele Publikationen gerade über diese Schlacht sind geschrieben und abgeschrieben worden.

Ich werde mich in der Hauptsache auf die Me 110 und ihre Rolle dabei beschränken. Natürlich muss auch hier auf verschiedene Kausalzusammenhänge eingegangen werden.

Das fängt schon mal beim Zahlenmaterial an. Natürlich versuchen die Nachfahren der früheren Sieger die Leistungen ihrer Väter und Großväter dadurch noch zu steigern, dass sie Zahlenmaterial verwenden, das mit den realen Zahlen nicht in Übereinstimmung zu bringen ist. Einfacher gesagt: Es wird mit Traumzahlen operiert. Übrigens, manche Zeitgenossen übernehmen diese Zahlen, ohne eine Spur von Skepsis an den Tag zu legen, und argumentieren damit bei Veröffentlichungen und Diskussionen.

Die von mir genannten Zahlenwerke basieren auf der Meldung des Generalluftzeugmeisters Erhard Milch für einsatzbereite Jagd- und Kampfflugzeuge vom August 1940: also gerade zu dem Zeitpunkt, als die Auseinandersetzungen mit der RAF begannen.

So verfügte die Luftwaffe über:
700 Kampfflugzeuge, (Ju 88, He 111, Do 17 etc.)
200 Stukas, (Ju 87, Hs 123)
700 Einmot-Jäger (Me 109)
Es konnten nur 220 Zweimot-Jäger (Me 110)
gegen Großbritannien aufgeboten werden. Hier ist die Rede von einsatzfähigen Flugzeugen und nicht vom Gesamtbestand. In der Anfangsphase waren es sogar nur 190 Me 110, da noch 30 davon in Norwegen disloziert waren.

Können rund 200 Flugzeuge bei diesen Gesamtzahlen enttäuschen? Dazu kamen die miesesten Aufgaben für die Zerstörerpiloten hinzu. Nämlich Begleitschutz für Kampfflugzeuge nach einer von Göring ausgedachten selbstmörderischen Taktik. Ich werde in diesem Kapitel noch näher darauf eingehen.

Doch zunächst die Einsatzstärke der RAF:
700 Einmot-Jäger (Hurricane, Spitfire),
davon entfielen 22 Staffeln auf die Hurricane: 380 Flugzeuge
und 20 Staffeln auf die Spitfire: 320 Flugzeuge.

Allerdings gibt es dazu mehrere Versionen, eine andere besagt 38 Staffeln Hurricane und 19 Staffeln Spitfire, mehrere Varianten stehen zur Auswahl. Doch kommen die von mir zuerst genannten Zahlen der Wahrheit am nächsten. Den Defiant-Jäger habe ich nicht mitgerechnet, da dieser für Großbritannien kaum ins Gewicht gefallen ist.

Sprich: Es standen sich also etwa gleich viele Einmot-Jäger zu Beginn der Luftschlacht gegenüber, übrigens bei beiden Varianten. Dies ist schon mal eine schlechte Voraussetzung, da nach einhelliger Meinung von Militärexperten eine Überlegenheit von mindestens 2 : 1 besser 3 : 1 für den Angreifer herrschen sollte. Bei der RAF war der Turnaround viel höher; da sie ja über eigenem Gebiet eingesetzt wurden, konnten sie nach einer Landung und Übernahme von Kraftstoff sowie Munition schnell wieder starten.

Das nächste Problem für die deutsche Luftwaffe war das zwar noch nicht störungsfreie, doch immerhin einsatzfähige britische Radar. Die Bedeutung dieser Anlagen wird auch immer etwas heruntergespielt im Sinne der fliegenden Verbände der RAF. Ist ja verständlich, immerhin mussten die Jagdflieger ihren Kopf hinhalten. Doch konnten sich die RAF-Jagdstaffeln auf die Richtung der einfliegenden deutschen Kampfflugzeuge einstellen. Selbst die Einflughöhe konnte bis auf wenige Meter bestimmt werden, und das hatte für einen anstehenden Luftkampf eine eminente Bedeutung.

Auch von deutscher Seite wurde den Briten kräftig durch den größten „Taktiker" Hermann Göring und einige Kampfflugzeug-Einheitsführer geholfen. Hermann Göring hat den Verbandsführern des Jagdschutzes, insbesondere den Zerstörergeschwadern, befohlen, sich direkt neben die Bomber als Begleitschutz zu setzen. Das war eigentlich ein Todesurteil sowohl für die Bomber als auch für den Begleitschutz. Denn die Jäger mussten nun mit etwa der gleichen Geschwindigkeit neben den Bombern herfliegen.

Dies bedeutete für die Jäger, eine Geschwindigkeit zu fliegen, die nahe an der Abrissgeschwindigkeit lag, bei entsprechender Landeklappenstellung Start und kleiner Einstellung des VDM-Verstellpropellers waren auch 240 km/h drin, nur ging es hier nicht um den Rekord im Langsamflug. Denn die deutschen Kampfflugzeuge konnten bei einer Bombenzuladung von 2,5 t (Ju 88), 2,0 t (He 111) nur noch eine Geschwindigkeit von ca. 320-340 km/h erreichen. Die Ju 87, genannt Stuka, mit Bombenzuladung gar nur 250 km/h.

Jetzt fliegt also eine solche Formation Richtung Großbritannien und wird vom Radar erfasst. Die britischen Jagdflieger wissen meist ganz genau, aus welcher Richtung die deutsche Formation erscheinen wird und in welcher Höhe. Somit haben die britischen Piloten den gravierenden Vorteil, sich über den deutschen Verband zu setzen und aus Überhöhung mit einer Geschwindigkeit von 600-650 km/h die Deutschen aus der Sonne oder von hinten anzugreifen.

Das der Me 110 kritisch gegenüberstehende Autorenpaar Toliver/Constable hat von dem ehemaligen Major und Eichenlaubträger Hartmann Grasser eine nach meinem Dafürhalten widersprüchliche Aussage veröffentlicht. Toliver/Constable in dem besagten Buch: „Hartmann Grasser, der mit der Me 110 gegen Spitfire siegreich blieb, beschreibt die Gefahren in diesem schweren Jägertyp: ‚Die RAF-Jäger konnten jederzeit aus der Überhöhung angreifen, und das Überraschungsmoment lag unweigerlich auf ihrer Seite. Die Me 110 war einfach zu schwer, um mit der Spitfire oder der Hurricane fertig zu werden. Man musste Glück haben, um zu überleben.'"

Den ersten Teil seiner Aussage kann ich nur unterstreichen, nur den zweiten Teil nicht mehr. Denn bei der gegebenen taktischen Unterlegenheit, wie er es ja selbst von sich gibt, also bei einer solchen Konstellation hatten auch die Me 109-Piloten weniger Chancen, die Kampfflugzeuge zu schützen, sondern mussten sehen, dass sie nicht selbst zum Opfer wurden. Bei der Me 110 war dies natürlich noch problematischer, da ihre Beschleunigungswerte nicht so gut waren wie die der Me 109. Die Me 110 wurde ja durch Görings Befehl in eine statische Rolle gezwängt, die nicht zu ihrer Flugphysik passte.

Zu Major Grasser wäre zu sagen, dass er selbst zwangsweise von der Me 109 zu den Zerstörern versetzt wurde und nach vier Luftsiegen auf der Me 110 wieder zu seiner Me 109 zurückkehren durfte. Mit dieser brachte er es auf weitere 99 Abschüsse. Den letzten Satz von Hartmann Grasser mit dem Glück, allgemein auf den Krieg bezogen, könnte man stehen lassen. Zumal auch bedeutende Me 109-Piloten die angewandte Taktik verfluchten.

Doch weiter im Thema mit den taktischen Nachteilen auf deutscher Seite. Um die Verluste bei den Zerstörereinheiten zu minimieren, sind diese dann dazu übergegangen, einen Abwehrkreis zu bilden, jedoch hatte die 110 nur ein MG 7,9 mm nach hinten, das der Bordfunker bediente. Somit konnte nach hinten wenig Abwehrwirkung erzielt werden. Mit dieser Taktik hat man die Verluste nur etwas in Grenzen halten können. Ich habe ja die Problematik des Abwehrkreises schon beim Thema Schweiz hinlänglich erklärt. Komischerweise, als man das mit dem Abwehrkreis nicht mehr praktizierte, wurde in die Me 110 eine effizientere Bewaffnung für den Bordfunker eingebaut, das MG 81Z mit besserer Lafette und Visier. Es war dies ein Zwillings-MG, zwar das gleiche Kaliber, aber nun mit einer erhöhten Feuerrate, ebenso wurden die Bordfunker besser im Schießverfahren ausgebildet, dies hat sich später ausgezahlt. Ich werde noch etwas detaillierter auf das oben genannte MG 81Z bei Einführung der G-Version eingehen.

Doch für Abwehrkreise im größeren Stil kamen diese Veränderungen zu spät, da man sie nicht mehr oder nur noch selten einsetzte.

Leider wurde diese Taktik, nämlich neben den Bombern zu fliegen, lange praktiziert und die Verluste bei Kampfflugzeugen, Jägern und Zerstörern waren immens, zumal eben nur 190 Me 110 am Anfang zur Verfügung standen.

Bei einem Begleitschutzeinsatz am 8.08.1940, bei dem die I. / ZG 2 und die V.(Z) / LG 1 beteiligt waren, konnten beide Gruppen immerhin 18 Jäger abschießen. Davon elf das V.(Z) / LG 1.

Bei einem der größten Abwehrkreise in diesem Feldzug, am 11.08.1940, mit über 50 Maschinen hat das ZG 2 bereits sechs Flugzeuge und einen Gruppenkommandeur verloren. Allerdings konnten die Bomber vom Typ Ju 88 und He 111 die Öllager von Portland ohne Verlust erreichen und bombardieren. Die angreifenden Hurricane und Spitfire konzentrierten sich auf den Abwehrkreis. Auch sie hatten Verluste, das ZG 2 meldete den Abschuss von 17 Feindmaschinen, diese Zahl war jedoch nicht real, durch den Abwehrkreis bedingt sah man jedes abstürzende Feindflugzeug als eigenen Erfolg an, tatsächlich dürften es vier Abschüsse gewesen sein. Die ebenfalls an diesem Luftkampf beteiligten Me 109-Jäger konnten elf Luftsiege verbuchen, die RAF-Einheiten meldeten 15 Verluste und einige beschädigte Maschinen.

Der eigentliche Beginn dieser Luftschlacht am 13.08.1940 begann für die Zerstörereinheiten vor allem der I. und II. / ZG 26 und der V.(Z) / LG 1 mit ca. 30 Luftsiegen bei einem Verlust von 13 Maschinen.

Auf den 15.08.1940 werde ich noch gesondert eingehen, er wurde als „Schwarzer Donnerstag“ für die Luftwaffe bezeichnet.

Ein überaus erfolgreicher Geleitschutzeinsatz gelang einer Gruppe des ZG 26 für drei Gruppen Ju 88 des KG 51, die am 16.08.1940 gegen Redhill, Brooklands und Gatwick eingesetzt wurden. Obwohl beim Rückflug mehrmals angegriffen, wurde nicht eine Ju 88 Opfer der RAF-Jäger. Doch verlor die Gruppe des ZG 26 mindestens drei Me 110.

Der 18.08.1940 war für die ZG 26 mit insgesamt 14 verloren gegangenen Maschinen ein herber Schlag, doch es gelang dem III. / ZG 26 bei diesen zwei Geleitschutzeinsätzen 20 RAF-Jäger abzuschießen.

Abb. 6: Eine Kette Me 110 Ende Juni 1940 kurz vor Beginn der „Battle of Britain"
Foto: BA 101 I-402-0273-04A

Beim Geleitschutzeinsatz am 21.08.1940 für Ju 88 durch Einheiten der III. / ZG 26, V.(Z) / LG 1 und ZG 2 verloren die Zerstörer sieben Maschinen und einige wurden beschädigt. Am 25.08.1940 verlor das ZG 2 allein fünf Me 110 bei einem Einsatz für Ju 88. Das V.(Z) / LG 1 war bei zwei Einsätzen am 30.08.1940 mit fünf Abschüssen erfolgreich, vier Hurricane und eine Spitfire.

Ein mehr als erfolgreicher Begleitschutzeinsatz ergab sich am 31.08.1940, als die III. / ZG 26 eine Gruppe Do-17-Kampfflugzeuge begleitete in Richtung Debden, dort wurden sie von mehreren Staffeln Hurricane und Spitfire angegriffen. Neun Spitfire und vier Hurricane waren ein hoher Preis für die RAF, da der Do-17-Verband kaum Verluste zu beklagen hatte und die Zerstörereinheit „nur" drei Flugzeuge verlor.

Abb. 7: Start einer Me 110 des ZG 26, Juli 1940
Foto: BA 101 I-343-0668-14

Bei einem Geleitschutzeinsatz am 1.09.1940 für einen Bomberverband Richtung Biggin Hill konnte vor allem die 6. / ZG 76 einige Feindflugzeuge abschießen, dabei waren besonders die Olt. Jabs (zwei Spitfire und eine Hurricane) und Olt. Herget (drei Spitfire) erfolgreich. Die bei diesem Einsatz ebenfalls eingesetzte V.(Z) / LG 1 bekam zwei Luftsiege (Lt. Schmidt und Uffz. Kramp) zugesprochen, hatte aber auch selbst zwei Verluste.

Auch Göring hatte nach den langen Verlustlisten ein Einsehen, und so konnte man jedenfalls wieder zum freieren Jagdschutz übergehen.

An dieser Stelle sollte noch mitgeteilt werden, dass die Funkgeräte der Jäger und der Bomber frequenzmäßig nicht immer aufeinander abgestimmt waren, deshalb haben sich Bomber und Begleitschutz oft nicht gefunden, dies war besonders am Anfang ein großes Ärgernis.

Es wird in manchen Publikationen immer wieder stereotyp behauptet, dass die Me 110 im Luftkampf gegen Hurricane und Spitfire keine Chance gehabt hätte. Unterstützt wird diese Meinung von einem, der es eigentlich besser wissen müsste. Es ist dies der bekannte Peter Townsend, der in seinem Buch „Duell der Adler“ etwa die Meinung zu Papier bringt, die Ju 87 und die Me 110 seien Nietenflugzeuge gewesen.

Ich weise dies für die Ju 87, noch mehr für die Me 110 zurück. An Townsends Bewertung ist festzustellen, wie auch englische Propaganda das Urteilsvermögen von Zeitzeugen beeinträchtigen konnte.

Townsend wurde bei Luftkämpfen mehrfach mit der Me 110 konfrontiert, bei einem dieser Luftkämpfe hatte er das Glück, von einem Kollegen gerettet zu werden. Bei einer späteren Begegnung hatte er weniger Glück und die Luftschlacht war für ihn zu Ende, da er von einem dieser Me 110-Nietenflugzeuge abgeschossen wurde, als er gerade eine Me 109 im Visier hatte. Dabei hat er sich eine Verwundung zugezogen und konnte an besagter Luftschlacht nicht weiter teilnehmen. Dieser Widerspruch ist ihm wohl in seinem Buch nicht aufgefallen.

In mehreren Büchern wird auch von folgendem Ereignis geschrieben:
Am 13.08.1940, also am offiziellen Adlertag der Luftschlacht, hatten 23 Me 110 den Auftrag, es war die V.(Z)LG 1, Gewaltaufklärung im Raum Portland zu fliegen. Ziel eines solchen Vorstoßes war, britische Jägerkräfte anzulocken, um deutschen Kampffliegern einen Angriff auf RAF-Flugplätze zu ermöglichen, wenn dort nach dem Einsatz gegen den Me 110-Verband die Jagdmaschinen wieder aufgetankt / munitioniert werden mussten.

Dieser Zerstörerverband wurde jedoch früh durch britische Radaranlagen erfasst. Selbst die Zahl wurde exakt durch das Radar ermittelt. Die Briten gingen davon aus, dass es sich bei diesem Verband um Kampfflugzeuge / Bomber handelte. Etwa drei oder vier Staffeln Hurricane und Spitfire wurden zur Abwehr dieses Feindverbandes freigegeben. Insgesamt knapp 50 britische gegen 23 deutsche Jäger. Wie erwähnt hatten die Briten sämtliche strategischen Vorteile.

Fünf Me 110 wurden abgeschossen, dies wurde von deutscher Seite auch bestätigt. Diese Darstellung der Ereignisse wurde auch so in mehreren Büchern übernommen.

Die Interpretation, dass hier keine Verluste der RAF vorgelegen haben können, ist nahe liegend. Dies ist jedoch nur die halbe Wahrheit, denn eine Spitfire hat man ins Wasser fallen sehen, und zwei weitere sind rauchend abgedreht. Die Zerstörer meldeten fünf Abschüsse, welche bestätigt wurden. Man muss sich vorstellen, dass für eine Bestätigung ein bis zwei Zeugen notwendig waren, der eigene Bordfunker wurde als Zeuge nicht anerkannt. Selbst wenn man fünf Abschüsse in Zweifel zieht, müssten drei Verluste bei den RAF-Jägern eingetreten sein.

Der Vorgang hatte für zwei Luftflottenbefehlshaber noch ein Nachspiel bei Hermann Göring.

Doch gehörte zur Strategie der RAF, Verluste so gering wie möglich erscheinen zu lassen. Man hat nur direkte Verluste, etwa Explosion in der Luft, zugegeben. Sobald aber eine Notlandung mit anschließender Werftliegezeit selbst von mehreren Wochen vorlag, wurde dies nicht als Verlust gemeldet. Ja, nicht einmal, wenn das Flugzeug nur noch zum Ersatzteilspender taugte.

Schon der bekannte Autor Cajus Bekker hat in seinem 1964 erschienenen Buch „Angriffshöhe 4000“ Zweifel gehegt an der Mär, die Me 110 wäre Fallobst gewesen.

Doch wird in einer offiziellen Geschichte, die Denis Richards schrieb, folgende Feststellung getroffen: „Es wurde in dieser Periode nicht nur beträchtlicher Schaden an den Bodeneinrichtungen angerichtet, sondern die britischen Verluste an Jägern überstiegen die Produktion so sehr, dass in drei weiteren Wochen der Kämpfe im gleichen Ausmaß – wenn die Deutschen noch drei weitere Wochen hätten durchhalten können – die Jägerreserven vollständig aufgebraucht gewesen wären.“

Dazu sollte man vielleicht wissen, dass die britische Jägerproduktion ab dem Juli 1940 höher lag als die der Deutschen, dank Lord Beaverbrook, der für die britische Luftrüstung verantwortlich zeichnete. Man geht sogar davon aus, dass die monatliche Produktionszahl fast doppelt so hoch lag wie die der Deutschen. In den Monaten Juli, August, September wurden etwa 90 Me 110 im Monat gefertigt, Me 109 gingen 150 von den Bändern, zusammen also 240 Jäger im Monat. Großbritannien produzierte in den besagten Monaten zwischen 430 und 480 Flugzeuge der Typen Spitfire und Hurricane pro Monat.

Auch auf den britischen Militärflugplätzen sah es nicht besonders gut aus. Gerade hier hat sich die Me 110 auf einem anderen Gebiet ausgezeichnet, nämlich als Schnellbomber. Hier war die Erprobungsgruppe 210 oder auch später S.K.G. 210 im Einsatz mit zwei Staffeln Me 110. Vor allem nachdem die Ju 87 abgezogen worden waren, kam diese Gruppe immer mehr als Schnell- und Präzisionsbomber zum Einsatz. Damit wurden in der Hauptsache Flugplätze der RAF und Radarstationen angegriffen. Angriffe auf Rüstungsanlagen wurden ebenfalls von der Erprobungsgruppe 210 ausgeführt. Es gab sogar einen Vorschlag von RAF-Offizieren, den Jägerstützpunkt Manston aufzulösen, da dieser dauernd durch die Erprobungsgruppe 210 beharkt wurde. Die dritte Gruppe der Staffel bestand aus 7-9 Me 109, die zumeist als Jabo eingesetzt wurden, aber auch als Begleitschutz für die Me 110, da diese ja mit 2 x 250-kg- oder 1 x 500-kg-Bomben behängt waren. Hier wurden die Me 110 C-4 / B eingesetzt mit einer Bombenlast von 500 kg. Vereinzelt sollen auch 2 x 500-kg-Bomben eingesetzt worden sein. Doch war die Struktur der C-4 für diese Bombenlast nicht ausgelegt. Erst ab der D-Version war die Belastung von einer Tonne im Lastenheft verankert.

Abb. 8: Bombe wird am Bomben-ETC einer Me 110 des ZG 26 eingehängt. Foto: BA 101 I-405-0585-24A

Ein anderer größerer Erfolg ging von den mit Präzision durchgeführten Angriffen auf Radaranlagen aus. Wohlgemerkt, diese Erprobungsgruppe war nicht mit der Me 210 ausgerüstet. Diese wurde erst Anfang 1941 in einer Erprobungsstaffel getestet.

Mit acht 500-kg-Bomben wurde die Radarstation Pevensey getroffen, dabei flog die ganze Station in die Luft, dies am 03.08.1940. Hiermit konnte eine 160 km breite Lücke in das britische Radarnetz geschlagen werden. So konnten Stuka-Gruppen teilweise ohne Verluste die Jägerflugplätze Hawkinge und Lampne angreifen. Durch diese Lücke konnte auch ein größerer Verband mit 100 Ju 88 schlüpfen, damit waren die Hafenanlagen von Portsmouth und die darin liegenden Schiffe einem schweren Bombardement ausgesetzt.

Auch beim Bekämpfen der britischen Geleitzüge im Kanal kam es zu einigen Erfolgen dieser Gruppe. Doch die Verluste waren entsprechend hoch, denn auch zum Begleitschutz wurde diese Gruppe manchmal herangezogen, obwohl gerade hier hauptsächlich Me 110-Piloten mit Kampfflugzeug-Erfahrung eingesetzt wurden, die im Luftkampf noch nicht versiert waren.

Die Erfolge waren nachweisbar, doch wurde dies nie richtig anerkannt, wohl auch aus dem Grund, dass sie den Jafüs (Jagdflugzeugführern) unterstellt waren, die überwiegend aus der Jagdfliegerei kamen und mit den Zerstörern wohl nichts am Hut hatten. Die Zusammenarbeit und Kameradschaft zwischen Jägern und Zerstörern auf Geschwaderebene war ausgezeichnet, um dies klarzustellen.

Mit Sicherheit wäre die Luftwaffe erfolgreicher gewesen, wenn sie mehr solcher Verbände wie die Erpr. Gruppe. 210 in der Luftschlacht hätte einsetzen können.

Die erfolgreichen Operationen der Luftwaffe sind in Deutschland strategisch nicht umgesetzt worden. Es fehlte ganz einfach an einem geeigneten Nachrichtennetz / Agentendienst in Großbritannien. Das kam daher, dass Hitler selbst dem Abwehradmiral Canaris verboten hat, ein solches Netz in Großbritannien noch vor dem Krieg aufzubauen. Aufgrund dieses und auch anderer Defizite hat Hermann Göring die Taktik geändert, und zwar am 07.09.1940, als er den Befehl gab, die Priorität der Angriffe nicht mehr auf

Flugplätze, Radaranlagen und Rüstungsfirmen zu konzentrieren, sondern mehr Terrorangriffe auf London und andere Städte durchzuführen.

Bemerkung Dowding wörtlich: „Es gab mir ein Gefühl der Erleichterung – riesige Erleichterung. Ich konnte kaum glauben, dass die Deutschen einen solchen Fehler gemacht haben sollten. Mir kam allmählich der Glaube, dass es sich um einen übernatürlichen Eingriff gehandelt haben musste und dass das wahrhaftig der entscheidende Tag war."

Der übernatürliche Eingriff wurde durch Hermann Göring vorgenommen.

Trotz der von Göring für den Bomberbegleitschutz herausgegebenen Prämissen konnte die deutsche Luftwaffe die Jäger der RAF und ihre Basen so weit unter Druck setzen, dass ein Unternehmen „Seelöwe", nämlich eine Invasion von Großbritannien, was die Luftüberlegenheit anging, zumindest Anfang September 1940 möglich gewesen wäre.

Der Kommandeur des ZG 76, Walter Grabmann, hat am 02.09.1940, nachdem er am Vortag mit seinem Geschwader einen Bomberverband begleitet und dabei selbst eine Spitfire abgeschossen hatte, übrigens ohne Me 109-Begleitung, dem General Osterkamp gemeldet, über der Insel sei nicht mehr viel los.

An diesem Tag konnten die Zerstörerverbände wieder einige Luftsiege für sich verbuchen. Die zwei Gruppen des ZG 2 trafen bei Begleitschutz auf ca. 15 Spitfire. Bei diesem Luftkampf kam das ZG 2 auf vier Luftsiege gegen Spitfire und hatte drei eigene Verluste. Auch am späten Nachmittag über London kam es zwischen den zwei Gruppen des ZG 76 und 70-80 RAF-Jägern zu Luftkämpfen. Das ZG 76 beanspruchte acht Luftsiege zu zwei Verlusten. Es wird von der RAF zugegeben, dass die deutschen Zerstörereinheiten an diesem Tag, 02.09.1940, mehr RAF-Jäger abgeschossen haben als umgekehrt.

Das Problem lag meines Erachtens eher bei der deutschen Marine, die keine geeigneten Landemittel und auch für eine Landung zu dem Zeitpunkt nur wenige Zerstörer zur Verfügung hatte. Nahezu 50 % der vorhandenen Zerstörer, in diesem Falle ist von Schiffen die Rede, wurden in Norwegen im April 1940 durch die Royal Navy versenkt.

Als nächstes Beispiel für die Me 110-Diskriminierung sollen zwei weitere Bücher von namhaften britischen Historikern dienen.

Len Deighton schreibt in seinem tagebuchartig gehaltenen Buch unter dem 03.09.1940: „Die als Begleitschutz der Bomber dienenden Me 110 erwiesen sich an diesem Tag als ungewohnt erfolgreich. Es gelang ihnen, eine Reihe von britischen Jägern abzuschießen."

An diesem Tag wurde von den Briten bestätigt, nur sechzehn RAF-Jäger wären abgeschossen worden, das III. / ZG 26 hatte an diesem Tag allein zwölf bestätigte Abschüsse über Hurricane und Spitfire. Zur Geschichte selbst: Es wurden 45 Dorniers begleitet, nur eine wurde abgeschossen, das ZG 2 verlor fünf Me 110, das ZG 26 vier Maschinen. Es nahmen am Gefecht sieben RAF-Squadrons teil, also 60-70 Jäger.

Wenn er den 04.09.1940 hinzugenommen hätte, so wäre auch dieser Tag als zumindest ausgeglichen zu bezeichnen gewesen. An diesem Tag schoss die II. / ZG 76 allein 15 feindliche Jäger ab, selbst hatte man jedoch elf Flugzeuge verloren.

Jedoch muss hinzugefügt werden, dass an diesem Tag der Erprobungsgruppe 210 von 20 gegen die Hawker-Werke eingesetzten Me 110 ebenfalls noch sechs Flugzeuge verloren gingen, durch Hurricane-Jäger, trotz Not warfen die restlichen 14 Besatzungen ihre Bomben nicht ab, sondern nahmen sich die Vickers-Werke vor. Dabei konnte beträchtlicher Schaden angerichtet werden, die Produktion dieses Werkes stand knapp eine Woche still. Hiervon schreibt McKee, also besagter 03.09.1940, in seinem Buch „Entscheidung über England" nichts.

Jedoch dürfen die Me 110 bei ihm am 30.09.1940 einen Erfolg verbuchen. Allerdings werden von ihm die erfolgreicheren Vortage ausgeblendet. Am besagten 30.09. wurden He 111 durch Me 110 begleitet, sie wurden von der 56. Staffel angegriffen, die mit Hurricane ausgerüstet war. Hierbei wurden fünf Hurricane durch die eskortierenden Me 110 abgeschossen.

Von diesem Vorgang schreibt Len Deighton wieder nichts in seinem Buch „Luftschlacht über England". Dies sind nur zwei exemplarische Beispiele für eine „objektive" Berichterstattung.

Gerechterweise muss man zugeben, dass gerade Len Deighton in seinem Buch stark bemüht ist, objektiv zu berichten. So schreibt er: „Die Me 110 ist häufig falsch beurteilt und von vielen Geschichtsschreibern als nebensächlicher Faktor in den Schlachten von 1940 angesehen worden. Sie ist es indessen wert, dass man ihr respektvolle Aufmerksamkeit schenkt." Der Autor weiter: „Die Me 110 war eine schwere Maschine, gut geeignet für die klassische Taktik eines Jägerpiloten, sich auf den Feind von oben zu stürzen, eine lange Salve aus den Buggeschützen abzufeuern (die von der Me 110 gewöhnlich das Ende für den Gegner bedeutete) und sich schleunigst davonzumachen." Dem letzten Zitat kann ich nur teilweise, was die klassische Taktik angeht, voll beipflichten, doch war sie durchaus in der Lage, mit dem entsprechenden Piloten auch Kurvenkämpfe siegreich zu bestehen, wie oft bewiesen wurde. Denn am 26.09. und 27.09.1940 wurden vom V.(Z) / LG 1 und III. / ZG 26 mindestens 14 britische Jäger abgeschossen.

Hier etwas zu den Abschusszahlen im Allgemeinen, nach den Angaben der RAF wurden von Zerstörereinheiten am 08.08. / 11.08. / 13.08. und 21.08.1940 zu viele Luftsiege gemeldet. Das ist möglich, vor allem beim Abwehrkreis, wie ich schon beschrieben habe. Doch kamen auch bei deutschen Jägern und RAF-Angaben des Fighter Command solcherart Fehlmeldungen zustande. Gerade wenn über hundert Maschinen in Luftkämpfe verwickelt waren, kamen die meisten Fehlmeldungen auf beiden Seiten zustande.

Die Verluste der Me 110 waren zwar recht hoch, übrigens geht auch ein Teil ihrer Verluste auf die britische Bodenabwehr, kurz Flak genannt, zurück. Ebenso mussten auch einige Maschinen durch Notwasserung abgeschrieben werden, da ihnen der Sprit über dem Kanal ausging.

In einer Veröffentlichung mit einer martialischen Zeichnung auf dem Cover, in der es um die Me 110 geht, werden aneinandergereiht nur die Erfolge der britischen Jäger gegen die 110 aufgezählt, natürlich nur signifikant die Tage herausgepickt, an denen die RAF-Jäger besonders viele Luftsiege zu verzeichnen hatten. So einseitig war die Angelegenheit wohl doch nicht. Der Leser wird wirklich hinters Licht geführt, das ist noch gelinde ausgedrückt.

Es gibt auch einen deutschen Autor, der ein besonderes Luftgefecht am 03.09.1940 in sein Buch aufgenommen hat. Es geht dabei um die Westland Whirlwind gegen die Me 110. Diesen von dem Autor beschriebenen Luftkampf hat es nie gegeben, doch sollen nach seinen Angaben zwölf Me 110 von diesen Flugzeugen abgeschossen worden sein. Die Whirlwind wurde nur von der 263. Sqn. eingesetzt. Das Flugzeug kam ab Juli 1940 nur in geringen Stückzahlen zu seinem Einsatzverband. Zwar war man mit den Flugeigenschaften sehr zufrieden, doch ihre Motoren hatten laufend Probleme, ebenso war ihre Reichweite unbefriedigend für eine zweimotorige Maschine. So wurde diese Einheit nur sehr behutsam eingesetzt. Ihren ersten richtigen Einsatz hatte sie Mitte Januar 1941, wo der Verband seinen ersten Luftsieg [!] verbuchen konnte über eine Ju 88, der zweite war ein Bordflugzeug Arado 196 im Februar 1941. Das sind Angaben aus britischen Quellen ! Das Flugzeug wurde von der RAF in der Hauptsache gegen deutsche Schiffe im Kanal eingesetzt.

Auch von anderen deutschen oder britischen Historikern wird dieser besagte Luftkampf nicht erwähnt, na ja, es gab ihn ja auch nie. Man kann nur sagen, gegen die Me 110 ist jedes Mittel recht.

Es wurde jedenfalls von RAF-Seite anerkennend erwähnt, dass die Zerstörereinheiten auch bei großen Verlusten die zu begleitenden Kampfflugzeuge oft an ihren Zielort ohne größere Verluste begleitet haben. Die deutschen Befehlshaber haben meist nur die Striche am Seitenleitwerk eines Flugzeuges gezählt.

Immerhin lag der Bestand von einsatzfähigen Me 110 am 07.09.1940 noch bei 159 Flugzeugen.

Natürlich wurden die Geschwader auch mit neuen Maschinen versorgt. Nur die Produktionszahlen waren zu diesem Zeitpunkt, gerade was die Jäger anging, eher bescheiden. Der höchste Verlust an deutschen Jägern trat im August 1940 ein. Laut Unterlagen der Luftwaffenführung sind in der Zeit 82 Me 110 und 160 Me 109 verloren gegangen. Dies waren gut 30 % der eingesetzten Me 110 und knapp 25 % der Me 109.

Natürlich gab es Zerstörereinheiten, bei denen der Verlust-Prozentsatz höher lag als besagte 30 %, wie z. B. bei der Erprobungsgruppe 210, hier dürfte der Prozentsatz über 50 %, bei manchen Einsätzen sogar noch höher gelegen haben. Doch im Schnitt hatte diese Gruppe nur 18 bis 22 Me 110 zur Verfügung, das entspricht etwa 10 % des Gesamtvolumens an eingesetzten Zerstörereinheiten.

Insgesamt gingen vom 10.07.1940 bis 31.10.1940 etwa 174 Zerstörer durch Feindeinwirkung verloren. Es dürften nochmals 25-30 Maschinen bei Unfällen und Notwasserungen wegen Kraftstoffmangels dazugekommen sein.

Wenn man so die einschlägige Literatur liest, hat man den Eindruck, dass auf deutscher Seite nur die Zerstörereinheiten Verluste gehabt hätten. An die Verluste der Kampfflieger wird kaum erinnert, die lagen bei 1 100 Maschinen in dieser Zeit.

Einzig das ZG 2 wurde vom Kanal abgezogen, und dies auch erst am 27.09.1940, und nicht, wie einige schreiben, die kompletten Me 110-Einheiten, die anderen Zerstörereinheiten waren noch bis zum Abbruch der Hauptangriffe, also in den Oktober hinein, gegen Großbritannien aktiv.

Doch auf der Gegenseite war es auch nicht besser in diesem August / September 1940. Offiziell wurden nach Ende des Zweiten Weltkrieges 961 Verluste an Jägern während der Luftschlacht zugegeben. Es gibt britische Historiker, die von höheren Verlusten ausgehen. Die Bezeichnung Abnützungsschlacht wäre hier wohl für beide Seiten angebracht. Die Briten haben nach dem Krieg eingeräumt, dass die deutschen Abschusszahlen sich mit ihren Verlustzahlen meistens gedeckt haben. Natürlich sind hier nicht die deutschen Propagandazahlen gemeint.

Im Gegensatz zu den Deutschen schreiben die Briten die Erfolge ihrer Flugzeuge nicht klein. Der Hurricane wurde sogar ein Lorbeerkranz geflochten, mit der Aussage, sie habe mehr deutsche Flugzeuge in der Luftschlacht abgeschossen als die Spitfire. Diese Aussage stimmt sogar, nur muss man sich die RAF-Taktik etwas genauer ansehen, die Spitfire mussten als das bessere Flugzeug den deutschen Jagdschutz von den Bombern abziehen, damit die Hurricane sich über die Bomber hermachen konnten. Natürlich gelang das nicht immer, aber prinzipiell ist die RAF so vorgegangen, deshalb die logischerweise höheren Abschusszahlen der Hurricane-Einheiten.

In dieser Zeit waren in der Hauptsache immer noch Me 110 der C-Serie im Einsatz. Es wurde aber auch schon die D-Baureihe über oder besser gesagt gegen Großbritannien eingesetzt. Die ersten Ausführungen muss man jedoch als Unglücksmaschinen bezeichnen. Hier hat man versucht, die Reichweite mit einem nicht probaten Mittel zu erhöhen. Man hat einen Zusatztank unter dem Rumpf mit einem Fassungsvermögen von 1 050 l konstruiert. Nur war dies eine wirkliche Fehlkonstruktion, da dieser Tank nach Gebrauch oder vor einem bevorstehenden Luftkampf nicht abgeworfen werden konnte. Die Startmasse stieg bei vollem Tank auf 9,3 t. Die Flugeigenschaften wurden um ein Vielfaches schlechter, was sich bei einem Luftkampf negativ auswirkte. Bei diesem Typ hatte man wirklich kaum Chancen, in einem Luftkampf zu überleben.

Die I. / ZG 76 war in Norwegen disloziert und mit dieser Unglücksmaschine ausgerüstet. Gleich bei einem ihrer ersten Einsätze gegen Großbritannien gab es ein Debakel, die Maschine des Gruppenkommandeurs Hauptmann Restemeyer explodierte gleich zu Beginn des Gefechtes. Man versuchte noch, die zu begleitenden Bomber zu schützen; als aber noch einmal eine Hurricane Sqn. hinzukam, konnte man sich nur noch zurückziehen. Bei diesem Luftkampf wurden von 21 Me 110 sieben abgeschossen. Die Briten gaben den Verlust einer Hurricane zu, doch gibt es Zeugen gerade aus der zu begleitenden Kampffliegereinheit, die aussagen, dass es neun oder gar elf britische Maschinen gewesen sein sollen. Diese Angabe dürfte zu hoch liegen, aber die Angabe eines Verlustes wohl zu tief.

Doch nochmals zurück zur Me 110 D-0 / 1: War bei dieser Maschine der Tank leer geflogen, befand sich eine hochexplosive Gasmischung in ihm, wobei schon ein Splitter oder ein leichtes Projektil ausgereicht hat, das Flugzeug zur Explosion zu bringen. Dies hätte man wohl mit einer besseren Entlüftung in den Griff bekommen können, doch die Flugeigenschaften wurden stark eingeschränkt. Dies wird von einigen Autoren jedoch bestritten. Doch man stelle sich vor: In diesem Zusatztank befanden sich 1 000 l Benzin. Wurden davon 500 l ausgeflogen, verblieb eine Restmenge von 500 l, bei einem spezifischen Gewicht von durchschnittlich 0,75 kg / l bei Benzin beträgt das Gewicht 375 kg. Jetzt kommt es zu einem Luftgefecht, bei dem die Maschine einige Luftkampfmanöver ausführen muss. Was dabei die 375 kg Benzin konzentriert in diesem Tank anstellen, das ja nach einem bestimmten Trägheitsprinzip im Tank hin- und herschwappt und zu einer unkontrollierten Gewichtsverteilung beiträgt, kann sich wohl jeder vorstellen, ohne Physik studiert zu haben.

Diese Begebenheit ging als Schwarzer Donnerstag, es war der 15.08.1940, in die Annalen der Luftwaffenverbände ein. Die Gruppe wurde hernach nur noch für Sicherungsaufgaben herangezogen. Um auf den „Schwarzen Donnerstag" zurückzukommen, hier kursieren Zahlen, die den Tatsachen nicht entsprechen. Die Briten behaupteten, 182 deutsche Flugzeuge am besagten 15.08.1940 abgeschossen zu haben, tatsächlich waren es 60. Das wird heute auch nicht mehr durch britische Stellen bestritten, das nur zu Übertreibungen bei Abschusszahlen.

Doch soll die Begebenheit vom 15.08.1940, an dem bei anderen Zerstörerverbänden noch etwa zwölf Verluste hinzugekommen sein sollen, nicht unter den Tisch gekehrt werden.

Allerdings hielt sich die Zahl der D-0 / 1-Versionen in Grenzen, in der Erprobungsgruppe 210 waren auch einige Exemplare mit Dackelbauch im Einsatz, doch wurde diese Einheit dann mit Me 110 D-3 ausgerüstet mit zwei abwerfbaren 300-l-Zusatztanks, bei diesem Muster war der Rumpf etwas verlängert, um ein Rettungsboot mitführen zu können.

Noch etwas zu einem oft zitierten Satz eines Zerstörerkommandeurs. „Dann bräuchte die Me 110 ja selbst Jagdschutz", ist aus dem Zusammenhang gerissen. Hier hat ein Einheitsführer auf die falsche Göring-Taktik im Zusammenhang mit dem Bomberbegleitschutz hingewiesen. Diese Meinung vertraten auch Me 109-Kommandeure für ihre Flugzeuge, der Zerstörerkommodore hat dies bei einer Besprechung mit Göring laut geäußert, denn gerade für die Me 110 war diese Taktik besonders fatal.

Ja, es wird sogar behauptet, Göring hätte bei einer Einsatzbesprechung befohlen, die 110 weiter einzusetzen, jedoch unter Jagdschutz, meines

Erachtens kann er nur den Jagdschutz für Kampfflugzeuge in Verbindung mit Me 109-Verbänden gemeint haben. Man kann Hermann Göring einiges vorhalten, doch hier hat man ihn im Sinne eines Arguments gegen die Me 110 interpretiert. 80-90 % des Einsatzspektrums der Zerstörereinheiten war das Begleiten von Kampfflugzeugen, also kann er ja nur logischerweise den kombinierten Einsatz von Me 109 und 110 gemeint haben.

Man bedenke, dass nach diesem angeblichen Befehl die Erprobungsgruppe 210 noch monatelang ohne Begleitschutz über Großbritannien operierte, obwohl gerade hier Begleitjäger von Vorteil gewesen wären. Warum wurden dann Ende September 1940 noch Ju 88-Verbände von ausschließlich Me 110-Einheiten eskortiert, bei einem solchen Befehl?

Natürlich kam es vor, dass Me 109 und 110 gleichzeitig einen Bomberverband begleitet haben, aber doch nicht zum Schutz der Zerstörerflugzeuge. Es gab ja nur ca. 200 Me 110 im Einsatz gegen Großbritannien und 700 Me 109. Man hat bei solchen kombinierten Begleiteinsätzen die 110, aber auch die 109 zur Höhendeckung eingesetzt, natürlich erst nach Rücknahme von Görings ursprünglichem Einsatzbefehl für den Begleitschutz, was sich sehr gut bewährt hat. Nur, bei den zu bewältigenden Aufgaben kam eine solche ideale Konstellation eben selten vor.

Bei einer tatsächlichen Befehlslage, wie sie angeblich von Göring herausgegeben wurde, wären wohl einige Dutzend Einheitsführer vor das Kriegsgericht gestellt oder wenigstens zum Rapport bestellt worden. Es ist aber komischerweise kein Fall dahingehend aktenkundig gemacht worden. Hauptsache, ein Argument gegen die 110!

Wohl ist es eine Tatsache, dass Göring die Luftflottenchefs Kesselring und Sperrle zur Schnecke gemacht hat, da in deren Bereich ein Verband, nämlich die V.(Z) / LG 1, von 23 Me 110 als Lockvögel verwendet wurde, hier ging es um den 13.08.1940, die Zerstörermaschinen und die Besatzungen seien zu wertvoll für solche Spielereien, und man solle sie zweckgebunden als Langstreckenjäger-Begleitschutz einsetzen.

Eine Gegenüberstellung von RAF-Piloten und deutschen Zerstörerpiloten während der „Luftschlacht um England“ ist noch nicht direkt vorgenommen worden. Ein Fehler, denn dadurch würde sich für viele eine andere Betrachtungsweise ergeben oder gar aufdrängen.

Ein Luftsieg wurde bei den Deutschen nur anerkannt, wenn mindestens zwei Zeugen benannt werden konnten. Bei den deutschen Jagdfliegern gab es auch keine Teilabschüsse wie bei der RAF. Es flogen in britischen Verbänden auch sehr viele Exil-Piloten aus Polen und der Tschechoslowakei. So sind allein zwei Asse dieser Nationen in den ersten zehn der RAF enthalten. Es werden die ersten zehn mit Abschusszahl genannt.

RAF-Piloten	Abschüsse	Deutsche Zerstörerpiloten	Abschüsse
Frantisek	17	H.- J. Jabs	12 (8 Spitfire)
Lock	16	Rolf Kaldrack	10
Lacey	15	Walter Scherer	10
Carbury	15	Eduard Tratt	10
Doe	15	Sophus Baagoe	9 (8 Spitfire)
Gray	14	Wilhelm Herget	8
Hughes	14	Erich Groth	7
McKella	14	Günther Tonne	7
Ubanowicz	14	Walter Borchers	6
Davis	11	Kurt Sidow	6

Rein zahlenmäßig sieht es für die RAF-Jäger auf den ersten Blick besser aus. Vergessen darf man dabei aber nicht, dass bei den Briten eine Menge Ju 87-, He 111-, Ju 88-, Do-17-Abschüsse enthalten sind. Die Abwehrbewaffnung dieser Flugzeuge zu jener Zeit war dürftig im Vergleich zu Lancaster-, Halifax-Bombern und den amerikanischen Bombern B-17 und B-24, die dann später von deutschen Jagdflugzeugen bekämpft werden mussten.

Berücksichtigt man weiter die Vorteile der RAF, Radar, Überhöhung, Überraschungsmoment, so haben sich doch die Zerstörerpiloten und ihre Maschinen nichts vorzuwerfen. Denn die Abschusszahlen der Zerstörerpiloten enthalten ausschließlich Jäger. Ein anderer Vorteil der RAF, der nicht unberücksichtigt bleiben darf, ist das sofortige Wiedereinsetzen eines abgeschossenen Piloten, wenn dieser sich natürlich nicht größere Blessuren bei Absprung oder Notlandung zugezogen hatte. Die deutschen Piloten kamen in Gefangenschaft. Und trotzdem hatte man in Großbritannien Schwierigkeiten, ausgefallene Piloten zu ersetzen.

Trotz aller dieser strategischen und taktischen Nachteile waren die Erfolge gerade auch der Zerstörereinheiten beachtlich.

Allein das II. / ZG 76 unter Hauptmann Erich Groth hat in der besagten Luftschlacht etwa 80 nachgewiesene / bezeugte Spitfire- und Hurricane-Abschüsse.

Noch ein vergessener Name dazu: Der Oberleutnant Wilhelm Hobein, II. / ZG 76, hat im Zeitraum vom 02.09.1940 bis 07.09.1940 gleich vier Luftsiege über Spitfire erringen können. Schon am 02.06.1940 über Dünkirchen gelang es ihm, eine Spitfire abzuschießen.

Das III. / ZG 76 nahm an der Luftschlacht unter Hauptmann Rolf Kaldrack ebenfalls teil, der Kommandeur selbst war mit zehn Abschüssen über Jäger erfolgreich.

Das III. / ZG 26 war mit 68 Abschüssen über Spitfire- und Hurricane-Jäger erfolgreich. Kommandeur der Gruppe bis 30.09.1940 war der Oberstleutnant Hans Schalk, der das ZG 26 am 01.10.1940 von Oberstleutnant Joachim-Friedrich Huth übernahm. Hans Schalk hat fünf bestätigte Luftsiege über Großbritannien, sein Bordfunker Unteroffizier Scheuplein einen. Leutnant Botho Sommer und Oberfähnrich Alfred Wehmeyer mit jeweils fünf Abschüssen müssen aus der III. / ZG 26 noch erwähnt werden.

Die Dokumentenlage ist, soweit mir bekannt, nicht vollständig erhalten, viele der Bestätigungsunterlagen sind in den Kriegswirren oder anderweitig verloren gegangen, so dass für die I. / II. / ZG 26 und III. / ZG 76 die Abschusszahlen, was die „Luftschlacht um England" betrifft, im Gesamtergebnis dieser drei Gruppen leider nicht nachvollzogen werden können. Aber die Tendenz ist trotzdem abzulesen, dass eben die Erfolge der Zerstörerverbände, was die reinen Abschusszahlen betrifft, jahrzehntelang unterschätzt wurden.

Die V.(Z) / LG 1, mit Me 110 ausgerüstet, konnte sich hier, wie auch bereits in Polen und Frankreich, gut bewähren, jedoch mit schweren Verlusten. Gruppenkommandeur zu der Zeit war der Hauptmann Horst Liensberger, der selbst zwei Luftsiege gegen Spitfire erzielen konnte. Hier zeichnete sich vor allem der Oberleutnant Helmut Müller mit vier Abschüssen aus, drei Spitfire und eine Hurricane waren seine Bilanz. Bereits über Frankreich konnte er fünf Luftsiege gegen Jäger verbuchen. Beide Offiziere sind in besagter Luftschlacht gefallen. Insgesamt hat diese V.(Z)Lehrgruppe 23 Spitfire und 22 Hurricane als bestätigte Abschüsse stehen.

Für das ZG 2 unter dem Kommandeur Oberstleutnant Friedrich Vollbracht ist für den besagten Zeitraum kein Kriegstagebuch (KTB) oder sonstiges Zahlenmaterial vorhanden. Das ZG 2 hatte es besonders schwer, da es aus mehreren Einheiten vor besagtem Westfeldzug und Englandeinsatz zusammengesetzt wurde. Es bestand aus nur zwei Gruppen. Wobei die erste Gruppe bis März / April noch mit Me 109 D ausgerüstet war und durch das ZG 26 verstärkt werden musste. Die zweite Gruppe wurde durch Einheiten des ZG 52 gebildet und war erst Anfang Juli 1940 einsatzbereit. Ein im Gegensatz zu ZG 26 und ZG 76 nicht ganz homogenes Zerstörergeschwader.

Das ZG 1 nahm an der „Luftschlacht um England“ nicht teil. Es wurde nach Beendigung des Frankreichfeldzuges teils der Erprobungsgruppe 210 und dem NJG 1 überstellt, was die I. / ZG 1 betraf. Die II. / ZG 1 wurde zur III. / ZG 76; im Januar 42 ist das ZG 1 neu aufgestellt worden.

Die oftmals leicht höhere Zahl an Spitfire-Abschüssen ist leicht zu erklären. Wie ich schon beschrieben habe, mussten die Spitfire den deutschen Jagdschutz auf sich ziehen und hatten somit die höheren Verluste als die Hurricane-Verbände, jedenfalls in der Regel.

Es wird bei einigen Fachjournalisten oder Luftfahrthistorikern so getan, als ob der Abschuss einer Spitfire durch einen Me 110-Piloten einem Sechser im Lotto gleichkäme. Dieser Eindruck drängt sich so bei den oben genannten Abschusszahlen nicht auf.

Auch einen internen Vergleich brauchen die Zerstörerpiloten nicht zu scheuen, immerhin würde Hans-Joachim Jabs mit zwölf Abschüssen den 21. oder 22. Platz belegen, sprich: 20 oder 21 Me 109-Piloten schossen mehr ab. Unter den 40 mit den meisten Abschüssen konnten sich insgesamt fünf Zerstörerpiloten einreihen.

Natürlich hatte das Fighter Command die meisten Verluste durch Me 109-Einheiten, das bedarf keiner Frage, doch können sich die durch Zerstörereinheiten verursachten Ausfälle bei der RAF sehen lassen.

Allerdings will ich nicht in den Fehler verfallen, nur Abschüsse als Erfolge zu verbuchen, auch in der Eigenschaft als Schnell- oder Präzisionsbomber haben sich folgende Zerstörerpiloten bewährt, davon viele aus der Erprobungsgruppe 210:

Walter Rubensdörfer, der anfangs diese Gruppe führte und bis zu seinem Tod am 15.08. 1940 bei jedem Einsatz dabei war.

Heinz Forgatsch hatte über 50 Einsätze über England, wobei er ein Transportschiff versenkte und ein Flugmotorenwerk schwer getroffen hat. Er ist später bei einem Erprobungsflug mit der Me 210 tödlich abgestürzt.

Wilhelm-Richard Rössiger war ebenfalls bei der Bekämpfung von Häfen, Flugzeugwerken, Radarstationen, Flugplätzen erfolgreich im Einsatz. Auch er überlebte den Krieg nicht und wurde am 27.09.1940 bei Bristol abgeschossen.

Martin Lutz als nachfolgender Kommandeur der Erprobungsgruppe hat sich ebenfalls bei Präzisionsangriffen gegen Flugzeugwerke, Flugplätze, Radaranlagen hervorgetan.

Natürlich muss an dieser Stelle der Leutnant Eduard Tratt genannt werden, seine 1.Staffel vom aufgelösten I. / ZG 1 wurde zur 1. / Erprobungsgruppe 210 am 01.07.1940. Er konnte sich bei den Zerstörern mit zehn Luftsiegen über England unter die ersten zehn einreihen.

Die Erprobungsgruppe 210 hat übrigens noch bis Anfang 1941 ihre Angriffe gegen Großbritannien fortgesetzt. Hier hat sich vor allem Wolfgang Schenck besonders ausgezeichnet, der schon über Holland zwei Fokker XXI abschießen konnte. Bei 50 Jaboeinsätzen über Großbritannien, wobei er gegen Industrieziele und Flugplätze eingesetzt wurde, hat Schenck 38 000 BRT an Schiffsraum, sowohl Handelsschiffe als auch Küstenschutzfahrzeuge, versenkt.

Doch diese gesamten Anstrengungen nutzten alle nichts, da der Reichsmarschall, wie ich schon erwähnt habe, am 07.09.1940 die Strategie auf Terrorangriffe änderte. Somit hatte das RAF-Jägerkommando die nötige Luft, um sich wieder erholen zu können.

Oft wird in Büchern zu diesem Thema von der nachlassenden Kampfmoral der Zerstörerverbände gesprochen, dies war mitnichten der Fall. Die auftretende so genannte „Kanalkrankheit“ trat bei allen anderen Kampfeinheiten ebenso auf. Mit dieser Bezeichnung wurden Piloten bedacht, die unverhälnismäßig oft wegen technischer Defekte an ihrem Flugzeug vor dem Einsatz umkehrten oder erst gar nicht starteten. Wenn man in Betracht zieht, in welch oft ausweglose Situation der Herr Reichsmarschall seine Flieger, ob Jäger-, Zerstörer- oder Bomberpilot, brachte, war diese Reaktion doch verständlich. Wer nicht dabei war, sollte sich mit derartigen Äußerungen überhaupt zurückhalten und sich mal in die Lage derjenigen versetzen, die täglich um ihr Leben kämpfen mussten.

Zum andern ist für mich ein Rätsel, dass es Autoren gibt, die über eine Maschine schreiben, mit der sie sich nicht so recht identifizieren können. Sicher kommt es auf eine objektive Berichterstattung an, doch nur Negativbeispiele anzuführen ist eine andere Sache.

Der gesamthistorische Kontext eines Flugzeugtyps beschränkt sich nicht auf exakte Zahlendokumentationen und exakte Typenreihenbezeichnungen. Wobei es hier auch unzweifelhaft gute Bücher gibt. Doch sollte man nicht alles abschreiben, was vor allem kurz nach dem Zweiten Weltkrieg Amerikaner und Briten zum Besten gegeben haben, wenn es um die Kampf- und Einsatzqualitäten einer solchen Maschine geht. Teilweise kommen gerade aus dieser Richtung wieder ganz andere Töne zur Me 110-Geschichte.

So wird heute von einem Autor die Me 110 der C-Serie im Vergleich zur Hurricane I als überlegen in allen Flugbereichen geschildert, was ja auch stimmt. Selbst wenn man die Hurricane II, die während der Luftschlacht ebenfalls noch teilgenommen hat, nimmt, die mit einem RR XX und 1 280 PS ausgestattet war, so sind die reinen Flugleistungen der Me 110 immer noch leicht überlegen. Es werden oft Hurricane-Jäger der Endphase des Zweiten Weltkrieges mit Me 110 von 1940 verglichen, so kann man natürlich auch manipulieren.

Me 110 C-4: Höchstgeschwindigkeit in 7 000 m 555 km / h.
Hurricane II: Höchstgeschwindigkeit in 6 700 m 542 km / h.
Spitfire I: Höchstgeschwindigkeit in 5 800 m 570 km / h.

Das waren die in der Luftschlacht 1940 verwendeten Typen und nur sie sollte man vergleichen. Die Leistungen der Me 109 E entsprachen etwa denen der Spitfire, nur der Daimler-Benz-Motor 601, der auch in der 110 eingebaut war, hatte gegenüber den Vergasermotoren von Rolls-Royce frappierende Vorteile.

Die Briten hatten zum Zeitpunkt der Luftschlacht das große Glück, einen besonders geschickten Taktiker wie Sir Hugh Dowding an der Spitze des Jägerkommandos zu haben, der auch die elektronischen Mittel, sprich Radar, optimal ausgenutzt hat. Bei den deutschen Führungskräften lag eine ausgesprochene Skepsis gegen moderne Kommunikations- und Führungsmittel vor, zumindest zum damaligen Zeitpunkt, Göring selbst hat befohlen, keine Radaranlagen mehr zu bombardieren.

Ich möchte die Einsatzbereitschaft der englischen Piloten keinesfalls kleinschreiben, die mit Sicherheit alles aus sich herausgeholt und es an Tapferkeit nicht haben fehlen lassen, um eine deutsche Invasion zu verhindern. Doch ohne Dowding an der Spitze wäre ihnen das nach meiner Einschätzung nicht gelungen. Dass er den von Großbritannien erzielten Erfolg, jedenfalls was das Hinauszögern einer Landung deutscherseits betraf, und Görings Ungeduld, die zu einer fatalen Änderung der Strategie und damit zum Abbruch des Unternehmens „Seelöwe“ führte, seinen Piloten zugeschrieben hat, spricht für Luftmarschall Sir Hugh Dowding. Gedankt wurde es ihm nicht.

Keinesfalls weniger Einsatzbereitschaft zeigten die deutschen Piloten, die jedoch zusätzlich noch mit einigen Nachteilen, die ich bereits beschrieben habe, zu kämpfen hatten. Insbesondere die Erprobungsgruppe 210 kämpfte bis zur Selbstaufopferung, was wohl niemand bestreiten kann. Erschwerend kam auf deutscher Seite die Inkompetenz mancher Führungspersönlichkeiten hinzu, insbesondere die von Hermann Göring selbst, der den Briten, wie schon erwähnt, am 07.09.1940 mit dem eingeschlagenen Strategiewechsel einen großen Dienst erwiesen hat.

Zum Abschluss des Themas „Luftschlacht um England“ sei noch ein Zeitzeuge zitiert, der die Luftschlacht ebenfalls als Staffelkapitän in der II. / ZG 26 mitgemacht und dabei fünf Luftsiege erzielt hat. Es ist dies Theodor Rossiwall, der als einer der wenigen Zerstörerpiloten nach dem Krieg ein Buch geschrieben hat. Das Zitat stammt aus einer Denkschrift, die Rossiwall im April 1944 eingereicht hat. Die Denkschrift hat er in seinem Buch „Fliegerlegende“ veröffentlicht, und zu dem Geschriebenen stand er auch noch nach dem Krieg.

„Die Me 110 waren den damaligen Feindtypen PZL, Morane, Hurricane und Spitfire überlegen beziehungsweise ebenbürtig. Auch die datenmäßige Überlegenheit der im Herbst zum Einsatz gelangenden verbesserten Spitfire konnte durch die größere Kampferfahrung der deutschen Besatzungen und Schwerpunktbildung im Angriffsraum ausgeglichen werden.

Erst der zweite Teil der Englandoffensive brachte eine spürbare Belastung. Der Zerstörerschutz, an die Flughöhe der Kampfverbände gebunden, konnte von der englischen Jagd immer aus Überhöhung angegriffen werden. Die langsame Erschöpfung der Verbände bzw. Verzettelung der Kräfte führte zu zahlenmäßig unterlegenem Einsatz. Bei den bis Bristol reichenden Angriffen sahen sich die jeweils ans Ziel gelangenden 30 bis 50 Zerstörer oft der fünf- und mehrfachen Übermacht an Jägern gegenüber. Trotzdem war der Begleitschutz, wenn auch unter Verlusten, bis zum Abbruch der Offensive gewährleistet.“

Mehr ist zum Thema „Luftschlacht um England“ nun wirklich nicht mehr zu sagen.

5. Afrikafeldzug inklusive Mittelmeerraum

Hier treffen wir wieder auf die uns von Großbritannien bekannte Version C-4 und D-3. Zur Erinnerung: Diese D-3-Versionen hatten keinen Dackelbauch mehr. Etwas später kommen noch die E- und F-Versionen bis Anfang 1943 hinzu. Die C- und D-Maschinen waren mit dem DB 601B1 und 1 100 PS (C-4-Serie) beziehungsweise mit DB 601P und 1 175 PS (D-3) ausgerüstet. Die später eingesetzte Baureihe der E-Serie bekam auch den DB 601P und 1 175 PS, bei der F-Reihe gab es dann sogar noch den DB 601F mit 1 350 PS Leistung. Allerdings hat sich dieser Leistungszuwachs nicht so sehr in höhere Geschwindigkeit umsetzen lassen, wie auf den ersten Blick zu vermuten wäre.

Die Motoren waren mit einer geringeren Propellerdrehzahl den zweimotorigen Flugzeugen angepasst worden, deshalb die anderen Kennbuchstaben.

Anfangs kamen zunächst noch die Me 110 C-4 / B hinzu, die mit dem DB 601 Ba und 1 175 PS ausgerüstet wurden, um auch als Bombenträger für zwei 250-kg-Bomben Verwendung zu finden. Diese Maschine wurde schon verwendet in der Erprobungsgruppe 210.

Die für Afrika vorgesehenen Flugzeuge wurden zum Teil entsprechend präpariert, also mit Sandfiltern / Sandabscheidern und mit etwas größeren Kühlern für die Motoren, Staubschutzrohren für die Waffen, vor allem bei der F-2-Ausführung, ausgerüstet. Der Geschwindigkeitsbereich lag bei diesen Versionen zwischen 540 km / h und 560 km / h. In die Flugzeuge verbaute man auch immer mehr Panzerung, um sie gegen Bodenabwehr immuner zu machen. Für die Puristen unter Ihnen sei auf die einschlägige vielfältige Literatur der Typengeschichte verwiesen.

Doch möchte ich insbesondere auf zwei Me 110-Varianten verweisen, einmal die C-6, von diesen wurden einige bei der 8. Staffel ZG 26 eingesetzt. Dieser Typ war wohl eines der ersten Flugzeuge, die zur direkten Panzerbekämpfung eingesetzt wurden. Nur ganze zwölf Flugzeuge hat man davon produziert. Ausgerüstet waren sie mit der 30 mm-Maschinenkanone 101. Zum Opfer fielen diesem Verband einige Panzer der Typen Valentine, Matilda. Sie wurden bei einigen bedeutenden Kämpfen wie Alam Halfa und

El Alamein eingesetzt. Doch konnten die meisten Panzer und gepanzerten Fahrzeuge durch herkömmliche Bordwaffen und im Bombenwurf geknackt werden. Besonders erfolgreich dabei war der Oberfeldwebel Helmut Haugk vom 9. / ZG 26 mit 40 vernichteten Panzern und Panzerspähwagen.

Bei der Anfang 1941 eingeführten E-Variante kam zum ersten Mal eine Kurssteuerung in einem Zerstörerflugzeug zum Einsatz. Die Bezeichnung lautete K 4ü und war besonders für den Piloten bei längeren Streckenflügen ein angenehmes Extra in der Maschine, hinzu kam noch der Vorteil, dass man bei allerschlechtesten Sichtbedingungen trotz gemachter Blindflugschulung Start und Landung noch sicherer durchführen konnte. Der militärische Aspekt dieser Anlage lag in einem präzisen Zielanflug bei Einsätzen im Bombenwurf. Das Ganze funktionierte über die Patin-Kompassanlage, Kurskreisel, Rudermaschine und Richtungsgeber. Dies nur vereinfacht beschrieben.

Somit waren gute Voraussetzungen geschaffen, die Me 110 in Afrika als Jabo erfolgreich einzusetzen.
Leider wird jedoch der Luft-Boden-Unterstützung in Deutschland zu wenig Aufmerksamkeit geschenkt im Gegensatz zu den Abschusszahlen.

Die deutschen Jabos hatten es recht schwer, da die Luftüberlegenheit der Alliierten fast immer vorhanden war, so auch meistens in Afrika. Dies war zum einen bestimmt durch die Anzahl der Flugzeuge und zum andern durch Nachschubschwierigkeiten beim Kraftstoff, an dem es ja hauptsächlich immer gemangelt hat.

Man muss sich überhaupt wundern, wie sie es immer wieder geschafft haben, trotz des Dauerzustands des Mangels an fast allem dem Gegner immer wieder harte Schläge zu versetzen. Hierbei hatten das Wartungspersonal und die Waffenmixer einen entscheidenden Anteil, welche die Flugzeuge immer wieder startklar und einsatzbereit bekamen. Mit sehr viel Improvisationstalent mussten auftretende Probleme gemeistert werden.

Schon zu Anfang der deutschen Unterstützung für Italien war das III. / ZG 26 mit seinen Me 110-Zerstörern dabei. Hier war es sehr wichtig, durch unentwegte

Tiefangriffe auf britische Kolonnen, Nachschubwege und Verteidigungsstellungen effektive Hilfe für die deutschen Bodentruppen zu leisten.

Es wird oft im Tagebuch des DAK berichtet, wie erfolgreich die Luft-Boden-Unterstützung gerade dieses Verbandes zu Anfang des Feldzuges gewesen ist.

Übrigens hatten Hitler und das OKH ursprünglich nur geplant, Italien so weit zu unterstützen, um einen Gesamtabzug aus Nordafrika zu verhindern. Sie haben für diese Aufgabe den Falschen „engagiert". Erwin Rommel war nicht der Mann für diese Art von Taktik. So ist er schon kurz nach Eintreffen in die Offensive gegangen und hatte damit Riesenerfolge. Nicht bedacht oder vernachlässigt hat er jedoch die damit einhergehende katastrophale Versorgungslage des DAK (Deutsches Afrika-Korps). Rommel hatte zudem noch das Glück, dass Hitler ihm wohlgesinnt war und ihm weitere motorisierte Truppen zur Verfügung gestellt hat. So wurde auch das Nachschubproblem immer größer. Dies löste auch eine Kontroverse zwischen dem Generalstabschef Franz Halder und Erwin Rommel aus.

Ob eine auf Verteidigung basierende Einsatzdoktrin letztendlich besser gewesen wäre, sei dahingestellt, es würde das hier zu bearbeitende Thema auch sprengen. Auf jeden Fall hatten die verschiedenen Truppenteile, so auch das III. / ZG 26, die an sie gestellten extremen Anforderungen in erster Linie auszubaden.

Der eingesetzte Zerstörerverband III. / ZG 26 hat sehr viel bewirkt, doch hätte man, gerade was die Luft-Boden-Unterstützung angeht, noch gut eine zweite Gruppe gebrauchen können. Da man jedoch schon Mühe hatte, die vorhandenen Flugzeuge in die Luft zu bringen, ist diese Komponente jedoch auszuschließen.

Es folgen nun Einsatzszenarien, in die die Me 110 während ihrer Zeit in Afrika und Tunesien involviert gewesen ist.

Der erste Abschuss auf afrikanischem Boden durch das III. / ZG 26 wurde durch den Kommandeur Major Kaschka am 19.01.1941 erzielt, es handelte sich um eine Hurricane.

Den ersten Verlust durch Feindeinwirkung für das III./ZG 26 gab es am 15.02.1941, eine Me 110 wurde durch britische Flak zum Absturz gebracht. Die Besatzung geriet in Gefangenschaft.

Das erste größere Gefecht auf afrikanischem Boden zwischen RAF-Jägern und deutschen Zerstörern fand am 19.02.1941 statt. Im Verlauf des Gefechtes zwischen 16-20 Hurricane und zehn Me 110 der 8./ZG 26 sind laut Zeugenaussagen fünf Hurricane abgeschossen worden, tatsächlich wurde der Abschuss von vier Hurricane bestätigt.
Erfolg: Lt. Wehmeyer, Olt. Prang, Fw. Heller, Uffz. Hohmann.
Verlust: Eine Me 110, Besatzung konnte sich retten.

Einige Wochen später, am 03.04.1941, meldete das 7./ZG 26 den Abschuss von drei Hurricane bei Sceleidima, dies im Rahmen eines Begleitschutzeinsatzes für eine Staffel Ju 87. Angegriffen wurden sie durch zehn bis zwölf Hurricane. Die Ju 87 hatten die Aufgabe, britische Truppen bei Derna anzugreifen.
Erfolge: Hptm. Christl: 2 Abschüsse, Ofw. Sander: 1 Abschuss
Verlust: 1 Me 110, Uffz. Stirnweiß

Der 09.04.1941 war gekennzeichnet durch Geleitschutzeinsätze des 7./ZG 26. Hptm. Christl führte mit seiner Staffel Jagdschutz für He 111-Bomber durch, die auf dem Weg nach Tobruk waren.
Erfolg: 1 Hurricane durch Hptm. Christl, keine He 111 ging verloren.
Verluste: 1 Me 110, Fw. Jaculi gefallen, Uffz. Walla verwundet.
1 Me 110, durch techn. Defekt, Lt. Schultz u. Gfr. Pia vermisst.

Bei einem Luftkampf am 10.04.1941 bei Tobruk konnte der Lt. Wehmeyer, 7./ZG 26, seinen 2. Abschuss über eine Hurricane in Afrika verbuchen. Hier ging es um die Unterstützung von motorisierten Heereseinheiten, die durch alliierte Jagdbomber ständigen Angriffen ausgesetzt waren.

Wenige Tage später, am 14.04.1941, kam es zu erbitterten Luftkämpfen im Raum Tobruk. Hier konnten Me 110 des III./ZG 26 insgesamt einen Abschuss für sich verbuchen.

Verlust: 1 Me 110.

Bei einem Luftkampf am Nachmittag konnten zwei Luftsiege über Hurricane erzielt werden (Lt. Bittner, Fw. Reiner vom 7. / ZG 26).
Verlust: 1 Me 110, Ofw. Reinmann, Gfr. Grzik vom 8. / ZG 26.

Am 08.05.1941 begleiteten Me 110 der 9. / ZG 26 von Trapani aus Ju 87 zu einem Einsatz gegen die Force H der Royal Navy, dabei sollten vor allem die bei Malta operierenden Einheiten wie der Träger Ark Royal und das Schlachtschiff Renown angegriffen werden. Doch wurde der deutsche Verband von zwei Squadrons (807, 808) der Ark Royal, die mit Fairy Fulmar II ausgerüstet waren, abgefangen. So konnte kein Schaden auf den Schiffen erzielt werden. Aus den Unterlagen des III. / ZG 26 geht hervor, dass an diesem Tag drei gegnerische Flugzeuge abgeschossen wurden. Die Flugzeuge sind als Hurricane klassifiziert worden, wahrscheinlich handelte es sich um die schon erwähnten Fairy Fulmar II. Sie sahen den Hawker Hurricane sehr ähnlich, jedoch waren sie zweisitzig.

Hptm. Fritz Steinberger war zweimal erfolgreich, Olt. Bergfleth einmal.

Am 17.06.01941 wurde Begleitschutz für eine Ju 88-Einheit geflogen. Beim Angriff einer SAAF-Sqn. (Südafrikanische Luftwaffe) gegen 18.30 Uhr wurde zumindest eine Hurricane vom Gruppenkommandeur Kaschka abgeschossen, die Ju 88 blieben dabei unbehelligt, da die restlichen Me 110 die Feindjäger abdrängen konnten. Die Südafrikaner meldeten den Abschuss von zwei Me 110, der Verlust ist jedoch nicht nachzuvollziehen, wahrscheinlich waren die Flugzeuge nur beschädigt.

Am selben Tag schoss der Olt. Schulze-Dickow bei Sollum eine Hurricane ab, seine Staffel hatte kurz vorher als „Transportflieger“ die auf dem Halfaya-Pass bedrängten Heereseinheiten mit Munition aus der Luft versorgt.

Der 15.07.1941 war für den Ofw. Richard Heller ein denkwürdiger Tag, als er alleine eine Stukagruppe über das Mittelmeer begleitete. Hierbei musste er es mit nicht weniger als 14 britischen Jägern aufnehmen. Heller hat in relativ kurzer Zeit drei gegnerische Jäger abschießen können, sein Bordfunker

Unteroffizier Bövers ebenfalls einen. Die Stuka-Gruppe hatte keinen Verlust zu beklagen.

Ofw. Heller wurde von der Stuka-Einheit zum Ritterkreuz eingereicht, das er auch erhielt, denn er hatte schon über England drei Abschüsse erzielt, und bereits am 19.02.1941 hatte er seine erste Hurricane im Afrikafeldzug abgeschossen.

Bei Marsa Matruk wurde am 03.08.1941 der britische U-Jäger (Schiff) „Sotra“ von Me 110 des III./ZG 26 beschädigt.

Bereits am 08.08.1941 gelangen dem Ofw. Heller zwei weitere Luftsiege über jeweils eine Hurricane und Curtiss.

Am 21.08.1941 kam es zu einem größeren Luftkampf gegen 17.50 Uhr, beteiligt waren acht Me 110 der 8./ZG 26, geführt wurde dieser Verband von Oberleutnant Schulze-Dickow.

Gegner: 11 SAAF-Jäger des Typs Hurricane und Curtiss.

Feindjäger schließen sich zum Abwehrkreis zusammen, direkt über britischem Geleitzug mit Ziel Tobruk.

Erfolg: Zerstörerverband konnte aus Abwehrkreis drei Curtiss und eine Hurricane abschießen.
Olt. Rosenkranz: 2 Abschüsse,
Olt. Schulze-Dickow, Ofw. Heller: je 1 Abschuss.

Verluste: 1 Me 110, Lt. Plume, Fw. Weist gefallen.

Die Briten haben den Abwehrkreis noch in Afrika praktiziert mit den gleichen negativen Erfahrungen. Hier hat später Hans-Joachim Marseille alleine aus einem dieser Abwehrkreise sechs Curtiss Tomahawks herausschießen können.

Ende August 1941 konnte das III./ZG 26 bereits über 35 Abschüsse melden.

Ein paar Tage später, es war der 03.09.1941, begegneten drei Me 110 der 8./ZG 26 zwei Hurricane bei Sollum, sie schossen dabei eine Hurricane ab.

15.11.1941
Staffelkapitän Olt. Schulze-Dickow
8./ZG 26, einsatzbereite Maschinen: acht Me 110 D-3
Start: 5.00 Uhr Richtung Giarabub
Aufgabe: Begleitschutz für neun Ju 88 und eigene Jabotätigkeit gegen vermuteten RAF-Flugplatz
Anflug in 1 000 m Höhe
Ankunft Zielort 6.15 Uhr, Angriff in 10 m Höhe mit MG und MK, Explosionen werden beobachtet, durch le. Flak wird Maschine des Staffelkapitäns zur Notlandung gezwungen. Rottenflieger Ofw. Swoboda landet neben Staffelkapitän und kann diesen leicht verletzt mit Funker bergen und weiterfliegen.
Ankunft Derna: 7.55 Uhr.
Die Aufklärung hat 22 am Boden vernichtete Feindmaschinen ergeben, in der Mehrzahl Marylands und Curtiss-Jäger.
Verlust: 1 Me 110.

Am 20.11.1941 trafen 20 Tomahawks eines alliierten Verbandes auf fünf Me 110 der 8./ZG 26, bei Acroma. Man beachte das Zahlenverhältnis!
Bei diesem Luftkampf meldete der Feindverband den Abschuss von vier deutschen Flugzeugen.
Erfolg: Zwei Feindmaschinen wurden schwer getroffen.
Verlust: 1 Me 110, Fw. Ludwig, Ogfr. Graf verwundet.
Der Funker einer zweiten Me 110 wurde ebenfalls verwundet.

Am 24.11.1941 kam es zu einer Konfrontation zwischen einer alliierten Einheit, bestehend aus ca. 15-18 Hurricane und Tomahawk, und einem deutschen Verband, bestehend aus zwölf Me 110 der 7. und 8. sowie Lt. Wehmeyer von der 9./ZG 26.
Feindmaschinen griffen Infanterieeinheit bei Sidi Rezegh an.
Erfolge: 7.: Ofw. Haugk: 2 Curtiss,
Uffz. Emsbach: 1 Curtiss,
Uffz. Golisch: 1 Curtiss.
8.: Olt. Bidlingmeier: 1 Hurricane,

Ofw. Heller: 1 Hurricane.
9.: Lt. Wehmeyer: 1 Hurricane.
Verluste: 3 Me 110, Lt. Gassner, Gfr. Redding, Olt. Kolle, Ogfr. Luckmann Gefangenschaft. Ofw. Heller, Uffz. Mühlbrodt wurden von eigenen Truppen nach Notlandung in Empfang genommen.

Es ist klar zu erkennen, dass man die Me 110 nicht mühelos ausmanövrieren konnte, so wie es von ihren Kritikern oft dargestellt wurde und immer noch wird. Deshalb auch folgende Information an die Kritiker: Im März 1942 wurde von Beaufighter-Piloten eine erbeutete Me 110 getestet. Das Urteil war einhellig, die Wendigkeit der Me 110 war in allen Höhen eindeutig überlegen.

25. 11.1941
Luftkampf zwischen alliierten Jägern und einem gemischten Verband der Achsenluftstreitkräfte. Die Me 110 flogen Geleitschutz für Ju 87 und Ju 88 an diesem Tag. Den Höhenschutz übernahmen das JG 27 mit Me 109 und einige italienische Fiat G-50.
Angreifer: 16-20 Curtiss.
Erfolg: Lt. Hufnagel 1 Curtiss, keine Bomberverluste.
Verluste: 2 Me 110, Olt. Bidlingmeier / Uffz. Becker, Lt. Scharf / Uffz. Bogler. Das als Höhenschutz eingesetzte JG 27 konnte fünf weitere alliierte Jäger abschießen.

Schon seit geraumer Zeit wurden Lufttransporte von Kreta aus für die Versorgung des DAK eingesetzt. Die Alliierten versuchten alles daranzusetzen, diesen Versorgungsweg zu unterbinden. Dabei wurden auch südafrikanische Langstreckenjäger vom Typ Maryland eingesetzt. Das waren nichts anderes als amerikanische leichte Bomber des Typs Martin A 22, die bei der USAF nicht eingeführt wurden. Sie kamen über Frankreich, England nach Südafrika. Allerdings waren es schnelle Bomber mit einer Höchstgeschwindigkeit von 510 km / h, sie wurden für das Abfangen der deutschen Transportmaschinen mit sieben oder acht Maschinengewehren ausgerüstet. Einige Abschüsse konnten sie bewerkstelligen, doch am 12.12.1941 trafen sie auf Maschinen des 8./ZG 26. Bereits am Morgen konnte der Unteroffizier Günther Wegmann seinen ersten Abschuss in Afrika über eine Maryland für sich verbuchen. Oberleutnant Fritz Schulze-Dickow schoss die zweite einige Minuten später ab. Am frühen Nachmittag schoss der Oberfeldwebel Otto Polenz, ebenfalls 8./ZG 26, alleine zwei Maryland ab.

Bis zum Dezember 1941 hat das III./ZG 26 in Nordafrika knapp 3 000 Einsätze, davon etwa 500 Tiefangriffsmissionen, geflogen. Der Gesamtausfall an fliegendem Personal lag bei knapp 100 Mann, davon 17 Tote, 36 Vermisste und in Gefangenschaft Geratene, der Rest waren Verwundete.

Im Zeitraum von Januar bis Februar 1942 wurden mindestens fünf leichte Bomber der RAF durch das III./ZG 26 abgeschossen. Diese Flugzeuge, in der Regel Blenheim, versuchten durch Angriffe auf Geleitzüge oder Nachschubkolonnen die Versorgung des DAK zu beeinträchtigen.

Am 24.04.1942 begleiteten zwei Me 110 eine Staffel Ju 52 über das Mittelmeer. Sie wurden von einer Squadron Marylands angegriffen. Der Uffz. Lauff schoss eine davon ab, worauf sich die anderen zurückzogen.

Man hat am 12.05. 1942 einen Verband mit 14 Ju 52 und zwei Me 110 von Kreta aus nach Afrika starten lassen. Kurz nach dem Start kehrten jeweils eine Ju 52 und Me 110 wegen Motorschadens zurück. Der restliche Verband wurde auf dem Weg nach Afrika durch fünf Beaufighter und neun Curtiss-Jäger abgefangen. Der Pilot der Me 110, Unteroffizier Julius Baumann, versuchte so gut wie möglich die gegnerischen Jäger auf sich zu lenken. Unteroffizier Baumann konnte nachweislich eine Curtiss abschießen, bevor er selbst abgeschossen wurde, er wurde von einem deutschen Schnellboot gerettet. Doch neun Ju 52 wurden Opfer des britischen Verbandes. In jeder dieser Maschinen saßen fünfzehn vollausgerüstete Soldaten. Dies führte natürlich bei Heereseinheiten verständlicherweise zu Ressentiments gegen über der Luftwaffe, doch auch zu sehr viel unsachlicher Kritik.

Wie soll ein Begleitjäger 14 Gegnermaschinen ausschalten? Dies ist schlichtweg unmöglich. Die Verantwortlichen für derartige Desaster saßen in Berlin oder in diversen sicheren Führerhauptquartieren.

Zuweilen wurde das III./ZG 26 auch zur Nachtjagd eingesetzt, dabei war vor allem der Olt. Wehmeyer erfolgreich, in der Nacht vom 22.05. auf den 23.05.1942 gelang ihm sein erster Nachtabschuss über einen Wellington-Bomber.

27.05. 1942
Derna, Start 8.10 Uhr.
7./ZG 26 mit 4 Me 110, Staffelkapitän Olt. Wehmeyer.
Feindeinheit 10-12 Curtiss.
Über Tobruk gesichtet, ca. 8.50 Uhr.
Übergang der Einheit in den Abwehrkreis, da Feindverband mindestens doppelt so stark.

Erfolg: Olt. Wehmeyer, Fw. Wein, Uffz. Nietzke jeweils eine Curtiss.
Verlust: 1 Me 110, Uffz. Ammersbach, Uffz. Frickmann.
Bei Olt. Wehmeyer muss natürlich gesagt werden, dass er der erfolgreichste Me 110-Pilot in Nordafrika gewesen ist.

Schon wenige Tage später, in der Nacht zum 29.05. und zum 31.05.1942, schoss der Olt. Wehmeyer in seiner Funktion als Nachtjäger jeweils eine Wellington ab.

Um noch einmal auf die Erdkampfunterstützung zurückzukommen: Selbst der Gegner gab als Grund für das Scheitern manch seiner Angriffe auf dem Boden die Me 110-Jabos an. Es gibt britische Unterla-

Abb. 9: Me 110 E-2trop, Mai/Juni 1942 in Derna. Foto: Archiv Autor

gen, in denen die erfolgreichen Tiefangriffe der Me 110 aktenkundig gemacht wurden.

Nebenbei sei bemerkt: Diese Jabo-Angriffe wurden ohne die meist erforderliche Luftüberlegenheit vor Ort unternommen, also bei erschwerten Bedingungen. Als man im III. / ZG 26 über die Me 110 E verfügte, wurde sie als Jabo meist mit 2 x 250 kg am Rumpf und 4 x 100 kg (italienische Bomben) oder 4 x 50 kg an den Tragflächen ausgerüstet.

So kam es zu schweren Verlusten auch durch britische Flak. Vor allem bei Tobruk, wo sehr viele Flakgeschütze massiert eingesetzt wurden.

Allein am 01.06.1942 wurden drei Me 110 durch Flak abgeschossen.

FF Olt. Wehmeyer	BF Uffz. Biwer
FF Olt. Bittner	BF Uffz. Zitzmann
FF Ofw. Polenz	BF Fw. Hörning

Hier in Nordafrika musste die Jaborolle deutscherseits meist ohne Luftüberlegenheit ausgeführt werden.

Meines Erachtens werden die Flugzeuge der Alliierten heute etwas überbewertet, mit Ausnahme der P-40, vor allem ab F-Version, die eher unterbewertet wurde, und ihrer Bombenflugzeuge, die in der Regel über eine gute Zuladung, Geschwindigkeit, Bewaffnung und Reichweite verfügten.

Ich habe ja schon einige Beispiele angeführt, wo sich Luftkämpfe immer im Verhältnis von mindestens 1:2 oder gar 1:3 zuungunsten der deutschen Luftwaffe abspielten, selbst schon 1941 / 42 in Afrika. Später verschlechterte sich das Verhältnis rapide, vor allem bei Geleitschutzaufgaben über das Mittelmeer hinweg.

Auf den allgemeinen Verlauf wirkte sich die mangelnde Logistik aus, die zu immensen Nachschubproblemen führte. Wiederhole, insbesondere Kraftstoff war eine extreme Mangelware. Aber auch an Munition und Bomben fehlte es oft.

Solch eklatante Nachschubprobleme waren auf der anderen Seite, wenn überhaupt, nur selten anzutreffen. Schon gar nicht mehr mit Eintritt der

Amerikaner in den Krieg im Dezember 1941, da sie ihrem Verbündeten Großbritannien nun offen jede Unterstützung zukommen lassen konnten. Hinzufügen sollte man jedoch, dass Japan die USA angegriffen hat und Deutschland und Italien daraufhin den USA den Krieg erklärt haben.

In Afrika wurde die Me 110 auch als Aufklärer eingesetzt, da sie mit ihrer hohen Geschwindigkeit bei Aufklärungsflügen die höheren Überlebenschancen hatte als beispielsweise die Hs 126. So wurden für die Nahaufklärung immer mehr Me 109 und auch Me 110 eingesetzt, die Me 110 auch noch für den mittleren Bereich, während man die Ju 88 für die Fernaufklärung verwendete. Man nannte diese Me 110 auch Gewaltaufklärer mit der Bezeichnung F-3. Gewaltaufklärer deshalb, weil sie trotz Reihenbildgerät zwar ohne die zwei MG / FF auskommen musste, doch die vier MG 17 verblieben im Rumpfbug. Hauptsächlich fand das Rb (Reihenbildgerät) 50 / 30 Verwendung. Die C-Version konnte teilweise auch mit Reihenbildgerät ausgerüstet werden, dazu wurden die 20 mm-Kanonen ebenfalls ausgebaut. Rommel konnte von diesen Aufklärungsergebnissen mehrmals profitieren und die Briten somit einige Male überraschen und in prekäre Situationen bringen.

Am 09.07.1942 wurden 18 Ju 52, die von zwei Me 110 geschützt wurden, zwischen Tobruk und Kreta durch eine Beaufighter-Sqn. angegriffen. Eine Beaufighter wurde durch den Me 110-Geleitschutz abgeschossen, die anderen Beaufighter drehten daraufhin ab.

Bei einem Geleitschutzeinsatz am 20.07.1942 von Trapani aus wurde ein Blenheim-Bomber am Nachmittag von Ofw. Weiss, 9. / ZG 26, abgeschossen.

24.07.1942
Einsatz 7. / ZG 26 als Geleitschutz für Nachschubkonvoi.
Start ca. 8.00 Uhr.
8.30 Uhr nördl. Tobruk Sichtung von Hudson-Torpedobomber.
Erfolg: 1 Abschuss Hudson durch Uffz. Nietzke.
Verlust: Durch technischen Defekt mussten FF Fw. Lindhoff und BF Uffz. Krause mit Me 110 Notwasserung durchführen, beide verletzt,

verwundet wurde ein Bordfunker Uffz. Spohn durch Beschuss einer Hudson.

Anfang August verlegte man das III. / ZG 26 nach Kastelli auf Kreta. Eine verstärkte Staffel mit ca. zwölf Me 110 verblieb in Derna.

Das III. / ZG 26 wurde jedoch weiterhin für den afrikanischen Kriegsschauplatz eingesetzt. Auf Kreta waren kurzfristig bis zu 52 Maschinen, davon ca. 35-40 einsatzbereit, stationiert, diese Anzahl war jedoch selten, meistens bewegte sie sich bei 40 Maschinen, davon 25-30 einsatzbereiten.

Sie wurden hier insbesondere zum Geleitschutz für deutsche Transportmaschinen und auch für italienisch-deutsche Geleitzüge eingesetzt. Die Versorgung aus der Luft war eine deutsche Initiative, da die Versorgung auf dem Seewege nicht mehr gewährleistet werden konnte. Man versuchte vermehrt, so das Problem wenigstens etwas zu kompensieren.

Dafür sollten die oben erwähnten Zerstörer Geleitschutz fliegen. Wie schon rein zahlenmäßig ersichtlich, eine reine Unmöglichkeit. Und dazu eine höllische Aufgabenstellung, da man Transportflugzeuge wie zum größten Teil Ju 52 begleiten musste. Die Ju 52 waren sehr robust und zuverlässig, doch ihre Geschwindigkeit von knapp 200 km / h, voll beladen, war für den Begleitschutz eine echte Herausforderung.

Erschwerend kam hinzu, dass die Briten eigentlich ständig wussten, wann und wohin die Geleitzüge unterwegs waren. Hier werden zwei Erklärungen angeboten, so zum Beispiel die den Briten in die Hände gefallene Verschlüsselungsmaschine Enigma, die immer wieder von britisch / polnischen Wissenschaftlern auf den neuesten Stand gebracht wurde und somit den deutschen Funkschlüssel knacken konnte. Diese Aktionen liefen unter dem Pseudonym „Ultra“. In Verdacht standen auch einige italienische Admirale, da gerade die italienische Marineleitung keine Sympathien gegenüber den Deutschen hegte. Doch bewiesen werden konnte es bis heute nicht, auch ist nicht anzunehmen, dass sie tausende von italienischen Handelsschiffsmatrosen für ihre Antipathie geopfert haben.

Trotz dieser Schwierigkeiten haben sich die Zerstörerpiloten mit ihren Flugzeugen, die ja oft nur zu zweit einen solchen Transport begleitet haben – oder es war wie am 12.05.1942 nur eine Me 110 dabei –, tadellos geschlagen.

Bereits am 21.08.1942 kam es zu einem erneuten Erfolg, als neun B-24-Viermot-Bomber der 98. US Bomber Group einen Geleitzug angriffen. Es wurden zwei Viermots Opfer der Me 110-Angriffe und mehrere beschädigt. Die Luftsiege wurden von Uffz. Lauff, 7./ZG 26, und Ofw. Weiss, 9./ZG 26, erzielt.

Keine Woche später konnten die Feldwebel Wegmann und Nedopil bei einem Routineflug zwischen Derna und Kastelli neun B-24 bei einem Angriff auf einen deutsch-italienischen Schiffskonvoi überraschen. Den beiden Me 110-Piloten gelang es, die Bomber so unter Druck zu setzen, dass sie ihre Bomben im Notwurf auslösten, dabei wurde ein Bomber schwer beschädigt. Doch die beiden kamen nicht ungeschoren davon, Feldwebel Wegmann musste eine Notlandung, allerdings erst am Zielort, durchführen, während Feldwebel Nedopil verwundet wurde.

Eine andere Begebenheit:
Am 29.08.1942 kehrte der Oberfeldwebel Haugk von einem Sicherungsflug mit seiner Me 110 zurück, wobei er einen Pulk von elf B-24-Bombern erblickte. Er griff diesen alleine an und brachte zwei dieser Bomber zum Absturz. Die anderen zwang er zum Bombennotwurf und Abdrehen. Allerdings wurde nur ein Abschuss anerkannt.

Am 7.09.1942 machte der Feldwebel Wegmann im Alleingang einen Alarmstart auf zwei B-24, wobei er eine abschießen konnte, er selbst, besser gesagt seine Maschine, musste 50 Treffer einstecken. Eine knappe Stunde später konnte der Uffz. Susemihl, 8./ZG 26, ebenfalls einen Luftsieg über B-24 melden.

Gleich am 16.09.1942 konnte Uffz. Susemihl noch einmal eine B-24 bezwingen.

Die B-24 Liberator waren mit zehn überschweren MG des Kalibers 12,7 mm ausgerüstet. Vergleicht man diese Abwehrbewaffnung mit deutschen Bombern Ju 88, He 111, die gerade mal mit 4-6 MG 7,9 mm ausgerüstet waren – später gab es auch hier Ausführungen mit sieben MG, davon ein oder zwei MG im Kaliber 13 mm –, ist der Unterschied doch recht imposant. Somit hatten alliierte Jägerpiloten ungleich höhere Chancen, gegen deutsche Bomber unbeschadet davonzukommen. Es sind gerade durch B-24 mehrere deutsche Jagdmaschinen, unter anderem auch Me 110, abgeschossen oder stark beschädigt worden. Mit ein Grund dafür war die gegen diesen Bombertyp zu schwache Bewaffnung der deutschen Jäger und Zerstörer. Man musste, um Erfolg zu haben, auf ziemlich kurze Distanz an den Bomber gelangen, denn das 20 mm-MG / FF hatte nicht die erforderliche Durchschlagskraft, dadurch kam es immer wieder zu Treffern durch die Bomberschützen. Die Einführung der Minenmunition bei dem MG / FFM brachte nur eine leichte Verbesserung.

Anfang Oktober 1942 unternahmen acht B-24 einen Angriff auf einen Geleitzug. Ihnen stellten sich drei Me 110 und eine Ju 88 entgegen. Dabei sollen eine Me 110 und die Ju 88 abgeschossen worden sein. Es wurde aber nur eine Ju 88 vermisst.

Eine B-24 musste eine Bruchlandung auf dem Heimatflugplatz bewerkstelligen lt. amerikanischen Meldungen. Diese B-24 wurde natürlich für die Abschussliste nicht gewertet, da man ja keine Kenntnis davon hatte. Solche Ereignisse oder Ergebnisse gab es natürlich auch.

Am 19.10.1942 griffen Beaufighter der 272. Sqn. 32 Ju 52 mit sechs Lastenseglern im Schlepp an. Nur zwei Me 110 waren den Transportern als Geleitschutz mitgegeben worden. Die Beaufighter konnten eine Ju 52 abschießen, während eine Me 110 eine Beaufighter abschoss. Warum auch immer, die Briten stellten danach den Angriff auf den deutschen Verband ein.

25.10.1942
9. / ZG 26, gestartet mit sechs Me 110.
Begleitschutz für 35 Ju 52.
Angriff durch zehn bis zwölf Beaufighter auf Ju 52-Verband bei Tobruk.

Erfolg:	4 Abschüsse über Beaufighter, Ofw. Haugk 2, Olt. Zebnitz 1, Ofw. Schaal 1.
Verluste:	4 Ju 52, 1 Me 110 beschädigt.

Abb. 10: Eine typische Aufgabenstellung für das III. / ZG 26. Zwei Me 110 begleiten mehrere Staffeln Ju 52 über das Mittelmeer. Foto: BA 101 I-419-1897-09

Der Begleitschutz für extrem langsame Flugzeuge, wie es die Ju 52 ja waren, gehörte nicht gerade zu den favorisierten Aufgaben eines Jägers. Auch die ewige Treibstoffknappheit führte dazu, dass den Transportfliegereinheiten oft nur sehr wenig Begleitschutz mitgegeben werden konnte. Es wurden oft 30-50 Ju 52 übers Mittelmeer beordert mit zwei oder drei Me 110 als Begleitschutz dabei. Diese unter anderem vom III. / ZG 26 geleistete Aufgabe wurde nie richtig gewürdigt.

Oft standen solchen Escorteinheiten 20-30 alliierte Jäger gegenüber, d. h. ein Verhältnis von 1:5 bis 1:10 war keine Seltenheit.

Nun noch ein paar Zahlen zum Nachdenken:
Zwischen April 41 und Dezember 42 wurden 1 600 alliierte Maschinen abge-

schossen, davon waren mindestens 1 300 Jäger, natürlich in der Hauptsache durch JG 27, JG 53, JG 77, und in der Endphase kam noch das II./JG51 dazu.

Die Alliierten selbst schossen 1 200 Maschinen der Achsenmächte ab, davon waren 500 Bomber und ca. 60 Transportflugzeuge. Hierbei sind die Verluste der Italiener mit inbegriffen.

Dass diese Maschine **keinen**, wiederhole: **keinen** Begleitschutz brauchte, ist wohl offenkundig. Dies noch einmal in aller Deutlichkeit geschrieben. Doch die oben bezeichneten JGs haben die Me 110 bei verschiedenen Jabo- oder Aufklärermissionen begleitet. Meistens flog das III./ZG 26 jedoch selbst Begleitschutz für die Kampfflugzeuge Ju 88, He 111, Ju 87 und später in der Hauptsache für Transportflieger JU 52, JU 90, Me 323 Gigant.

Das Afrikakorps indes wurde aus der Cyranaika gedrängt durch die Offensive Montgomerys bei El Alamein am 23.10.1942. Natürlich nicht nur aufgrund der brillanten Fähigkeiten Montgomerys, sondern mehr auf der Tatsache beruhend, dass er eine erdrückende Übermacht an Truppen und Material hat aufbauen können. Denn Montgomery war mehr ein hervorragender Systematiker als ein begnadeter Stratege.

Zur Verdeutlichung die Stärkelage vor El Alamein in der Luft:

605 alliierten Jägern standen 347 der Achse gegenüber, davon etwa 100 deutsche Jäger. Die Überlegenheit an Heereseinheiten auf alliierter Seite war zum Teil noch erdrückender.

Trotzdem ging der Rückzug geordnet vonstatten. In Tunesien wurde dann eine neue Linie, die so genannte Mareth-Linie, errichtet, deshalb spielen sich die nun folgenden Ereignisse in diesem Kampfraum ab.

Am 08.11.1942 begannen die Amerikaner einen zusätzlichen Entlastungsangriff für die Briten in Tunesien hinter dem Rücken der Deutschen, der Deckname für das Unternehmen war „Torch“.

Das III./ZG 26 flog in dieser Zeit immer noch Begleitschutz für die in Tunesien etablierte deutsche Heeresgruppe.

Bereits am 14.11.1942 kam es bei einer Begleitschutzaufgabe des 9./ZG 26 zu einem Kurvenkampf mit Spitfire, diese waren auf Malta stationiert.

Begleitschutz wurde geflogen für einige Dutzend Ju 52, wobei es zu dem oben genannten Kurvenkampf kam.

Erfolg: 1 Spitfire abgeschossen, Ju 52-Verband keine Ausfälle.
Verlust: 1 Me 110, Ofw. Richard Schaal.

Am 27.11.1942 gelang es dem Olt. Paul Herzberg vom 8./ZG 26, am späten Vormittag innerhalb kürzester Zeit zwei Beaufighter abzuschießen.

Wg. Cdr. Buchanan, 272. Sqr., hat an diesem Tag eine Me 110 abgeschossen. Ob diese Ereignisse im Zusammenhang stehen, lässt sich nicht mehr rekonstruieren, da auf beiden Seiten nur noch die Abschussergebnisse zur Verfügung stehen.

Vielleicht einige Worte zur Bristol Beaufighter. Diese Maschine wurde als Konkurrenz zur Me 110 entwickelt und gebaut. Von der Agilität hatte ich schon berichtet, da die Me 110 bereits im März 1942 von britischen Beaufighter-Piloten getestet wurde. Auch die reinen Flugleistungen waren der Me 110 unterlegen. Mit dem starken Bristol-Herkules-XVII-Motor (drehschiebergesteuert) und 1 770 PS erreichte sie eine Höchstgeschwindigkeit von 536 km/h in 4 800 m. Hatte bis zu 4 x 20 mm-Kanonen und 6 x 7,7 mm-MG an Bord. Mit diesen Leistungsparametern und Bewaffnung kann aber auch nicht von Fallobst gesprochen werden.

Bei den Begleitschutzaufgaben ging es oft im buchstäblichen Sinne auf Biegen und Brechen.

Am 09.12.1942 wird berichtet, dass vier Beaufighters der 272. Sqn. ca. 35 Ju 52 angriffen, die von zwei Me 110 und zwei Ju 88 begleitet wurden. Den Beaufighters gelang es, vier Transportflugzeuge abzuschießen, doch wurden auch zwei Beaufighter schwer beschädigt durch die Me 110, so dass der Beaufighter-Verband abdrehte. Leider jedoch kam es zu einem folgenschweren Zwischenfall, die zwei Ju 88 kollidierten und stürzten ab.

Bezeichnend ist auch ein Luftgefecht am 11.12.1942, als sechs Beaufighter und acht Spitfire einen Lufttransport, bestehend aus 35 Ju 52, angriffen. Die Transporter wurden von drei Me 110 und zwei Ju 88 begleitet.

Der britische Verband meldete den Abschuss von vier Me 110 und einer Ju 88, tatsächlich geht aber aus deutschen Unterlagen nur der Verlust von zwei Maschinen Me 110 und einer Ju 88 hervor. Es waren nur drei Me 110 beim Transportverband und eine kehrte zum Stützpunkt zurück. Jedoch fünf Ju 52 wurden von den Feindjägern abgeschossen.

Auf 35 Ju 52 aufzupassen und sich mit acht Spitfire im Luftkampf zu messen, dazu noch sechs Beaufighter, dürfte mit drei Me 110 und zwei Ju 88 ein Ding der Unmöglichkeit sein. Doch ging es längst nicht immer so einseitig aus.

Ein Martin-A-30-Baltimore-leichter-Bomber wurde an diesem Tag durch eine Me 110 zur Notlandung gezwungen.

Im Zeitraum vom 24.06. bis 20.12.1942 machte auch ein junger Unteroffizier, später dann Feldwebel, Heinz Susemihl, von sich reden. Er konnte in dieser Zeitspanne vier Luftsiege gegen alliierte Flugzeuge erzielen. Darunter eine Beaufighter, zwei B-24 und ein zweimotoriger Boston-Bomber. Gerade der Boston-Bomber, oder Douglas A-20 genannt, konnte mit hervorragenden Flugleistungen aufwarten. Mit einer Höchstgeschwindigkeit von 540 km / h und 8 x 12,7 mm-MG war dieser Bomber keine leichte Beute, zusätzlich noch mit einer guten Beweglichkeit ausgestattet. Feldwebel Susemihl wurde dafür am 12.04.1943 mit dem Deutschen Kreuz in Gold ausgezeichnet.

Eine besondere Tat, nicht im Zusammenhang mit Abschüssen, vollbrachten zwei Me 110-Besatzungen Ende Januar 1943.

Zwei He 111 überflogen einen Verband, bestehend aus sechs zweimotorigen amerikanischen Bombern, die von zwölf P-38 begleitet wurden. Die P-38 entdeckten die He 111, wollten sie angreifen, doch in diesem Augenblick tauchten zwei Me 110 auf, die sofort die P-38 attackierten, somit konnten sich die zwei Heinkel-Kampfflugzeuge in Sicherheit bringen. Vielleicht konnten sich die beiden Me 110 nicht mehr aus der Kurbelei lösen und wurden amerikanischen Angaben zufolge abgeschossen. Das Zahlenverhältnis spricht ja auch hier Bände. Doch sind Zweifel angebracht, das III./ZG 26 verlor im Zeitraum Januar 1943 nur vier Maschinen durch Feindeinwirkung. Es liegt nahe, dass sich die zwei 110er mit Beschädigungen durchgemogelt haben.

Am 01.02.1943 dürfte wohl eine der ersten P-38 durch eine Me 110 abgeschossen worden sein, diese 110 gehörte zur 8./ZG 26. Bei dem Piloten handelte es sich um Leutnant Paul Bley.

Einen Tag später hat Lt. Bley bei zwei verschiedenen Luftkämpfen, am Morgen und mittags, je einen Luftsieg über P-38 erringen können.

Bereits am 03.02.1943 kam es erneut zu einer Begegnung mit P-38. Ein Schwarm, also vier Me 110 des 9./ZG 26, sollte zwei leere Tanker nach Italien begleiten. Als zwölf B-26 auftauchten, wurden diese als Torpedobomber identifiziert, und die Me 110 gingen gegen diese Bomber in Angriffsposition, man hat dabei deren Begleitschutz von zwölf P-38 nicht wahrgenommen, so dass man kalt erwischt wurde. Zwei Me 110 wurden dabei abgeschossen, eine schwer beschädigt, und die Maschine des Schwarmführers Feldwebel Wegmann erhielt ebenfalls Beschussschäden. Eine P-38 ist abgeschossen worden, wahrscheinlich durch Feldwebel Wegmann, dies laut amerikanischen Angaben, ein anderer Lightning-Pilot kam mit Verwundungen davon. Die Tanker konnten sich wohl in Sicherheit bringen. Man beachte jetzt schon die sich stark verändernden Zahlenverhältnisse!

Ein Abwehrerfolg seitens einer Me 110-Einheit wurde am 17.03.1943 erzielt.

Es griffen von Malta kommend neun Beaufighter mit neun Beauforts einen italienisch-deutschen Schiffskonvoi an. Dabei trafen sie zufällig auf einen Schwarm des III./ZG 26, der sich gerade auf dem Flug nach Gerbini befand.

Nach diesem Luftgefecht haben die Me 110-Piloten Wegmann, Sabottki, Thiele und Brändl den Abschuss von vier Beauforts gemeldet, doch diese Abschüsse wurden von deutschen Stellen abgelehnt. Komischerweise gaben die Briten bei diesem Luftgefecht zu, jeweils eine Beaufort und Beaufighter verloren zu haben, wahrscheinlich sind noch zwei britische Maschinen schwer beschädigt worden. Hieran kann man erkennen, wie hart die Bestätigungsmodalitäten in der deutschen Luftwaffe gehandhabt wurden.

Aus den ursprünglich zur Deckung des Konvois eingesetzten Flugzeugen wurden von den RAF-Verbänden eine Me 110, eine Do 217 und eine Ju 52 als abgeschossen gemeldet.

Zu den Beauforts wäre noch zu sagen, dies waren leichte Bomber, die im Mittelmeerraum erfolgreich als Torpedobomber eingesetzt wurden. Von den Abmessungen nicht viel größer als die Me 110, waren sie jedoch mit einer Geschwindigkeit von maximal 420 km / h zu langsam und wurden von der Beaufighter mehr und mehr abgelöst.

Dazu muss man bemerken, dass diese Erfolge in der Hauptsache noch mit der Me 110 C-4 / D-3 und einigen der E-Baureihe erzielt wurden. Diese Muster eigneten sich wohl besonders für Luftkampfaufgaben, da sie über ein gutes Gewicht-Leistungs-Verhältnis verfügten.

Als Beispiel sei angeführt: Eine in Afrika verwendete C-4 / D-3 hatte eine Startmasse von 6,75 t. Die F-1 / 2-Versionen konnten schon eine Startmasse von bis zu 7,5 t auf die Waage bringen, sie kamen erst Mitte 1942 zum III. / ZG 26. Da halfen selbst 150 PS mehr pro Motor gar nichts, nur die Endgeschwindigkeit lag etwas höher.

Einen etwas durchwachsenen Tag für den Begleitschutz gab es am 05.04.1943, als 20 P-38 einen deutschen Transportverband, der auf dem Weg Richtung Tunis war, bei Cap Bon angriffen. Später stieß noch ein weiterer Jagdverband von 26 P-38 hinzu.

Zehn Me 109 und sechs Me 110 der 8. / ZG 26 begleiteten einen Verband, bestehend aus 30-35 Ju 52, dabei befanden sich in diesem Verband noch vier Ju 87, eine Me 210 und eine FW 190.

Vierzehn Ju 52 wurden ein Opfer der Lightning-Jäger. Zwei Me 110 und mindestens zwei Me 109 sind von den P-38 abgeschossen worden, alle vier Ju 87 und die Me 210 ebenfalls. Jedoch wurden von den deutschen Jägern acht P-38 abgeschossen. Was in diesem Fall natürlich kein großer Trost war.

Erfolg: 2 P-38 Lt. Bley, 1 P-38 Uffz. Leutloff. Uffz. Scherkenbeck meldete ebenfalls den Abschuss einer P-38, dieser wurde jedoch nicht anerkannt.

Die Me 109-Einheit erzielte fünf Luftsiege. Die 3. u. 4. / JG 53 waren beteiligt.

Zwei Piloten des JG 27 sollen sich auch an diesem Luftkampf beteiligt haben, doch beide hatten das Pech, abgeschossen zu werden, Uffz. Pilz gefallen, Lt. Wöffen konnte sich mit dem Fallschirm retten.

Gerade Paul Bley konnte bereits am 01.02. eine P-38 und am 02.02.1943 nochmals zwei P-38 abschießen. Er war bei den Zerstörerpiloten hinsichtlich P-38 der erfolgreichste bis dato.

In einem Buch von Nauroth / Held „Zerstörer an allen Fronten" wird im Nachwort eine fatale Fehleinschätzung vorgenommen.

„Die Bf-110-Zerstörer waren nie so erfolgreich wie ihr amerikanisches Pendant, die P-38 Lightning."

Diese Aussage ist wirklich, gelinde gesagt, für Luftfahrtautoren inkompetent. Ich weiß nicht, was einen ohne Not bewegt, ein solches Urteil zu treffen. Mit Objektivität hat das nichts mehr zu tun, da muss man schon viel von der Realität, wie der Zweite Weltkrieg verlief, ausgeblendet haben.

Die P-38 waren erfolgreich auf dem pazifischen Kriegsschauplatz, doch in Nordafrika und Europa hielten sich ihre Erfolge in Grenzen. Gerade in Tunesien, wo sie zeitweise die Hauptlast als Jäger zu tragen hatten und die Piloten noch über keine Kampferfahrung verfügten, mussten sie gegen deutsche Jäger hohe Verluste hinnehmen, so dass die USAF eine dritte Fighter Group mit P-38 für Tunesien abstellen musste. Die zwei anderen Groups mussten aufgefrischt werden. Die P-38-Piloten haben sich gut geschlagen, doch manchmal waren die Abschussangaben etwas zu optimistisch, gerade am Anfang des Tunesienfeldzuges. Deshalb wurde von amerikanischer Seite immer mehr auf die P-40 F und N zurückgegriffen.

Später, als Begleitschutz für die Bomber, fanden die P-38 eine Zeit lang keine Verwendung mehr oder nur in Verbindung mit P-47- oder P-51-Einheiten.

Ihre Abschusserfolge wurden etwas besser, je näher das Kriegsende kam, denn viele der deutschen Piloten hatten nur noch eine Kurzausbildung auf ihren Einsatzmustern erhalten. Schon Mitte 1944 haben die ausgebildeten deutschen Jagdpiloten oft nur 30-40 Flugstunden auf Me 109 oder FW 190 bekommen, ebenso natürlich auch bei den Zerstörern, hier könnten es ein paar Flugstunden mehr gewesen sein.

Vielen wird entgangen sein, dass zu diesem Zeitpunkt extremer Treibstoffmangel herrschte. Ein amerikanischer Durchschnittspilot brachte es auf 300-350 Flugstunden auf seinem für den Einsatz vorgesehenen Flugzeug. Wie man angesichts dieser Tatsachen zu solchen Einschätzungen kommen kann, ist mir ein Rätsel.

Man kann ja die P-38 durchaus als gutes Flugzeug bezeichnen, aber das Übertreiben sollte man tunlichst vermeiden. Schon allein ihre Geschwindigkeit von maximal 666 km / h in 7 620 m Höhe ist sensationell und ihre Steiggeschwindigkeit von 18,6 m / sec ebenfalls. Die Reichweite der P-38 von 1 800 km muss ebenso hervorgehoben werden. Für die reinen Flugleistungen sorgten zwei Allison-V-1710-Triebwerke mit jeweils 1 600 PS.

Doch spielten sich Luftkämpfe nicht immer in diesen für die P-38 optimalen Höhen ab. Bei Luftkämpfen zwischen 3 000 m und 5 000 m waren ihre Leistungen eher durchschnittlich, und für deutsche Jäger, insbesondere den einmotorigen, hatte sie ihren Glanz verloren. Die Rollrate war im unteren Geschwindigkeitsbereich besser als bei der Me 110, im Bereich von 530 km / h in etwa gleich, und darüber hinaus hatte die Me 110 Vorteile.

Selbst der amerikanische Air-Force-General James H. Doolittle stufte die P-38 während ihrer Begleitschutzeinsätze bei der 8. US-Luftflotte als zweitklassig ein.

Doch zurück zum Gefechtsverlauf vom 05.04.1943, an dem man erkennen kann, dass auch die Me 109-Piloten bei Begleitschutzaufgaben schwer zu kämpfen hatten. Die Ju 52 ist ein tolles Flugzeug, bezogen auf die Flugsicherheit ohne Beschuss, doch für den Begleitschutz ein Horror, natürlich auch für die Transportpiloten, da die Strecken einem unendlich vorkamen. Der Gegner hatte genug Zeit vom Auffassen des Verbandes bis zu den eigentlichen Angriffshandlungen. Zwar mussten die Begleitjäger nicht an den Transportfliegern kleben, doch in ihrem Bereich mussten sie schon sein. Natürlich wurde auch Höhendeckung geflogen, dadurch verringerte sich die Anzahl weiter, was es erschwerte, bei einem schwerpunktmäßigen Angriff zur Stelle zu sein. Im genannten Beispiel war das Kräfteverhältnis etwa 1:2,5 zugunsten der P-38-Einheiten. Die P-38-Verbände haben wahrscheinlich mit einigen Flugzeugen den Begleitschutz herausgefordert und konnten dann einen konzentrierten Angriff auf die Transporter eröffnen, denn überall gleichzeitig konnten die Me 109 / 110 nicht sein. Bei diesem Einsatz hat auch der amerikanische Verbandsführer sein Handwerk verstanden.

Auch die Erfolgsangaben beider USAF-Einheiten waren bei Berücksichtigung des Gefechtsverlaufes äußerst präzise. Der Einsatz war mit mindestens 23 deutschen Verlusten sehr erfolgreich.

Schon wenige Wochen später konnten sich die Me 110 des III. / ZG 26 etwas revanchieren, als sie am 17.04.1943 auf einen kleinen Bomberverband von sieben B-17 trafen, der aber von 40 P-38 begleitet wurde. Dabei waren auch einige Me 109 im Einsatz, die sich mit den P-38 auseinandersetzten. Aus diesem Bomberverband konnten vier B-17 abgeschossen werden, durch die Zerstörer, ebenso eine P-38 durch die 7. / JG 53, Uffz. Müller.

Erfolgreiche Besatzungen: Hptm. Kiel, Olt. Herzberg, Fw. Müller, alle 8. / ZG 26. Eine B-17 konnte Fw. Gräb abschießen vom 6. / ZG 1. Feldwebel Meissl von der 9. / ZG 26 konnte bereits morgens nachweislich eine Spitfire abschießen, doch wurde nach diesem Luftkampf die Me 110 des Fw. Szesny vermisst.

18.04.1943
8. / ZG 26: Start mit fünf Me 110.
Jagdschutz für etwa 70 Ju 52 unter Beteiligung JG 53 und einer Einheit der Regia Aeronautica mit zusammen 16 Flugzeugen.
Feindjäger: ca. 60-70 Curtiss und Spitfire.
Sichtung: Cap Bon, Ras el Ahmar.
Versuche, die Feindjäger von den Ju 52 fernzuhalten, nicht möglich, 24 Ju 52 wurden abgeschossen und 35 mussten an der Küste notlanden.
Angriffe auf die Transportmaschinen wurden in der Hauptsache durch Curtiss-Jäger der USAF durchgeführt. Eine RAF-Einheit, die 92. Squadron, bildete den Höhenschutz.
Erfolg: Abschuss 1 Spitfire durch Fw. Dämmig.
Verlust: 1 Me 110.

So weit 8. / ZG 26.

Das JG 53 meldete sieben Abschüsse, darunter zwei Spitfire, bei diesem Einsatz. Bei den als Spitfire deklarierten abgeschossenen Feindmaschinen handelte es sich wahrscheinlich ebenfalls um P-40F Warhawk, da die 92. RAF-Squadron keine Verluste bei diesem Einsatz hatte. Bei den als Höhenschutz eingesetzten Spitfire handelte es sich um den Typ Vc, der für die Wüstenverhältnisse mit Spezialfiltern präpariert wurde. Bei der P-40F war ein Packard V-1650-1 mit 1 300 PS verbaut, dies war ein in Lizenz gefertigter Rolls-Royce-Merlin-28-Motor. Durch die vergrößerten Lufteinlassöffnungen unter der Luftschraube sahen sich beide Flugzeuge ähnlich. Die Leistungsparameter lagen dicht beieinander. Bei diesem Luftkampf hatte die P-40F sogar Vorteile, da sie für niedere Höhen ausgelegt war und über eine starke Bewaffnung mit drei eingebauten 12,7 mm-MG in jeder Tragfläche verfügte.

Bei dem Gefecht wurden von den amerikanischen Einheiten etwa doppelt so viele Abschüsse an Me 109-Jägern gemeldet, wie vorhanden waren, mit den MC 202 zusammen wären keine Jäger der Achse übrig geblieben, was wohl nicht wahrscheinlich ist, da mindestens sieben Me 109-Piloten ihre Abschüsse melden konnten. Eine Me 109 wurde mit Sicherheit abgeschossen, wie viele MC 202, ist nicht bekannt. Trotzdem war es ein erfolgreicher Einsatz der P-40F-Jäger gewesen.

Dem Me 110-Piloten Fw. Horst Dämmig wurde am 17.11.1943 das EK I verliehen, weitere Punkte in der Reichsverteidigung sind für die Auszeichnung ausschlaggebend gewesen.

Am 26.04.1943 kam es ebenfalls zu einem Luftgefecht zwischen einer Spitfire, die von einem Piloten namens Malan geflogen wurde, und einer Me 110 von Oberfeldwebel Heinze, der diese Spitfire abschoss. Heinze gehörte zur II./ZG 1. Es handelte sich in diesem Fall jedoch nicht um den berühmten „Sailor" Malan.

Uffz. Röder von der 8./ZG 26 konnte am frühen Morgen des 28.04.1943 einen Luftsieg über eine P-38 verbuchen, wahrscheinlich bei einem Angriff auf einen deutsch-italienischen Geleitzug.

Der April 1943 war einer der verlustreichsten Monate für das III./ZG 26 mit zehn Totalverlusten, nicht alle Verluste über Tunesien waren jedoch Me 110, einige wurden am Boden zerstört oder mit der Me 210 verwechselt. Denn das III./ZG 1, ausgerüstet mit Me 210, hatte im gleichen Zeitraum 28 Totalverluste.

Einen erbitterten Luftkampf zwischen Spitfire der 111. Squadron und Me 110, wohl der II./ZG 1, gab es am 01.05.1943. Einige Me 109 sollen auch dabei gewesen sein. Die RAF-Piloten meldeten den Abschuss von mindestens fünf Me 110 und einer Me 109. Tatsächlich wurden drei Me 110 abgeschossen und keine Me 109.

Anmerkung:
In der Sowjetunion sollen gerade an diesem 01.05.1943 zwei Spitfire abgeschossen worden sein vom 3./ZG 1, doch das I./ZG 1 lag zu der Zeit 600-700 km Luftlinie nördlich von der ersten Einheit, die mit 29 Spitfire Vb, das 57. GIAP (Gruppe), ausgerüstet war. Am Kuban war das JG 52 eingesetzt, das der direkte Gegner dieser 57. GIAP war und nachweislich die ersten Spitfire Ende April/Anfang Mai 1943 abschoss, dies wird auch von sowjetischer Seite bestätigt.

Meines Erachtens handelt es sich hier um das 5./ZG 1, das theoretisch bei dem Luftkampf über dem Mittelmeer dabei gewesen sein könnte. Letzte Klärung ist mir nicht gelungen, da es leider vom ZG 1 über diese Zeit keine Unterlagen mehr gibt. Es gibt eine, Briefbuch Nr. 086, die auch bei der 5./ZG 1 vorkam. Schlussendlich glaube ich nicht, dass am 01.05.1943 zwei Spitfire in der Sowjetunion durch Me 110 abgeschossen wurden, nicht weil sie es nicht gekonnt hätten, sondern weil keine Spitfire in ihrem Einsatzgebiet anzutreffen gewesen sind. Es hätte sich die 3./ZG 1 an den Kuban verirren müssen, oder die besagte sowjetische Einheit hätte einen Abstecher Richtung Kursk machen müssen. Beide Einheiten hatten an ihren Standorten schon genug Einsätze zu fliegen, so dass dies wohl auszuschließen ist.

Die 111. Squadron war eine der erfolgreichsten RAF-Einheiten, doch hier hat sie mit ihren Abschusszahlen doch etwas übertrieben, in manchen Veröffentlichungen sollen sie sogar sieben deutsche Flugzeuge abgeschossen haben an diesem 01.05.1943, doch zu diesen drei Me 110 kam noch eine HE 111 dazu, über ihre Verluste ist nichts veröffentlicht worden.

Die wohl letzten Luftsiege für die III. / ZG 26 im Zusammenhang mit Tunesien erzielte der Oberfeldwebel Heinz Sielaff, als die Amerikaner mit etwa 150 Bombern und 60 P-38 als Begleitschutz bereits am 09.05.1943 Palermo angriffen und er dabei zwei B-17 abschießen konnte.

Zusammengenommen konnte das III. / ZG 26 etwa 22 Abschüsse während des Tunesienfeldzuges erzielen, hier sind die von den Alliierten nachträglich eingeräumten Verluste enthalten. Bei einer Einsatzstärke von im Schnitt 25-30 Flugzeugen oder sogar noch darunter und bei einer nicht einfachen Aufgabenstellung ist das ein guter Schnitt.

Doch auch die Verluste waren beträchtlich, allein von 12 / 1942 bis 5 / 43 gingen durch Feindeinwirkung 28 Flugzeuge verloren, natürlich auch hier nicht nur durch feindliche Jäger, gegnerische Bomber – Bomberschützen und Flugabwehr waren daran beteiligt.

Die Aufgabe einer solchen Begleitschutzeinheit bestand darin, möglichst viele der anvertrauten Transporter, Bomber, Stuka unversehrt an den Einsatzort zu geleiten, und nicht nur in Abschusszahlen. Dies sollte Berücksichtigung finden, wenn man ein solches Flugzeug beurteilt.

Zu allen Erschwernissen, die der afrikanische Kriegsschauplatz so mitbrachte, gab es auch einen positiven Aspekt. Man war ziemlich weit von der Befehlszentrale in Berlin entfernt und konnte die Taktik den Gegebenheiten entsprechend anpassen. Natürlich waren hier in erster Linie die Einmot-Jäger, sprich Me 109, für die Schaffung der Luftüberlegenheit verantwortlich, was diesen auch trotz zahlenmäßiger Unterlegenheit oft gelungen ist, das muss an dieser Stelle auch gesagt werden. Hier sind vor allem JG 27 und JG 53 sowie JG 77 zu nennen.

Die Me 110 konnte aber auch hier bei Ausputzertätigkeiten in der Luft den einen oder anderen alliierten Jäger bezwingen. Auch hinsichtlich des Begleitschutzes und des Jagdbombereinsatzes war sie sehr erfolgreich in Afrika. Kommandeure waren Major Karl Kaschka bis Dezember 1941, danach nur drei Wochen Hauptmann Thomas Steinberger, beide gefallen, und ab Ende Dezember 1941 bis Juli 1943 der Hauptmann Georg Christl.

Zusammengenommen konnte die III. / ZG 26 in Afrika und Tunesien 130-140 Feindflugzeuge in Luftkämpfen bezwingen, hiervon waren mindestens 60-65 Jäger. Für ein Viel-Zweck-Flugzeug, was ein Zerstörer nun mal ist, eine beachtliche Leistung, dabei darf man nicht vergessen, dass die Me 110 ab 1942 vermehrt zu Begleitschutz- und Jaboeinsätzen, Geleitschutz für Schiffe, herangezogen wurden und nicht zur freien Jagd, deshalb stammen die meisten Abschüsse des III. / ZG 26 auch aus dem Zeitraum 1941.

Abb. 11: Me 110 G-2trop, Flugplatz Trapani oder Ciampino
Foto: Archiv Autor

Die III. / ZG 26 wurde nach Ende des Tunesienfeldzuges, 13.05.1943, in Italien bei Ciampino / Rom disloziert, wobei die 9. Staffel weiter von Trapani aus eingesetzt wurde. In dieser Zeit hat die Gruppe fünf P-38, zwei Spitfire, zwei B-24, zwei B-17 abgeschossen, bevor sie zur Reichsverteidigung zurückbeordert wurde. Auf der Verlustseite im Zeitraum von Mai 1943 bis 31.07.1943 stehen 14 Maschinen. Im Juli 1943 wurde Major Christl abberufen, und neuer Gruppenkommandeur wurde Major Fritz Schulze-Dickow.

Zum Abschluss des Geschehens auf dem südlichen Operationsgebiet seien stellvertretend für viele folgende Zerstörerpiloten genannt: (Es werden nur die Erfolge angegeben, die vor oder in Afrika, Mittelmeer erzielt wurden, man wird im Laufe des Buches noch auf den einen oder anderen Piloten mit weiteren Erfolgen auf anderen Kriegsschauplätzen treffen.)

Alfred Wehmeyer war einer der erfolgreichsten Jägerpiloten unter den Zerstörern. Schon über England als 21-jähriger Neuling konnte er mit fünf Luftsiegen aufwarten, die bestätigt wurden. Im Mittelmeerraum und Afrika kamen noch 13 weitere hinzu, eingerechnet sind drei Wellington-Bomber, die er in der Nacht abschoss. Bei einem Tiefangriff am 01.06.1942 wurden er und sein Bordfunker von der britischen Flak abgeschossen, wobei beide ums Leben kamen.

Abb. 12: Ofw. Richard Heller
Foto: BA 183 I-R65769

Richard Heller, der ebenfalls über Großbritannien mit drei Abschüssen erfolgreich war, konnte am 06.04.1941 währen der Balkanoperationen eine jugoslawische Me 109 abschießen. In Afrika ist er bekannt geworden, als er alleine einen Verband Stuka begleitet hat und dabei drei Gegner abschießen konnte, sein Bordfunker Bövers schoss ebenfalls einen ab. Dafür erhielt Heller das Ritterkreuz. Detailliert habe ich diesen Vorgang bereits geschildert.

In Afrika war Oberfeldwebel Richard Heller insgesamt 10-mal erfolgreich.

Günther Wegmann hat sich besonders bei Begleit- und Geleitschutzeinsätzen mehrfach ausgezeichnet, acht Abschüsse gingen dabei auf sein Konto. In der Reichsverteidigung hat Wegmann mit der 110 noch zwei B-17 abgeschossen. Günther Wegmann hat später eine bedeutende Rolle bei Erprobung und Einsatz der Me 262 gespielt. Sowohl beim Erprobungskommando 262, Kommando Nowotny und JG 7 war er in verschiedenen Funktionen tätig. Wegmann wurde Oberleutnant und hat mit der Me 262 noch einmal neun Abschüsse verbuchen können. Im JG 7 acht, im Kommando Nowotny einen am 08.011.1944 (P-51).

Georg Christl war schon zu Beginn des Afrikafeldzuges im April 1941 als Staffelkapitän 7. / ZG 26 mit drei Luftsiegen über britische Hurricane erfolgreich. Christl hat als Kommandeur der III. / Gruppe ZG 26 bei zahlreichen Tiefangriffen mit verantwortlich gezeichnet für die überragenden Ergebnisse seiner Einheit.

Auf sein persönliches Konto kamen zusätzlich sieben Panzer, 40 Lkw, zehn Tankwagen. Für Hptm. Christl standen insgesamt sieben bestätigte Luftsiege zu Buche. Befördert wurde Christl noch zum Major, und später wurde er aufgrund seiner technischen Kenntnisse zu einer Versuchsabteilung für die Bombenwurferprobung der Luftwaffe versetzt.

Helmut Haugk verbuchte schon in Frankreich einen Luftsieg, war aber vor allem über Großbritannien mit fünf Luftsiegen erfolgreich. In Afrika kamen weitere sechs Luftsiege hinzu. Auch seine Bodenkampfaktivitäten waren spektakulär, 40 Panzer und Panzerspähwagen, 60 Lastkraftwagen und drei Blenheim-Bomber wurden von ihm am Boden zerstört. In seinen oben genannten sechs Luftsiegen ist schon ein Viermot-Bomber enthalten, es sollten in der Reichsverteidigung weitere hinzukommen. Helmut Haugk war somit wie noch viele andere Zerstörerpiloten der Prototyp eines Mehrkämpfers, genau wie sein Flugzeug, die Me 110.

Abb. 13: Ofw. Helmut Haugk
Foto: BA 146-2008-0149

Fritz Schulze-Dickow ist bekannt geworden durch seine schneidig durchgeführten Tiefangriffe vor allem bei der britischen Winteroffensive 41 / 42. Bei mehreren Begleitschutzeinsätzen hat sich Schulze-Dickow ebenfalls einen Namen gemacht, bei diesen Gelegenheiten schoss er drei Feindjäger ab.

Die genannten Piloten wurden alle außer Günther Wegmann mit dem Ritterkreuz ausgezeichnet. Es gab genügend Piloten ohne Ritterkreuz, die Her-

Abb. 14: Olt. Günther Wegmann hat im Mittelmeerraum als Unteroffizier begonnen. Foto: Mit freundlicher Genehmigung Manfred Boehme

vorragendes geleistet haben, deshalb steht Günther Wegmann stellvertretend an dieser Stelle.

Das Deutsche Kreuz in Gold erhielten für ihre ausgezeichneten Leistungen in Afrika, Mittelmeer, Tunesien nicht weniger als sechzehn Piloten und Bordfunker des III. / ZG 26, allerdings wurden bei einigen die erzielten Erfolge in der „Luftschlacht um England" mit eingerechnet.

So z. B. bei Oberfeldwebel Franz Sander, der als junger Unteroffizier über Großbritannien bereits vier Jäger abschießen konnte. Er war zeitweise Rottenkamerad von Helmut Haugk in Afrika und konnte dabei nochmals eine Hurricane und einen Blenheim-Bomber als Abschuss für sich verbuchen. Sander geriet am 28.01.1942 in Gefangenschaft, entweder durch Flakbeschuss, oder ein technisches Problem zwang ihn zur Notlandung, die Briten meldeten an diesem Tag keinen Luftsieg über eine Me 110.

Für seinen Einsatz auf dem Mittelmeer- / Tunesien-Kriegsschauplatz erhielt Günther Wegmann im August 1943 das Deutsche Kreuz in Gold.

Für diesen Kampfraum muss noch auf die II. / ZG 1 hingewiesen werden. Sie war noch kurzfristig in die Kämpfe um Tunesien verwickelt. Nicht zu verwechseln mit der III. / ZG 1, diese Gruppe war mit Me 210 ausgerüstet und in Tunesien auch dabei. Diese Einheiten wurden viel zu spät in diesen Einsatzraum entsandt, so dass sie nicht mehr richtig zum Tragen kamen.

Die II. / ZG 1 war danach von Mitte April 1943 bis Juli 1943 in Italien disloziert, dabei wurde die Gruppe im Kampfraum Tunesien eingesetzt, wie bereits erwähnt, wo sie mindestens eine Spitfire und einen B-17-Bomber abschießen konnte.

Auch zur Abwehr der amerikanisch-britischen Invasion auf Sizilien im Juli 1943 wurde die Gruppe herangezogen. Stützpunkt war hier Monte Corvino bei Salerno, hier kam die Gruppe zu mindestens fünf bestätigten Luftsiegen über Spitfire-Jäger, allerdings hatte man hier auch 15 Totalausfälle zu beklagen, aber natürlich gingen nicht alle Flugzeuge durch feindliche Jäger verloren, einige davon wurden bereits am Boden durch gegnerische Jabos zerstört. Man bedenke dabei die alliierte Luftüberlegenheit von ca. 5 000 Flugzeugen gegen 1 200 Flugzeuge der Achse, davon waren nicht einmal die Hälfte deutsche Flugzeuge! In dieser Zeit waren nur 130 Me 109 und 35 Me 110, zusätzlich etwa 40 FW 190 einsatzbereit. Gruppenkommandeur der II. / ZG 1 war in jener Zeit Major Heinz Nacke.

Über die Schwere der Luftkämpfe im Bereich Sizilien im Juli 1943 mögen auch folgende Zahlen Aufschluss geben. Das II. / JG 77 hatte 36 Abschüsse, aber auch 48 Totalverluste zu verzeichnen, natürlich sind in den 48 Totalverlusten auch die am Boden zerstörten Flugzeuge enthalten. Das Schnellkampfgeschwader II. / SKG 10, ausgerüstet mit FW 190A, wurde ebenso in dem Gebiet eingesetzt, zwei Abschüssen im Juli standen 15 Totalverluste gegenüber, natürlich ist mir bekannt, dass die SKG 10 für Erdkampfeinsätze verwendet wurde. Diese Aufgabe mussten die Zerstörer ab und an auch übernehmen. Einem deutschen Jagdflieger standen 8-10 alliierte Jäger gegenüber!

Im August 1943 wurde die II. / ZG 1 an den Atlantik beordert, davon mehr im Kapitel Reichsverteidigung.

6. Der Balkanfeldzug

Als Erstes muss man festhalten, dass dieser Feldzug Deutschland quasi aufgezwungen wurde. Italiens Diktator Mussolini hat am 28.10.1940 aus Albanien heraus, das von Italien besetzt war, Griechenland angegriffen. Griechenland stand nicht auf der Interessenliste von Hitler, denn in Griechenland hatte sich ein deutschfreundlicher Generalissimus etabliert mit Namen Metaxas. Deutschland hatte überhaupt kein Interesse, gegen Griechenland vorzugehen.

Mussolinis Generalstabschef Pietro Badoglio hat eindringlich davor gewarnt, gegen Griechenland militärisch vorzugehen. Schon allein die Engagements in Äthiopien und vor allem im Spanischen Bürgerkrieg, wo ja Italien mit 60 000 Mann auf Seiten Francos eingegriffen hatte, waren materialmäßig noch nicht verdaut. Badoglio riet dem Duce, noch mindestens zwei Jahre mit dem Kriegseintritt zu warten. Doch dieser war, was seine militärischen Kompetenzen betraf, noch weniger qualifiziert als sein deutsches Pendant. So nahm das Verhängnis seinen Lauf.

Für die Italiener gab es die von Badoglio prognostizierte böse Überraschung, ihr zunächst erobertes Terrain mussten sie bald wieder preisgeben, ja, sogar ein Abzug aus Albanien stand kurz bevor, als sich Hitler entschloss seinem Verbündeten zu helfen. Natürlich hatte er seinen Blick schon auf die Sowjetunion gerichtet und konnte an seiner Südostflanke keine störenden Konfliktherde gebrauchen, das dürfte der Hauptgrund gewesen sein, Italien zu unterstützen. Dass dazu die Durchquerung Jugoslawiens notwendig war, bekümmerte ihn wenig.

Da nun die Deutschen in Griechenland eingriffen, haben die Briten den Griechen mit einem Expeditionskorps von 57 000 Mann geholfen. Auch wurden einige Staffeln Gloster Gladiator und Hurricane-Jagdstaffeln nach Griechenland verbracht, um die schwachen griechischen Fliegerkräfte zu unterstützen, die nur über 44 Jagdflugzeuge verfügten, die meisten davon waren P.Z.L 24, polnische Hochdecker, und britische Gloster Gladiator. Die P.Z.L 24 war eine Weiterentwicklung der P.Z.L 11c.

So war etwa der Ausgangspunkt, als die Deutschen im März 1941 in das Geschehen eingriffen.

Gerade am Anfang des Feldzuges wurden die Me 110 eigentlich für alle Aufgaben eingesetzt. So kam es vor, dass gerade beim Einsatz gegen Jugoslawien mehrere Me 109 der jugoslawischen Luftwaffe mit Me 110 in Luftkämpfe verwickelt wurden, die jugoslawische Luftwaffe verfügte über mehrere Staffeln Me 109 E sowie Hurricane MK I. Der 06.04.1941 war wohl einer der härtesten Tage für die Zerstörer in diesem Feldzug, mussten sie doch eine Bombergruppe nach Belgrad begleiten. Hier war der Feindwiderstand natürlich, was den Luftraum betraf, am höchsten. Es stellten sich Staffeln der jugoslawischen Luftwaffe, mit Me 109 ausgerüstet, den deutschen Angreifern entgegen. Zwei Me 110 wurden abgeschossen, aber auch zwei Me 109 der jugoslawischen Luftwaffe wurden Opfer bei diesem Luftkampf, eine der jugoslawischen Me 109 schoss der Fw. Richard Heller, 9. / ZG 26, ab. Insgesamt verloren die Zerstörer der I. / ZG 26 an diesem Tage fünf ihrer Flugzeuge, davon zwei durch Bodenabwehr. Zwei Me 110 des II. / ZG 26 gingen durch Unfall verloren, nachdem die Gruppe vorher mehrere Hawker Fury abgeschossen hatte. Eindeutig waren die jugoslawischen Luftstreitkräfte von der materialmäßigen Ausstattung besser ausgerüstet als die griechischen Verbände.

Die jugoslawischen Luftstreitkräfte beanspruchten über 30 Luftsiege gegen italienische und deutsche Flugzeuge, was der Realität wohl nahekommt. Sie selber verloren über 50 Maschinen bei Luftkämpfen, 22 Piloten kamen dabei ums Leben.

Eingesetzt wurden in diesem Feldzug zwei Gruppen des ZG 26 und eine Gruppe des ZG 76, macht zusammen etwa 90 Me 110. Von diesen Gruppen wurde ein Großteil ihrer Staffeln beim Fallschirmjägerangriff auf Kreta am 20.05.1941, Unternehmen Merkur, eingesetzt. Vornehmlich als fliegende Artillerieunterstützung. Denn die Fallschirmjäger hatten ja außer einigen Granatwerfern keine schweren Waffen dabei. Diese Unterstützung durch die Zerstörerkräfte wird fast immer bei Abhandlungen über den Kretaeinsatz der Fallschirmjäger nur am Rande behandelt, wenn überhaupt.

Die Landezonen der deutschen Fallschirmjäger waren vor allem die auf der Insel vorhandenen Flugplätze Malemes, Rethymnon, Iraklion. Die Flugplätze waren bespickt mit Flugabwehrgeschützen und Maschinengewehren, die Bekämpfung dieser Ziele wurde zu einer schwierigen Mission für die eingesetzten Zerstörereinheiten. Der Kommandeur des ZG 26, Oberst Johannes Schalk, flog auch hier die Einsätze mit.

In rollendem ständigen Einsatz konnten die Me 110-Einheiten den schwer ringenden Fallschirmjägern die Entlastung bringen, damit diese die vorgegebenen Ziele erreichten. Dabei wurden in der Hauptsache Flak- und Artilleriestellungen, aber auch sich zäh verteidigende Infanteriestellungen und MG-Nester bekämpft. Auch Nachschubschiffe und ihre Begleiter, Motortorpedoboote der Briten, wurden in der Suda-Bucht durch Einheiten der II. / ZG 76 bekämpft. Dabei war der Leutnant Johannes Kiel mit einigen zum Sinken gebrachten Schiffen besonders erfolgreich.

Spektakuläre Luftkämpfe gab es in diesem Feldzug weniger, einen davon will ich Ihnen nicht vorenthalten, da hier von deutscher Seite Me 110 im Einsatz waren und man ihn als einen klassischen Luftkampf bezeichnen könnte. Er fand etwa einen Monat vor dem besagten Kreta-Einsatz statt.

Bevor ich jedoch davon berichte, möchte ich noch einmal auf die dort eingesetzten Me 110 der D-3-Baureihe näher eingehen, sie waren ähnlich der C-4-Reihe, nur konnten sie zwei 300-l- oder einen 900-l-Zusatztank mit sich führen.

Die Maschinen waren mit dem Daimler Benz 601P und 1 175 PS ausgestattet. Ich habe ja schon einmal die Vorzüge der etwa baugleichen C-4 im Kapitel Afrika beschrieben. Schon des niedrigeren Gewichts wegen war sie mit eine der agilsten Ausführungen. Mit zwei 20 mm-Kanonen und vier Maschinengewehren 7,9 mm ausgerüstet, diese befanden sich im Rumpfbug, hatte die 110 eine enorme Feuereloquenz nach vorne. Die Steigrate für ein Flugzeug dieser Größe und vor allem mit dem Gewicht war mit 11-12 m / s als hervorragend zu bezeichnen.

Die Kontrahentin bei dem folgenden Luftkampf war die britische Hurricane II, ausgerüstet mit einem Rolls-Royce Merlin XX und 1 280 PS Startleistung. Die angesprochene Steigleistung war bei der Hurricane etwa gleich. Die Höchstgeschwindigkeit der beiden Flugzeuge war nur unwesentlich verschieden, die der Hurricane 550 km / h, die der Me 110 ca. 560 km / h. Bewaffnet war die Hurricane mit acht Maschinengewehren 7,62 mm in den Tragflächen.

Der Vorteil der Hurricane lag eindeutig in der Wendigkeit, dies kann man auch an der Rollrate erkennen. Bei etwa der Luftkampfgeschwindigkeit von 480-500 km / h betrug die angesprochene Rollrate:

Hurricane 4,3 s
Me 110 7,2 s.

Allerdings ist dies bei den unterschiedlichen Konzepten logisch und muss nicht zwangsweise zur Unterlegenheit der Me 110 im Luftkampf führen. Natürlich war die Me 110 für einen Jägereinsatz und vor allem erfolgreichen Einsatz in Gewicht und Abmessungen an der Grenze angelangt.

Der besagte Luftkampf fand am 20.04.1941 statt. Beteiligt auf deutscher Seite war die 5. Staffel des ZG 26, bestehend aus zehn Maschinen Me 110. Die Gegner waren 15 Hurricane der 33. und der 80. Sqn. aus Eleusis, die kurz vorher in Luftkämpfe um Piräus verwickelt gewesen waren.

Die Deutschen waren auf dem Rückflug von einem Begleitschutzeinsatz zu ihrem Stützpunkt Larissa. Als sie gerade zum Landen ansetzen wollten, entdeckten sie die feindlichen Maschinen. Die Deutschen rechneten nicht mehr mit einem Angriff, so dass der Überraschungseffekt auf Seiten der Briten lag.

Schon der erste Angriff verursachte die meisten Verluste auf deutscher Seite. Danach versuchten die Hurricane durch Sturzflug zu entkommen. Was ihnen nicht gelang, da die Me 110, ebenfalls im Sturzflug, die Hurricane bei 500 m über See eingeholt hatten.

Im nun folgenden Kurvenkampf wurden von den sechs verbliebenen Me 110 fünf Hurricane abgeschossen. Hptm. Rossiwall, Olt. Baagoe, Ofw. Schönthier, Ofw. Pietschmann, Uffz. Müller bekamen die Luftsiege gutgeschrieben.

Bei diesem besagten Luftkampf kam der Südafrikaner Sqn. Ldr. M. T. Pattle ums Leben. Er war das Spitzenass der RAF mit 41 Luftsiegen. Ebenfalls zu den britischen Verlusten kam noch der mit 6,5 Abschüssen als Ass bezeichnete W. J. Woods. Eine Notlandung musste F / L Kettlewell durchführen, dabei wurde er schwer verwundet. F / S Cottingham wurde verwundet, die Hurricane schwer beschädigt, er sprang mit dem Fallschirm ab. Diese vier Maschinenverluste und zwei gefallene Flieger wurden von der RAF eingeräumt.

Die deutschen Verluste beliefen sich auf zwei Totalverluste mit vier Gefallenen, dazu kamen zwei schwer beschädigte Flugzeuge und mehrere Maschinen mit Beschussschäden.

Bei den deutschen Zerstörern waren ebenfalls zwei Experten beteiligt, dies waren der Hauptmann und Staffelkapitän Theodor Rossiwall und ein aus der „Luftschlacht um England“ bekannter Pilot, Oberleutnant Sophus Baagoe.

Also hieran lässt sich exemplarisch eindeutig erkennen, dass Me 110-Piloten durchaus in der Lage waren, sich mit gegnerischen Einmot-Jägern zu messen, selbst wenn diese von ausgemachten Assen der Gegenseite geflogen wurden. Von einer oft besagten Opferrolle der Me 110 kann hier nicht gesprochen werden.

Nur eins sei bemerkt: Auf diesem Kriegsschauplatz war der Luftraum mit alliierten Flugzeugen nicht so überbelegt, wie es später auf anderen Kriegsschauplätzen der Fall war. Hier hatte man sogar meist die Luftüberlegenheit. Man muss hier der RAF ein Kompliment machen, sie hat sich trotz zahlenmäßiger Unterlegenheit und der überalterten Waffensysteme, wie dem noch bei einigen Einheiten eingesetzten Gloster-Gladiator-Doppeldecker, sehr gut verkauft.

Zu dem schon mehrfach erwähnten Sophus Baagoe sollte eine kurze Biografie folgen, da gerade er mehrfach bewiesen hat, dass man die Me 110 auch als Jagdflugzeug trefflich einsetzen konnte.

Sophus Baagoe wurde in Flensburg geboren und hatte wohl dänische Vorfahren, wie dem Namen nach zu vermuten ist. Bereits im Frankreichfeldzug konnte er Luftsiege über zwei französische und zwei englische Jäger erzielen. Über Großbritannien kamen neun Luftsiege hinzu, davon nicht weniger als acht Spitfire. Im Balkanfeldzug schoss er eine weitere Hurricane ab, dieser Luftkampf wurde von mir bereits erwähnt.

Oberleutnant Baagoe hat sich bei Angriffen gegen Flakstellungen auf der Insel Kreta ausgezeichnet, die Angriffe dienten dem Zweck, die Landemöglichkeiten für die Fallschirmjäger vorzubereiten. Dabei ist Oberleutnant Baagoe am 14.05.1941 bei Heraklion bei einem Tiefflugangriff durch die neuseeländische Flak abgeschossen worden, er und sein Bordfunker Oberfeldwebel Becker kamen dabei zu Tode.

In einigen Publikationen wird in diesem Zusammenhang auch von einem Gladiator, in Verbindung mit der Flak, als Absturzursache geschrieben. Da die Me 110 als Jabo eingesetzt wurde und sich dabei in extremer Tiefflulage befand, waren die Ausweichmöglichkeiten des Piloten begrenzt. Auch wurde sein Flugzeug durch Flak getroffen, so dass es wahrscheinlich schon gehandicapt war. Danach stürzte die Me 110 ins Meer. Von deutscher Seite gibt es keine Anhaltspunkte, dass Olt. Baagoe durch einen Gladiator abgeschossen wurde.

Es gibt also zwei Versionen der Geschichte, und die ganze Wahrheit wird man nicht mehr herausfinden können. Seine Bilanz bis zu diesem Datum waren 14 abgeschossene Jäger.

So konnte die Me 110 auch in diesem Feldzug einen insgesamt positiven Eindruck hinterlassen.

Der Feldzug war nach knapp vier Wochen beendet, die Kampagne gegen Jugoslawien dauerte gar nur elf Tage. Griechenland alleine konnte natürlich einen Zweifrontenkrieg nicht längere Zeit durchstehen. Doch wurden die Verteidigungsanstrengungen von den Deutschen hoch gelobt.

7. Der Russlandfeldzug

Mehrere Zerstörereinheiten waren bereits seit dem 22.06.1941 am Russlandfeldzug beteiligt. Detailliert waren es die I. und II. / ZG 26 sowie entsprechend vom SKG 210 zwei Gruppen. Darunter Me 110 C-, D- (nicht mehr mit Dackelbauch) und E-Serie. Die Gesamtzahl der gegen die Sowjetunion eingesetzten Me 110 belief sich auf maximal 160 Maschinen. Dazu kamen noch einige reine Aufklärungsstaffeln, die mit Me 110 ausgerüstet waren. Optimistisch gerechnet insgesamt 200 Maschinen.

Die Aufgabenzuweisung entsprach in etwa der voriger Feldzüge, da man hier ja auch mit einem „Blitzkrieg“ spekulierte, sprich: als Jabo, Jäger, leichter Bomber und Aufklärer.

Die sowjetischen Luftstreitkräfte wurden wie die gesamte sowjetische Armee durch den deutschen Angriff völlig überrascht. Die meisten sowjetischen Flugzeuge wurden am Boden zerstört. Man geht von bis zu 6 000 Flugzeugen aus, die dieses Schicksal erlitten haben.

Bereits am ersten Tag dieses Feldzuges flog das erste Schnellkampfgeschwader 210, das mit Me 110 der C-Baureihe ausgerüstet war, 13 Angriffe auf 14 Flugplätze und vernichtete dabei 350 Flugzeuge, bei Abwehrversuchen der sowjetischen Fliegerkräfte in der Luft wurden noch acht sowjetische Jäger abgeschossen.

Natürlich ist mir klar, dass am Boden vernichtete Flugzeuge bei manchen Luftfahrtenthusiasten nicht so viel zählen wie in der Luft vernichtete. Doch geht es nach Grundsätzen der Effektivität und dabei zählt jedes am Boden vernichtete Flugzeug genauso, zumal man hier Ressourcen sparen kann. Und nochmals zur Erinnerung, Krieg ist keine Sportveranstaltung, sondern gerade bezogen auf den Feldzug gegen die Sowjetunion eine grausame Angelegenheit gewesen.

Das oben erwähnte SKG 210 konnte vom 22. Juni 1941 bis Oktober 1941 folgende Erfolge verbuchen:

1 000 Flugzeuge am Boden zerstört und 50 abgeschossen, es kamen dazu 250 Panzer und 200 Geschütze, sowie tausende Fahrzeuge vernichtet.

Kommandeure in der Sowjetunion waren Major Walter Storp und Major Arved Crüger. Kommandeur der I. / SKG 210 war der Hauptmann Karl-Heinz Stricker bis 13.09.1941, danach Major Ulrich Diesing bis zur Auflösung des SKG 210.

Die II. / SKG 210 wurde von Hauptmann Rolf Kaldrack geführt, der sich ja bereits in der Luftschlacht um England besonders bewährt hatte. Im Osten hatte Rolf Kaldrack sein Abschusskonto um zehn erhöht. Knapp einen Monat nach Umwandlung von II. / SKG 210 zu II. / ZG 1 am 03.02.1942 ist Kaldracks Me 110 E beim Abschuss einer Mig 3 von den Trümmern dieser Mig so unglücklich getroffen worden, dass die Maschine abstürzte, Pilot und Bordfunker kamen dabei zu Tode. Nachfolger als Kommandeur wurde Hauptmann Günther Tonne, der die II. / ZG 1 bis Februar 1943 führte.

Aus diesem Schnellkampfgeschwader wurde, wie bereits erwähnt, im Frühjahr 1942 das ZG 1 aus der Taufe gehoben, Kommandeur wurde Major Ulrich Diesing. Allerdings mit zunächst zwei Gruppen, eine dritte Gruppe befand sich noch Anfang 1942 in Aufstellung. Diese Gruppe kam nur von Mai 1942 bis August 1942 auf diesem Kriegsschauplatz mit Me 109 in den Einsatz, danach nach Nordafrika, doch vorher wurde die III. / ZG 1 auf die Me 210-Zerstörer umgerüstet. Das Flugzeug wurde aber aufgrund hoher Unfallraten wieder aus dem Einsatz und der Produktion genommen.

Allerdings war es auf Tunesien bezogen auch nicht sehr erfolgreich, nur als Schnellbomber konnte es einige Punkte sammeln.

Es gibt vom SKG 210 kaum noch Unterlagen wie Kriegstagebücher etc. oder Abschusslisten. Einige Abschussmeldungen, das SKG 210 betreffend, konnte ich im Militärarchiv / Freiburg einsehen. Es handelt sich leider nur um einen geringen Prozentsatz der namentlich erwähnten Piloten, die in diesem Geschwader erfolgreich waren, es finden sich ansonsten nur einige Komplettzahlen über die Erfolge des SKG 210.

Abschussmeldungen von vereinzelten Piloten:

30.06.1941
Beim Angriff auf den Flugplatz Buszow mit SC-250- und SD-2-Bomben kam es zu einem Luftkampf mit 15-20 feindlichen I-15- und I-16-Rata, dabei schossen der Lt. Wiesner und der Feldwebel Kociok jeweils eine I-16 ab. Wurde von zwei Zeugen bestätigt und damit vom Kommandeur anerkannt.

30.06.1941, 14.10 Uhr
Tiefangriff auf Flugplatz Kozowa mit zehn Me 110, hierbei wurde der eigene Verband wieder von mehreren I-16 angegriffen. Dabei wurden vier I-16 abgeschossen (Hptm. Kaldrack, Olt. Tonne, Fw. Lutter). Es ging hier um die Abschussmeldung des Fw. Melzer. Bezeugt und anerkannt.

30.06.1941
Bei einem anderen Angriff konnte ein Bordfunker, Obergefreiter Stelter, mit seinem MG 15 auf 200 m eine I-16 erfolgreich bekämpfen. Zwei Zeugen, ebenso als Abschuss anerkannt.

05.07.1941
An diesem Tag konnte der Fw. Sommer eine SB-2 zur Landung auf eigenem Gebiet zwingen. Für diesen Vorgang gab es wieder zwei Zeugen, unter anderem einen nicht ganz Unbekannten, Lt. Georg Boxhammer. Er war gegen

England aktiv mit der Erprobungsgruppe 210, als diese noch im Frühjahr 41 Nachtangriffe flog, dabei konnte er einen englischen Nachtjäger abschießen. Am 06.03.1942 wurde Lt. Boxhammer mit dem Deutschen Kreuz in Gold ausgezeichnet, das im ZG 1.

07.07. 1941
Um 4.40 Uhr wurde der Flugplatz Orscha mit SC-250-kg-Bomben angegriffen. Im Sturzflug auf den Flugplatz beobachtete der Feldwebel Gutsche eine P-35 Seversky, nach seinem Bombenabwurf konnte er die Feindmaschine abschießen. Anerkannt, da genügend Zeugen vorhanden waren.

Am Anfang des Feldzuges gegen die Sowjetunion hatten die Piloten noch etwas Schwierigkeiten bei der Typenfestlegung des Gegners. So stellte sich schnell heraus, dass es sich nicht um eine Seversky gehandelt hat, sondern um eine I-16 Rata. 1941 wurden nochmals knapp 500 I-16 Typ 24 hergestellt, diese hatte einen Schwezow-M-63-Sternmotor mit 1 000 PS. Damit konnte sie eine Höchstgeschwindigkeit von 525 km / h in knapp 5 000 m erreichen. Wahrscheinlich handelte es sich um solch eine Maschine, die natürlich etwas anders aussah als die Ratas der 30er Jahre.

07.07. 1941
Von Tolotschin aus wurde mit vier Me 110 ein Angriff auf Kiseli gestartet, dabei konnte der Lt. Baumann mit seiner Me 110 D-3 um 14.45 Uhr einen Doppeldecker I-15 abschießen. Luftsieg wurde bestätigt.

26.07.1941
Es war gegen 19.45 Uhr, als 14 Me 110 durch zehn I-16, im Rückflug befindlich, angegriffen wurden, Feldwebel Kutscha hat bei diesem Luftkampf eine I-16 abgeschossen. Offiziell anerkannt.

26.07. 1941
Beim selben Luftkampf im Gebiet von Roslawl schoss der Schwarmführer Fw. Gutsche um 20.00 Uhr ebenfalls eine I-16 ab. Staffelkapitän war Olt. Günther Tonne. Abschuss bestätigt.

13.08. 1941
Abschuss einer I-16 um 15.15 Uhr durch Hptm. Kaldrack. Mehrfach bestätigter Luftsieg.

29.08. 1941
Um 16.50 Uhr schoss der Uffz. Fricke, Bordfunker, über dem Bahnhof Mga eine I-16 ab. Pilot Olt. Poka. Anerkannt.

29.08. 1941
Gegen 19.20 Uhr: Fw. Schilling Luftsieg über eine I-16 mit Me 110 E-2. Luftsieg bestätigt.

06.09.1941
Um 10.12 Uhr kam es bei Brjansk zu einem Luftkampf zwischen vier Me 110 und sechs I-16, dabei wurde eine I-16 durch Ofw. Peterburs abgeschossen. Luftsieg anerkannt.

27. 10.1941
Drei Mig 3 waren hinter einer Kette (drei) Ju 87 her. Lt. Baumann konnte auf 50 m eine Mig 3 zum Absturz bringen. Zwei Zeugen, Abschuss anerkannt.

Kräfteverhältnis fünf Me 110 gegen drei Mig 3.

19.12.1941
Hptm. Kaldrack, 12.30 Uhr, eine I-18 (Mig 3) mit Me 110 E-1 N. Abschuss mehrfach bezeugt.

Wenn man ein Flugzeug als Luftwaffenpilot abgeschossen hatte, kam sehr viel Papierkram auf einen zu. Der Pilot oder Bordfunker musste zunächst ein Abschussprotokoll ausfüllen, danach die Zeugen eine genaue Schilderung des Vorgangs und zum Schluss der Staffelkapitän musste auch noch seinen Abschlussbericht dazugeben. Also für jeden Abschuss waren mindestens drei, meistens vier Seiten Papier auszufüllen.

Abb. 15: Oberst Schalk, Kommandeur ZG 26, Anfang des Feldzuges gegen die Sowjetunion
Foto: BA 101 I-390-1204-22A

Auch die Erfolge des ZG 26 mit der I. und II. Gruppe in der Zeit vom 22.06. 1941-27.09.0941 sind als bedeutend zu bezeichnen. Die Zahl der eingesetzten Flugzeuge lag bei Maximum 80 Maschinen. Geschwaderkommodore war der Oberst Johannes Schalk, der auch in der Sowjetunion an Kampfeinsätzen teilnahm, vier Luftsiege kamen hinzu. Zu Oberst Schalk wäre noch zu sagen, dass er zu dieser Zeit im 38. Lebensjahr stand, also nicht mehr der Jüngste für einen Jagdflieger war. Er war jedoch ein veritabler Kunstflieger in den 20er und 30er Jahren gewesen und hatte auch an Meisterschaften teilgenommen, dies war wohl eine gute Grundlage für seine Erfolge auch im fliegerischen Bereich.

Gruppenkommandeure waren bei der I./ZG 26 Hauptmann Herbert Kaminski, danach Hauptmann Wilhelm Spies. Die II./ZG 26 wurde von

Hauptmann Ralph von Rettberg geführt. Dies in der Zeit des Russlandfeldzuges.

740 am Boden zerstörte Flugzeuge, über 150 im Luftkampf abgeschossene sprechen eine deutliche Sprache. Hinzu kommen 150 Kampfpanzer und tausende von anderen Fahrzeugen, die vernichtet wurden.

Diese Luftschläge haben unzweifelhaft zu den Anfangserfolgen der Wehrmacht beigetragen. Allerdings wurden die zwei Gruppen des ZG 26, die I. bereits Ende Oktober 1941, die II. Ende März 1942, von der Ostfront abgezogen oder kurzfristig in das wieder neu aufgestellte ZG 2 integriert. Einige Besatzungen kamen auch zum ZG 1 oder zur Nachtjagd. Das ZG 2 blieb nur noch bis August 1942 unter Oberst Paul von Rettberg in der Sowjetunion, die III. / ZG 2 war mit zunächst Me 109, später FW 190 ausgerüstet. Das ZG 2 hatte insgesamt keine lange Lebensdauer mehr. So kam die I. / ZG 2 zur NJG 4 und ein Teil kam zum III. / ZG 1. Bei der II. / ZG 2 kam die Besatzung zum NJG 5, die Maschinen verblieben beim ZG 1 im Osten. Die III. / ZG 2 wurde noch mit FW 190 A in Tunesien eingesetzt, Anfang 1943 jedoch zur III. / SG 10 umgewandelt.

Doch eine Befriedung der Sowjetunion in der Luft mit den vorhandenen Flugzeugen der deutschen Luftwaffe herzustellen war reine Illusion. Nicht einmal die Reichweite der He 111 oder der Ju 88 reichte, um die hintersten Ecken dieses Riesenlandes erreichen zu können. Die Verluste der Luftwaffe vom 22.06.1941 bis zum Dezember 1941 waren erschreckend hoch. Knapp 3 000 Flugzeuge mussten abgeschrieben werden, viel schwerwiegender dagegen war der Verlust an Piloten und Besatzungen.

In der Sowjetunion wäre es von Vorteil gewesen, mehr Flugzeuge vom Typ Me 110 im Bestand zu haben. Schon allein Zuladungsmöglichkeit und Reichweite gegenüber der Me 109 sprachen für die 110. Ein ganz wichtiger Aspekt war die Fahrwerksproblematik bei der Me 109 auf den Feldflugplätzen in der Sowjetunion.

Der Benzinverbrauch sprach allerdings wieder dagegen. Denn Mangel an fast allem, Treibstoff, Munition, Lebensmitteln, stand ja deutscherseits immer auf der Tagesordnung.

Gerade für den Luft-Boden-Einsatz war die Me 110 prädestiniert. Das Flugzeug hatte eine sehr gute Flugstabilität, was von den Piloten allgemein hervorgehoben wurde. Auch Zielkorrekturen waren leicht auszuführen. Bedingt durch die Flüssigkeitskühlung der beiden Motoren, war eine Beschussanfälligkeit auch gegen Infanteriebeschuss vorhanden. Eine Verbesserung wurde durch die Einführung der E- und F-Serie herbeigeführt, davon später mehr.

Die sowjetische Flak am Boden war lange Zeit gefährlicher als die sowjetischen Jagdflugzeuge. Ebenso konnten die deutschen Jagdverbände, gemeint sind hierbei die Einmot-Jäger, die Luft lange rein halten, so dass die Zerstörerverbände nur ab und zu in Luftkämpfe verwickelt wurden.

Als Gegner in der Anfangsphase traten hauptsächlich die Jagdflugzeugtypen Polikarpow I-16, I-153 sowie vereinzelt Yak 1 und Mig 3 in Erscheinung. Diese Flugzeuge, bis auf die zuletzt genannten, waren von den reinen Leistungsparametern eher schwach einzustufen, jedoch ihre Wendigkeit und Nehmerqualitäten konnte man als sehr gut bezeichnen.

Dies änderte sich bereits Anfang / Mitte 1942.

Durch die Unterstützung der USA erhielt die Sowjetunion eine Menge an Jagdflugzeugen geliefert. Selbst Großbritannien lieferte mehrere hundert Jagdflugzeuge, davon mindestens 200 Hurricane am Anfang. Insgesamt bekamen die sowjetischen Luftstreitkräfte von Großbritannien knapp 3 000 Hurricane und 1 300 Spitfire geliefert. Die Amerikaner zweigten alleine von der P-39 Airacobra 4 700 Maschinen für die Sowjetunion ab. Die amerikanischen Piloten kamen mit ihr nicht besonders zurecht, ganz im Gegensatz zu den sowjetischen Piloten. Doch schon die gelieferte Zahl sagt ja schon das meiste aus. Dazu kamen noch 3 700 Boston- und Mitchell-Bomber.

Schon im Juli 1942 betrug das Kräfteverhältnis 4:1 bei den Jägern und 3:1 bei allen Flugzeugen zugunsten der Sowjetunion. Natürlich nicht allein basierend auf den Hilfslieferungen (Lend-Lease) der Alliierten, denn die Sowjetunion produzierte zu diesem Zeitpunkt schon wieder selbst Mengen an Kampfflugzeugen, wie z. B. Pe 2, Il 2 sowie Mig-, Yak- und Lagg-Jäger.

Von Juli 1941 bis Dezember 1941 lieferte die sowjetische Flugzeugindustrie allein 3 000 Jäger und 1 300 Schlachtflugzeuge an die Truppe aus. 1942 wurden schon 25 000 Flugzeuge aller Typen ausgeliefert. Insgesamt wurden 54 000 Jagdflugzeuge und 35 000 Schlachtflieger von der Sowjetunion im Zweiten Weltkrieg hergestellt. Deutschland hat zwar auch über 50 000 einmotorige Jagdflugzeuge hergestellt, davon etwa 19 000 FW 190, von denen 25 % als Schlachtflieger gebaut wurden. Von den Me 110 aller Typen verließen etwa 6 000 Maschinen die Fabrikationsanlagen, ein Großteil wurde jedoch als Nachtjäger eingesetzt.

Zur Information: Zwei Jahre später war das Stärkeverhältnis 15:1 zugunsten der sowjetischen Fliegereinheiten, dies eine logische Folge des Mehrfrontenkrieges.

Mit den oben genannten Flugzeugtypen mussten es die Me 110 aufnehmen. Gegen die zwei erstgenannten, Pe 2 und Il 2, gab es bei einem Luftkampf keine Probleme, zumal die Il 2 meist stur geradeaus geflogen wurde, bei einer Startmasse von über 6 t und einer maximalen Höchstgeschwindigkeit von 410 km / h blieb den Piloten auch nichts anderes übrig, als sich auf die Panzerung zu verlassen. Allerdings gerade ihre Panzerung hat so manchen deutschen Piloten zur Verzweiflung gebracht, auch der Heckschütze mit seinem MG 12,7 mm Beresin UB war nicht zu unterschätzen.

In der Zeit, als einige Zerstörereinheiten noch in der Sowjetunion direkt stationiert waren, also bis Mitte 1943, gab es für die 110er-Piloten auch gegen neuere sowjetische Jäger noch die Möglichkeit, Luftkämpfe für sich zu entscheiden, natürlich war hier nachher die Überzahl der Feindjäger entscheidend.

Die sowjetischen Jäger waren zwar sehr wendig, doch ihre Motorenstärke war lange Zeit nicht ausreichend.

Einmal die Doppeldecker I-15, I-153 außer Acht gelassen, obwohl nicht zu unterschätzen, konnten die I-16 von den älteren Typen knapp 500 km / h und Yak 1, Lagg 3 oder Mig 1 / 3 eine Höchstgeschwindigkeit von 570-615 km/h erreichen. Diesen Geschwindigkeitsbereich konnte man auch mit der Me 110, F-Version, in etwa erreichen. Die Wendigkeit konnte mit den oftmals besseren Flug- und Motoreigenschaften ausgeglichen werden. Hierfür war vor allem der von Dr. Hans Scherenberg entwickelte Flugmotor DB, 601er Baureihe, mitverantwortlich, Scherenberg galt mit als geistiger Vater der Benzindirekteinspritzung, die in diesem Fall Ende der 30er Jahre im Flugmotorenbau eingesetzt wurde. Etwas früher war Dr. Lichte dran, der schon 1935 im Jumo 210 G die Direkteinspritzung eingeführt hat. Vorteile waren eine kontinuierliche Leistungsentfaltung, ohne dass man z. B. Vergaserloch oder gar Motorausfall bei speziellen Flugfiguren riskieren musste. Gerade diese Motorenindikatoren waren für eine Maschine, die natürlich in der Wendigkeit gegenüber den Einmotorigen benachteiligt war, überlebenswichtig. Auch die Steigleistung einer Me 110 C-4/D-3 oder E-2 war für diese Gewichtsklasse außerordentlich gut. Bei der C-4/D-3 etwa 11-12 m/sec. Und mit das Wichtigste: eine starke Bewaffnung im Bug.

Dadurch hatten die gut ausgebildeten Zerstörerpiloten anfangs keine allzu großen Schwierigkeiten mit den Gegnerflugzeugen an dieser Front. Die eingesetzten Me 110-Piloten hatten zum Großteil an der Luftschlacht um England teilgenommen und brachten sowohl fliegerisch wie taktisch viel Erfahrung und Können mit.

Dies wird auch anderswo als Grund der Überlegenheit deutscher Piloten oft angeführt. Man tut gerade so, als ob die Sowjetunion keine Kriege gegen Japan in der Mandschurei geführt hätte, sich nicht am Spanischen Bürgerkrieg beteiligt hätte, und der Feldzug gegen Finnland von November 1939-März 1940 wird auch ausgeblendet. Also auch die Russen hatten genug „Übungsgelegenheiten“, nur wurden diese nicht umgesetzt, da manch einer der fähigen Köpfe einer Säuberungsaktion zum Opfer fiel.

Dem Bodenbeschuss versuchte man mit besser gepanzerten Baureihen wie der E- und F-Serie zu begegnen. Hier wurden zusätzlich zu den Rumpfteilen die empfindlichen Motoren- und Kühlerteile gepanzert. Gerade das im Frühjahr 1942 wieder neu aufgestellte ZG 1 wurde in der Hauptsache mit der E- und F-Baureihe ausgerüstet. Später kamen G-2 hinzu.

Die F-Baureihe war mit dem DB-601-F-Motor ausgestattet und hatte jeweils 1 350 PS. Am Cockpit war eine 57 mm starke Panzerglasscheibe angebracht. Diese konnte auch bei der E-Version nachgerüstet werden.

Die Bordbewaffnung war die gleiche wie bei der C-Baureihe, die Möglichkeit, einen zusätzlichen Unterrumpfbehälter anzubringen, in dem sich zwei zusätzliche MG 151 / 20 befanden, war als Rüstsatz vorhanden.

Die Startmasse dieser Maschine war natürlich wieder um einige hundert Kilo höher. Man konnte auch eine maximale Bombenlast von 1,2 t bei ihr anbringen, doch wurden in der Regel entweder 2 x 250-kg- oder seltener zwei 500-kg-Bomben am Rumpf befestigt und zusätzlich noch je 2 x 50-kg-Bomben an den Tragflächen mitgenommen.

Mitte des Jahres 1942 wurden aber 1 000-kg-Bomben zur Panzerbekämpfung verwendet. Man hat diese Bomben natürlich nicht auf einzelne Panzer geworfen, sondern auf erkannte massierte Panzerverbände. Diese Einsatzweise war für die Me 110 fast nur in Sommerzeiten möglich, da die Feldflugplätze nur in dieser Zeit, bei Trockenheit, geeignete Startbahnen aufwiesen, damit man mit dieser Last überhaupt starten konnte. Diese Bombe wurde auch nicht einfach über dem gegnerischen Panzerverband ausgeklinkt, sondern man musste schon etwas genauer zielen, und dafür kam nur der Sturzflug in Frage, dieser wurde aus ca. 2 000 m eingeleitet, und man hatte nur einmal die Möglichkeit, die Bombe ins Ziel zu bringen. Werfen musste man sie auf jeden Fall, denn ein Abfangen mit dieser Bombe war fast nicht möglich, hierbei wäre man an die Grenze des Bruchlastvielfachen der Me 110 gestoßen. Man hat diese Bomben auch gegen stationäre Ziele eingesetzt, Umspannwerke, Eisenbahnknotenpunkte, Fabrikanlagen und Artilleriekonzentrationen.

Trotz zusätzlichen Gewichtsnachteils gerade bei den E- und F-Baureihen konnten sich die Me 110-Piloten immer noch gegen sowjetische Jäger durchsetzen, obwohl ihre Hauptaufgabe gerade am Anfang in der Bekämpfung von Bodenzielen lag.

Dies ist natürlich leichter geschrieben, als getan. Für einen Luftkampf stand dem Me 110-Piloten seine Bugbewaffnung zur Verfügung, als

Zielmittel fungierte das Reflexvisier C / 12C, ab der E-Version C / 12D, von der Firma Zeiss. Das C / 12D konnte zusätzlich als Bombenzielgerät verwendet werden.

Beim Reflexvisier wird bezüglich des Lichtstrahlenganges von einem Kollimatorsystem gesprochen. Hier wird das im Visier befindliche Zielbild – Kreis / Fadenkreuz, also sich im Endlichen befindlich – über ein Linsen- und Spiegelsystem im Unendlichen abgebildet, wobei das Zielbild und der Zielstachel für den Piloten sichtbar werden. Die Strahlen treten nach dem Durchgang des optischen Elements parallel aus, dadurch ist eine parallaxfreie Beobachtung des Zieles mit beiden Augen möglich, zusätzlich wurde damit eine schnellere Zielauffassung erreicht. Abbildungsmaßstab war 1 : 1. Über den Zielkreis konnte man die Entfernung abschätzen und über das Fadenkreuz den entsprechenden Vorhalt. Je nach Tageslicht war es möglich, die integrierte Beleuchtung des Visiers durch einen Drehknopf aufzuhellen oder bei sehr hellen Lichtverhältnissen durch Vorklappen von Filtern abzudunkeln, damit konnte das Ziel im Visier kontrastreicher abgebildet werden.

Die sowjetischen Jagdflugzeuge wie die I-16 hatten noch ein offenes oder auch ein Röhrenvisier zur Verfügung, später wurden auch sie mit Revis nachgerüstet. Die neueren Typen wie Lagg 3, La 5, Mig 3 oder Yak 3 / 9 waren gleich mit Reflexvisieren ausgerüstet.

Trotz des besseren Visiers der Firma Zeiss war das Gegnerflugzeug noch nicht besiegt, gerade die extrem wendigen I-153 und I-16 waren schwer in den Zielkreis zu bekommen. Man musste ja mit dem gesamten Flugzeug in eine geeignete Schussposition gelangen.

Ideal ist das Bekämpfen eines Gegners von hinten oder von vorn, da hier die Sichtlinien gleich bleiben, hier muss allerdings der Geschossabfall durch Erdanziehung mit eingerechnet werden. Komplizierter wird es schon bei einer Zielverfolgungskurve, bei der schon ein Vorhaltewinkel mit einberechnet werden muss. Vorhalt deshalb, weil der Gegner nicht in der Luft stehen bleibt, das Geschoss eine bestimmte Zeit braucht, um das Ziel zu erreichen, das gegnerische Flugzeug sich aber weiterbewegt hat und sich das Geschoss mit dem Ziel an einem bestimmten Punkt treffen sollte, um Erfolg zu haben.

Abb. 16: Cockpit der Me 110
Foto: Dt. Museum München

Erschwerend kommt hinzu, dass sich das eigene Flugzeug zum einen vorwärts bewegt, eine Rollbewegung um die eigene Längsachse und eine radiale Drehbewegung in der Kurve vollführt. Das wickelt sich alles in Sekundenbruchteilen ab. Eine Hilfe sind natürlich die eingelegten Leuchtspurpatronen, damit der Pilot sehen kann, ob die Geschosse deckend liegen, viel Zeit zum Korrigieren hat er aber nicht. Denn da die Feindflugzeuge meist in der Überzahl auftraten, musste der Pilot einen Teil seiner Aufmerksamkeit auch seitwärts und nach hinten richten.

Aufgrund des Waffenspektrums und der guten Flugstabilität konnte man mit der Me 110 schon auf größere Distanzen den Gegner wirkungsvoll bekämpfen.

Dies sind nur ein paar Aspekte des Luftkampfes, die ich mal ansatzweise zu bedenken geben wollte. In der Realität war es um ein Vielfaches komplexer.

Hierzu seien die reinen Jägerabschusszahlen des im Januar 1942 neu aufgestellten ZG 1 erwähnt, bezogen auf zwei Gruppen der I. und der II. / ZG 1, die III. war in der Sowjetunion mit Me 109 ausgerüstet und nur von Januar bis Juli 1942 dort disloziert, wurde danach auf Me 210 umgerüstet und ab Oktober / November 1942 in Tunesien eingesetzt. Die I. Gruppe war von Juni 1942 bis Juli 1943 und die II. Gruppe von Januar 1942 bis März 1943 in Russland.

In dieser Zeit sind von beiden Gruppen mit Me 110 knapp 100 sowjetische Jagdflugzeuge [!] abgeschossen worden, dazu kamen noch 14 Il 2. Schon an dieser Zahl ist erkennbar, dass die Me 110 eben nicht ausschließlich als Erdkämpfer oder Bomber im Einsatz war, wie es von einigen Autoren gerne behauptet wird. In größeren Luftkämpfen, die sich im März, April und Mai 1943 abspielten, kann exemplarisch bewiesen werden, dass sich die Me 110-Piloten gegen modernere sowjetische Jagdmaschinen durchsetzen oder behaupten konnten.

Der 25.03.1943 war für die I. / ZG 1 ein erfolgreicher Tag, da man innerhalb von zwanzig Minuten vier Lagg 3 abschießen konnte. Am 25.04.1943 waren es zwei Mig 3 und eine Lagg 3 in etwa acht Minuten. Den Rekord an abgeschossenen sowjetischen Jägern für die I. / ZG 1 erbrachte der 10.05.1943 mit fünf Abschüssen in 35 Minuten. Hier waren es drei Lagg 3 und zwei Lagg 5, die unterlagen.

Auch im Juni / Juli 1943 wurden noch einige Jäger neuerer Bauart bezwungen, darunter noch einmal drei Lagg 5. Diese Maschine, auch als La 5 bekannt, ging erst im Juni 1942 in die Serienproduktion und war eine sehr gelungene Konstruktion mit einem Doppelsternmotor Ash 82, mit bis zur Jahresmitte 1943 1 600 PS, später 1 850 PS.

Der wohl erste Abschuss einer La 5, bezogen auf Zerstörereinheiten, gelang dem Oberleutnant Karl-Heinrich Matern am 18.12.1942. Insgesamt wurden acht La 5 durch Piloten des ZG 1 abgeschossen, sieben allein durch das I. / ZG 1, die II. / ZG 1 wurde ja im Frühjahr 1943 bereits nach Italien verlegt.

Doch auch die Zahl der Verluste stieg kräftig an, vor allem in den Frühjahrs- und Sommeroffensiven des Jahres 1942, wo das II. / ZG 1 im August

18 Maschinen verlor. Dies auch eine Folge der gut schießenden sowjetischen Flugabwehr. In der dramatischen Schlacht um Stalingrad im Zeitraum November 1942 bis Februar 1943 verloren die beiden Gruppen ca. 40 Flugzeuge. An diesen Zahlenbeispielen ist klar zu erkennen, dass in der Sowjetunion alles teuer erkauft werden musste.

Allerdings war das ZG 1 nicht direkt an der Verteidigung von Stalingrad beteiligt. Obwohl der Generalfeldmarschall Milch mehrfach Me 110-Einheiten angefordert hat, als er Mitte Januar 1943, es war längst zu spät, kurzfristig die Koordination der Versorgungsflüge für Stalingrad leitete. Es konnten nur fünf Me 110 abgezweigt werden, da die anderen Zerstörereinheiten an anderer Stelle ebenfalls dringend gebraucht wurden. Selbst diese Einheit hatte Schwierigkeiten, vom Fliegerhorst Rowenki aus Fernjagd über Stalingrad zu betreiben, schon allein der Entfernung wegen. Der bei Stalingrad gelegene Flugplatz Pitomnik musste bereits am 16.01.1943 geräumt werden. Der Flugplatz Gumrak stand zu diesem Zeitpunkt ebenfalls schon unter schwerem Artilleriefeuer.

Am 30.01.1943 kam es zu einem gemeinsamen Einsatz mit einigen Me 109-Jägern. Über Stalingrad begegnete man keinen Feindmaschinen, jedoch beim Rückflug konnten Gegnerflugzeuge ausgemacht werden. Zwei von ihnen wurden abgeschossen, der Oberleutnant Trapp von den Zerstörern stürzte ebenfalls ab.

Die restlichen Zerstörer wurden der Luftflotte 4 unterstellt und bei Swerewo und Nowotscherkassk eingesetzt, die von den sowjetischen Streitkräften zu dieser Zeit ebenfalls massiv angegriffen wurden.

Gerade hier hat es sich als fatale Fehlentscheidung erwiesen, nur noch das ZG 1 in der Sowjetunion zu belassen.

Natürlich wurden die zwei Gruppen des ZG 1 bereits im Vorfeld der Katastrophe von Stalingrad eingesetzt. Vor allem an der Donfront, wo man versuchte, im November / Dezember 1942 die verbündeten Rumänen und Italiener durch massivste Erdkampfeinsätze zu stützen. Hier hatte man einige Erfolge gegen mechanisierte sowjetische Einheiten zu verzeichnen.

Zeitweise waren beide Gruppen ZG 1 für zwei Frontabschnitte eingesetzt, das heißt: etwa 30-40 einsatzbereite Flugzeuge, Hauptstützpunkt war Krasnodar.

Doch mussten die Zerstörereinheiten immer wieder schnell verlegt werden, da es ja dauernd an irgendeiner Stelle gebrannt hat. Dies forderte auch dem Bodenpersonal alle Kraft und Können ab. Den Verbündeten fehlte es an schweren Waffen, vor allem panzerbrechenden, das konnten die wenigen deutschen Flugzeuge und Panzereinheiten, die auch als Korsettstangen bezeichnet wurden, nicht kompensieren.

Besonders ausgezeichnet hat sich bei diesen Kämpfen der Major Joachim Blechschmidt, Kommandeur I./ZG 1, der von dem eingeschlossenen Stützpunkt Millerowo aus mit seiner Einheit so manchen sowjetischen Angriff zerschlagen hat. Major Blechschmidt soll in dieser Zeit auch noch einige Flugzeuge abgeschossen haben, dafür wurde er mit dem Ritterkreuz ausgezeichnet.

Am 18.12.1942 wurden die 3. rumänische und 8. italienische Armee am Don überrannt, die deutschen Zerstörer flogen trotz starken Schneefalles einige Einsätze gegen sowjetische Truppen, doch konnte das Fiasko nicht verhindert werden. Somit war das Schicksal Stalingrads, das bereits am 22.11.1942 eingekesselt wurde, endgültig besiegelt.

In den Reihen des ZG 1 war auch ein Pilot namens Josef Kociok eingesetzt. Dieser dürfte der allererste Nachtjäger auf sowjetrussischem Boden gewesen sein und mit 21 Abschüssen auch einer der Erfolgreichsten in der Sowjetunion. Schon als Zerstörerpilot bei der SKG 210 und nachfolgend beim ZG 1 hatte er zwölf Luftsiege erzielt. Auch als Erdkampfunterstützer hat sich der Oberfeldwebel Kociok ausgezeichnet.

Die für Nachtjagdeinsätze etablierte Staffel war die 10./ZG 1. Hierbei war die Ausrüstung der Flugzeuge mit entsprechenden Funkmessausrüstungen noch nicht so weit gediehen wie in der Reichsluftverteidigung. Man hatte es hier in der Regel mit DB-3, Mitchell, Boston, Il-4 und auch viermotorigen TB-7 zu tun. Transportflugzeuge vom Typ PS 84, russische Lizenzfertigung der DC 3, mussten ebenso bekämpft werden, da diese die Partisanenverbände mit Nachschub versorgten. Josef Kociok hat mehrere Reihenabschüsse erzielen können, am 9./10.05.1943 waren es drei und am 15./16.05.1943 vier Abschüsse.

Die Staffel hat von ihrer Einführung im Februar 1943 bis zur Auflösung am 31.07.1943 etwa 70 Luftsiege erzielt. Danach wurde die Nachtjagdstaffel in 5./NJG 200 umfirmiert. Auch hier war Josef Kociok am 17.09.1943 mit einem Reihenabschuss als Tagjäger über drei russische Flugzeuge noch einmal sehr erfolgreich.

Doch am 26./27.09.1943 ereilte ihn sein Schicksal, als er mit seiner Maschine von den Trümmern der von ihm abgeschossenen DB-3 getroffen wurde. Beide Besatzungsmitglieder konnten noch die Me 110 verlassen, doch der Fallschirm von Oberfeldwebel Kociok öffnete sich nicht. Der Bordfunker Feldwebel Wegerhoff hatte mehr Glück und überlebte.

Das ZG 1, natürlich nur die I. Gruppe, nahm an der größten Panzerschlacht des Zweiten Weltkrieges, Operation Zitadelle, bei Kursk vom 5. Juli-13. Juli 1943 teil. Die II. Gruppe war bereits März/April 1943 Richtung Italien abgezogen worden. Für diese Offensive bekam die Einheit noch einmal 18 neue Me 110 G-2 geliefert. Insgesamt standen der Gruppe 35 Maschinen zur Verfügung, wobei 25 einsatzbereit waren. Standort war Ljedna-Ost. Gruppenkommandeur der I. war zu dieser Zeit Hauptmann Wilfried Hermann, der allein in diesem Zeitraum der Panzerschlacht sechs gegnerische Flugzeuge abschießen konnte (fünf IL 4 und eine Mig 3).

Sowohl neun sowjetische Jäger, darunter zwei La 5, drei Lagg 3, eine Mig 3, als auch 16 Bomber, in der Mehrzahl IL 4, dazu noch Dutzende Kampfpanzer, gerade auch durch die im Juni gebildete Panzerjägerstaffel, konnten zu den Opfern des Verbandes bei dieser Panzerschlacht gezählt werden. Wenn man von 20-25 einsatzbereiten Flugzeugen im Schnitt ausgeht, eine beachtenswerte Leistung!

Doch auch die Verluste waren schmerzlich. Der Kommandeur Obstlt. Blechschmidt wurde kurz nach seinem Einsatz bei Stalingrad und anderen herausragenden Leistungen im April 1943 Kommandeur ZG 1. Er blieb mit der I. Gruppe im Osten und nahm ebenfalls an der Panzerschlacht um Kursk teil. Bei einem Luftkampf am 13.07.1943 wurde Blechschmidt abgeschossen, er konnte noch eine Bauchlandung hinlegen, doch wurde er von sowjetischen Soldaten gefangen genommen. Bereits am 14.07.1943 ist der Hauptmann Hermann gefallen, sein Nachfolger Hauptmann Max Franzisket am 19.07.1943. Die beiden Letztgenannten wurden durch Flak abgeschossen. Max Franzisket war der letzte Gruppenkommandeur der I./ZG 1 in Russland. Er hatte sich schon bei der (Z) Staffel JG 5 mit fünf Luftsiegen ausgezeichnet.

Auch diese letzte Gruppe des ZG 1 wurde im August 1943 zur Reichsverteidigung oder anderen Aufgaben abgezogen. Dies keinesfalls aus Misserfolgsgründen, ganz im Gegenteil, man hätte viel mehr Zerstörereinheiten in der Sowjetunion gebraucht, wie GFM Milch bei seinem kurzfristigen Einsatz bei Stalingrad feststellen musste. Doch noch dringender wurden die Einheiten in der Reichsverteidigung und hier hauptsächlich in der Nachtjagd, die permanent ausgebaut wurde, gebraucht.

Doch zunächst noch einen Zusatz im Allgemeinen zur
Panzerbekämpfung mit der Me 110.
Es wird in diesem Zusammenhang sehr viel über spezielle Rüstsätze mit gegen Panzer besonders geeigneten Kanonen geschrieben. Doch mit dieser Armierung wurden von Me 110-Einheiten, wie ich schon im Kapitel Afrika erläutert habe, nur einige Panzer vernichtet. Es handelt sich zum einen um die MK 101 mit 30 mm in den C-6-Versionen, von denen ganze zwölf Maschinen hergestellt wurden. Man verteilte die Maschinen auf das III. / ZG 26 und die SKG 210. Diese Waffe wog immerhin 140 kg, dazu kamen die Munition und die Verkleidung, die aussah wie ein verkleinerter Dackelbauch. Bei Luftkämpfen hätte man hier wieder unweigerlich Nachteile in Kauf zu nehmen. Beim SKG 210 wurden diese Flugzeuge sehr selten eingesetzt. Es gab auch die F-Version mit dieser 30 mm-Kanone, auf dem Feld der Panzerbekämpfung wurde eben auch viel getestet.

Der nächste Versuch mit Kanonenbewaffnung wurde mit der Me 110 G-2 / R1 gestartet. Es wurde dafür eine 3,7-cm-Flak 18 unter den Rumpf verpflanzt. Ob man's glaubt oder nicht, damit hatte man ein Gewicht von fast einer Tonne am Flugzeug hängen, ganz abgesehen vom Rückschlag. Gegenüber der Ju 87 mit 3,7 cm oder Hs 129 MK 101, die mit den genannten Kanonen ausgerüstet waren und Erfolge damit erzielen konnten, war diese Bewaffnungsvariante eben für die Me 110 ungeeignet.

Wie ich schon geschrieben habe, sind einige Panzer von der Me 110 mit den genannten Kanonen vernichtet worden, aber nicht in erheblichem Umfang. Warum ungeeignet? Die Me 110 ist als ein schwerer Jäger konzipiert worden, deshalb sind die Langsamflugeigenschaften etwas beschränkt, wie man sich denken kann. Hier hatten es die Ju 87, aber auch die Hs 129 um einiges leichter, denn bei etwa 270 km / h bis 330 km / h bekamen diese Flugzeuge noch genügend Druck auf die Ruder, um gegebenenfalls schnelle Richtungswechsel zum Ziel vornehmen zu können.

Vorteilhafter für die Me 110 war das Bekämpfen eines beweglichen Zieles am Boden mittels Bombenwurf. Bei größeren Einsätzen gegen massierte russische Panzerverbände fungierten oft Artilleriebeobachter als Einweiser, selbst Fliegerleitoffiziere gab es schon, die ab und zu aus Schützenpanzerwagen oder sogar aus Fieseler Störchen oder Hs 126 mittels Funk ihre exakten Zielkoordinaten an die Zerstörereinheit durchgaben. Diese Konstellation gab es natürlich nur in Idealfällen.

Bei dieser Art der Panzerbekämpfung mit Bomben wurden SC-Bomben verwendet, auch als Sprengbomben bezeichnet. So konnten 50-kg-, 250-kg-, 500-kg-, 1 000-kg-Bomben gegen Panzer eingesetzt werden. Ich habe ja schon die Einsatzart der 1 000-kg-Bombe beschrieben, ähnlich war das Verfahren auch bei der 2x500-kg-Variante, doch war hier ein zweiter Anlauf, nachdem man eine Bombe geworfen hatte, kein Problem. Am besten geeignet gegen schwere Panzer haben sich die 250-kg-Bomben. Von diesen wurden zwei Stück mitgenommen, an die Tragflächenstationen konnten jeweils noch zwei 50-kg-Bomben eingehängt werden, also insgesamt vier. Zusammengenommen 700 kg Bombenlast, dabei waren die Leistungsreserven, vor allem was die Zelle betraf, nicht ausgeschöpft. So konnte man mit dem Flugzeug etwas gewagter den Angriff einleiten.

Das bedeutet in diesem Fall, die Me 110 flogen mit einer Geschwindigkeit von 450 km / h und in etwa 50-60 m Höhe das Zielgebiet an, 1 200 m vor der feindlichen Panzerformation steigt der Pilot wegen eventuell einsetzender Flugabwehr auf 400 m, danach geht es in einen flachen Sturzflug, die Bombe wird vom Me 110-Piloten erst in fünf bis zehn Meter Höhe vor den feindlichen Panzern ausgeklinkt. Die Wirkung gerade der 250-kg-Bombe war entsprechend verheerend, durch das Mitführen einer zweiten Bombe war die Möglichkeit eines zweiten Anlaufes nach einer Kampfkurve gegeben. Die noch mitgeführten 50-kg-Bomben setzte man gegen leichtere Panzer, Schützenpanzer, Lkw usw. ein. Es gab auch die Möglichkeit, am Rumpf 8 x 50-kg-Bomben anzubringen, man konnte sie im Einzel- oder Reihenwurf absetzen, dies ebenfalls eine Variante gegen Panzer. Infanterieangriffe wurden bekämpft durch Mitnahme der SD-2-Bomben, die nur 2 kg wogen, von diesen konnten allein am Rumpf 96, jeweils 48 noch an den Flügelstationen mitgeführt werden.

Die Standardbewaffnung, zu der zwei MG / FF 20 mm gehörten, war gegen Bomber nicht mehr sehr wirkungsvoll, deshalb wurde die Minenmunition für diese Waffe entwickelt. Die Bezeichnung der Waffe lautete hernach MG / FF „M“, sie war aber nach dieser Modifikation nicht mehr in der Lage, Panzergranatpatronen zu verschießen. Aufgrund der niedrigen V0 beim MG / FF war diese sowieso nicht sehr wirkungsvoll. Jedoch mit Einführung, zumindest als Rüstsatz, des MG 151 / 20 änderte sich dies. Die Treibladung der Munition konnte um einiges angehoben werden. So hat die Panzerbrandgranatpatrone bei idealem Auftreffwinkel 25 mm Panzerstahl durchschlagen. Bei nicht so idealen Bedingungen waren immerhin 20 mm möglich. Auch der T-34 hatte an der Wannenoberseite hinten beim Motor nur eine Panzerung von 19 mm genauso wie an der Turmoberseite. Nicht zu sprechen von den fast immer mitgeführten Außentanks, wo sich die Panzerbrandgranate besonders bewährte. Mit dieser Bewaffnung haben Me 110-Piloten mit Sicherheit mehr Panzer vernichtet respektive schwer beschädigt als mit den speziellen dafür vorgesehenen Kanonen.

Beim schnelleren Anflug war es wichtig, auch eine höhere Schussfolge zur Verfügung zu haben, ein MG 151 / 20 mm 960 Schuss / min, eine MK 101 30 mm 240 Schuss / min. Zumal man mit dem Rüstsatz M 1 gleich zwei MG 151 / 20 zur Verfügung hatte. Das Gewicht stieg mit Munition und Behälter um akzeptable 90 kg, dies im Verhältnis zur Wirksamkeit betrachtet. Mit dieser Bestückung war die Me 110 für einen Einsatz als Jagdflugzeug noch gut verwendbar, falls es plötzlich der Situation entsprechend nötig wurde. War eine Begleitschutzmission von vornherein vorgesehen, konnte der Rüstsatz schnell entfernt werden.

Die Me 110 G-2 war gleich standardmäßig mit zwei MG 151 / 20 ausgerüstet. Man hat die Me 110 G-2 mit Rüstsatz 1, also der 3,7-cm-Flak 18, noch eine Zeit lang gegen Bomber eingesetzt, doch hat man mit dem Einsetzen des alliierten Jagdschutzes Ende 1943 auch diese Variante vernünftigerweise aus dem Verkehr gezogen.

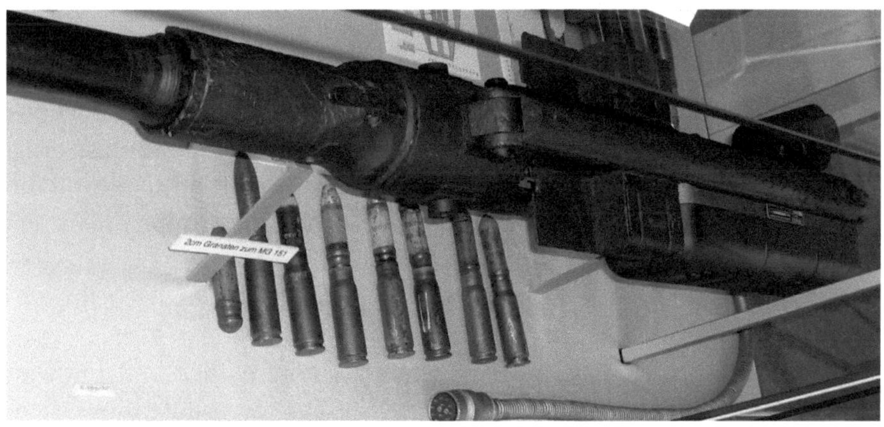

Abb. 17: Blick auf Bodenstück mit Verschluss, Rücklaufsystem und Rohransatz MG 151/20, die zweite Patrone von links ist eine Panzergranatpatrone. Waffenmuseum Oberndorf/Neckar

Übrigens gibt es Broschüren über den Einsatz von Flugzeugen gegen Panzer, in denen die Me 110 mit keinem Wort erwähnt wurden, obwohl gerade sie Erfolge gegen Panzer verbuchen konnten, sowohl in Afrika als auch in der Sowjetunion. Die Zerstörerpiloten, die gegen Panzer besonders erfolgreich waren, haben ja so manche Taktik für die späteren Focke-Wulf-190-Schlachtflieger weiterentwickelt oder wurden Kommandeure solcher Einheiten.

Einer, der hier wegweisende Taktiken ausgetüftelt hat, war der Hauptmann Wolfgang Schenck vom SKG 210, später ZG 1.

Am 06.07.1942 wurde Hptm. Schenck ein Anerkennungsschreiben durch den General Pflugbeil übermittelt, betreffend den 03.07.1942. An diesem Tag griff Hptm. Schenck mit einem Schwarm eine feindliche Armeeeinheit so erfolgreich an, dass diese flüchtete. Der Angriff erfolgte mit Bomben und Bordwaffen, 30 Fahrzeuge wurden vernichtet, vier schwere Geschütze und 20 Fahrzeuge konnten danach durch eine deutsche Heereseinheit erbeutet werden und der Vormarsch konnte ungehindert weitergeführt werden.

Zwei Tage später, am 05.07.1942, Stau sowjetischer Truppen an einer Don-Brücke. Trotz starker Abwehr durch leichte und schwere Flugabwehr griff Hptm. Schenck auch hier mit einem Schwarm an. Hptm. Schenck erzielte selbst einen Volltreffer auf eine Fahrzeugkolonne, so dass mindestens 50 Fahrzeuge außer Gefecht gesetzt wurden, ebenso wurde die Brücke getroffen, so konnte kein Rückzug der Sowjettruppen mehr erfolgen.

Solche Einsätze wurden von Me 110-Einheiten zu tausenden geflogen.

Bevor ich noch zu einem Sonderfall, einer Zerstörereinheit in der Sowjetunion, komme, zunächst einige erfolgreiche Zerstörerpiloten im Osten. Berücksichtigen muss man dabei, dass die nachfolgend aufgeführten persönlichen Erfolge in etwa neun Monaten des Ostfeldzuges erzielt wurden, dies trifft in erster Linie auf das II. / ZG 26 zu, und gerade in dieser Zeit, nämlich 1941 auf 1942, hat einer der härtesten Winter Einzug gehalten. Bei den daraus resultierenden Wetterverhältnissen konnten oft tage-, ja wochenlang keine Flugaktivitäten stattfinden.

Bei den Piloten, die ohne Angabe von Bodenerfolgen stehen, muss dies nicht bedeuten, dass sie keine hatten. Für viele Piloten war das etwas, was man nicht zu zählen brauchte, wohl eine von Stolz getragene Einstellung.

Zerstörergeschwader I. und II. / ZG 26:

Oberleutnant Johannes Kiel:
20 Abschüsse, 62 Maschinen am Boden zerstört, zehn Panzer und 20 Artilleriegeschütze vernichtet.

Johannes Kiel hat zusätzlich ein U-Boot und drei Motortorpedoboote versenkt. Schon bei Kreta versenkte oder beschädigte Johannes Kiel einige englische MGB und MTB.

Leutnant Eduard Meyer:
20 Abschüsse, 48 Maschinen am Boden zerstört, zwei Panzer gingen auch auf seine Rechnung.

Abb. 18: Ofw. Kociok vom SKG 210 vor einem Nachteinsatz 1943, Me 110 G-2
Foto: BA 101 I-641-4544-29A

Oberleutnant Werner Thierfelder:
14 Abschüsse.

Major Wilhelm Spies:
Elf Abschüsse.

Oberfeldwebel Herbert Schob:
Drei Abschüsse, 48 Maschinen am Boden vernichtet, mehrere Panzer, 128 Lkw, 15 Geschütze und zwei Flakbatterien ausgeschaltet.

Das Schnellkampfgeschwader 210:

Oberfeldwebel Johannes Lutter:
Vier Luftsiege, 30 Flugzeuge am Boden zerstört, 15 Panzer vernichtet.

Oberleutnant Günther Tonne:
Zwölf Luftsiege, seine Erfolge im Erdkampfeinsatz wurden mehrfach lobend von Heereseinheiten erwähnt.

Oberfeldwebel Josef Kociok:
Zwölf Luftsiege, 15 Flugzeuge am Boden zerstört, vier Panzer und 200 Lkw vernichtet.

Er wurde später im ZG 1 und NJG 200, wie schon detailliert erläutert, in der Sowjetunion als Nachtjäger eingesetzt und schoss als solcher noch weitere 21 sowjetische Flugzeuge ab.

Oberleutnant Eduard Tratt:
Neun Luftsiege, 24 Panzer vernichtet.

Auch aus dem ZG 1 gingen wieder erfolgreiche Piloten hervor, einige von ihnen brachten allerdings schon vom SKG 210 Abschüsse mit. Insgesamt schoss das ZG 1 von Anfang 1942 bis zum Abzug Ende August 1943 in Luftkämpfen 200 sowjetische Flugzeuge ab, hier sind natürlich alle Abschüsse, inklusive Bomber, enthalten. Dazu kamen noch mindestens 200 Panzer auf die Liste. Das sind zwar nicht mehr die Abschusszahlen des ZG 26 aus den Anfangsmonaten des Russlandfeldzuges, doch hat sich die sowjetische Luftwaffe ständig verbessert.

Abb. 19: Olt. Schenck, SKG 210, dann ZG 1
Foto: BA 146-1972-102-00A

Hauptmann Wolfgang Schenck:
16 Luftsiege, dazu 15 Panzer und einige Küstenfahrzeuge vernichtet, er hat mehrfach seine Me 110-F-Version mit 1 250-kg-Bomben bestücken lassen. Wolfgang Schenck war später federführend tätig bei Erprobung und Einsatz der Me 262 als Jagdbomber.

Leutnant Herbert Kutscha:
14 Luftsiege, 44 Flugzeuge am Boden zerstört.
41 Panzer, 15 Lokomotiven, elf Artilleriestellungen und 160 Lkw vernichtet.

Leutnant Rudolf Scheffel:
Fünf Luftsiege, mit Sicherheit mehr als 50 Panzer vernichtet.

Scheffel hat mit seiner Staffel am 12.07.1942 einer angreifenden Infanteriedivision den Weg freigekämpft, was zur Einkesselung starker sowjetischer Verbände führte. Für seine verwegenen Tiefangriffe war der spätere Hauptmann Scheffel bekannt.

Abb. 20: Hptm. Scheffel, 1./SKG 210 und 1./ZG 1
Foto: BA 146-2008-0150

Oberfeldwebel Hans Peterburs:
18 Luftsiege, 26 Flugzeuge am Boden zerstört.
19 Panzer vernichtet.

Oberleutnant Egon Albrecht:
15 Luftsiege, elf Flugzeuge am Boden zerstört.
250 Lkw vernichtet sowie acht Flakstellungen
– und zwölf Pakstellungen erfolgreich bekämpft.

Die angegebenen Luftsiege beziehen sich ausschließlich auf in der Sowjetunion getätigte Abschüsse.

Hauptmann Wilfried Hermann hat während seiner Zugehörigkeit zum ZG 1 elf sowjetische Flugzeuge abgeschossen, gegen Panzer und gepanzerte Fahrzeuge war dieser Pilot und Gruppenkommandeur ebenfalls erfolgreich. Sein Name erscheint bedauerlicherweise in keiner Erfolgsliste. Deutsches Kreuz in Gold.

Hier muss auch der Oberleutnant Heinz Hogeweg genannt werden, der auch der I./ZG 1 angehörte. Während seines Einsatzes im Osten schoss Hogeweg sechs Flugzeuge ab, unter anderem eine Il 2, Mig 3, Lagg 3, La 5, Il 4. Bei der Erdkampfunterstützung, besonders während der größten Panzerschlacht bei Kursk, hat sich Oberleutnant Hogeweg ausgezeichnet. Deutsches Kreuz in Gold.

Die Angehörigen des ZG 1, auch Wespengeschwader genannt, hatten eine längere Einsatzzeit in Russland als das ZG 26, deshalb sollte keine Gegenüberstellung der Erfolgsbilanzen vorgenommen werden. Im ZG 26 dienten überwiegend von den Jagdfliegerschulen übernommene Piloten, während beim ZG 1 auch etliche Piloten aus Kampfverbänden ihre Heimat fanden. Das ZG 1 hatte die für den Bodenkampf besser ausgestattete Me 110 E und F zur Verfügung, und ab März 1943 kam eine größere Anzahl der G-2-Versionen zur I. / ZG 1 in die Einheit.

Gerade in der Sowjetunion ist die Bilanz der Me 110 hinsichtlich ihrer Allroundeigenschaften als überaus positiv zu bezeichnen. Sie hat sich hier dem Gegner in der Luft anfangs überlegen und später als ebenbürtig gezeigt. Hierbei muss auch ihre bedeutende Rolle als Jagd- und Schnellbomber sowie Aufklärer erwähnt werden.

Immer mehr mussten die Nahaufklärungsmissionen auch von Me 110 übernommen werden, da die bis 1942 und 1943 eingesetzten Hs 126 und FW 189 sich nicht mehr gegen angreifende russische Jäger wehren konnten, die immer öfter in Erscheinung traten. Es gab wohl auch eine Aufklärerversion der Me 110, die mit einer starren nach hinten ausgestatteten Bewaffnung 2 x MG und mit einem rückwärts gerichteten Visier versehen wurden. Aber auch diese mit Me 110 ausgestatteten Staffeln wurden im August 1943 ausgedünnt und die Piloten zur Reichsverteidigung in das neu aufgestellte ZG 76 versetzt.

Es soll an dieser Stelle noch von einer kleinen Me 110-Einheit berichtet werden, deren Stützpunkt zwar nicht direkt auf sowjetischem Hoheitsgebiet lag, sondern in Norwegen und zeitweise auch in Finnland. Die Einsätze dieser Staffel jedoch richteten sich in erster Linie gegen die Sowjetunion.

So stand auf ihrem Programm, deutsche Bomber zu eskortieren, vor allem die in Banak stationierten Ju 88 des KG 30, die gegen die englisch-amerikanischen Geleitzüge für die Sowjetunion eingesetzt wurden, aber auch Ju 87-Begleitschutz für die I. / Stukageschwader 5 wurde geflogen. Der Hafen von Murmansk wurde ebenfalls von der Zerstörerstaffel mit Bomben angegriffen. Die Murmanbahn war oft Ziel ihrer Angriffe, auch wurden Jaboeinsätze für finnisch-deutsche Bodentruppen geflogen. Dazu kam auch reine Abfangjagd gegen sowjetische Bomber und Jäger.

Es war dies die 1. (Zerstörerstaffel) / JG 77, die Anfang 1941 in Herdla (Norwegen) stationiert war. Die Staffel wurde neu aufgestellt und bekam ihre Flugzeuge zunächst vom ZG 76 zugewiesen. Die meisten Piloten kamen frisch von der Zerstörerschule zur neuen Einheit.

Bereits am 21.05.1941 hatte diese Staffel den Begleitschutz aus der Luft für das Schlachtschiff Bismarck und den Schweren Kreuzer Prinz Eugen übernommen, die zu ihrer schicksalhaften Unternehmung ausliefen. Erst gegen 23.00 Uhr musste der Verband die Schiffe verlassen, der Kraftstoff ging leider zur Neige. Wenige Wochen später wurde das Schlachtschiff an der Ruderanlage durch englische Swordfish-Doppeldecker so schwer beschädigt, dass man es nicht mehr manövrieren konnte. Die britische Übermacht konnte dann das waidwunde Schlachtschiff versenken.

Mit Beginn des Russlandfeldzuges wurde die Staffel nach Kirkenes (Norwegen) versetzt. Hier mussten zunächst viele Begleitschutzeinsätze geflogen werden.

Die Gegner waren, wie schon erwähnt, zunächst I-15, I-153, I-16. Die beiden Erstgenannten waren noch Doppeldecker, allerdings wohl die fortschrittlichsten ihrer Zeit, da sie eine Höchstgeschwindigkeit von 460 km / h erreichen konnten, dazu kam eine immense Wendigkeit. Die I-16, genannt Rata, ein Tiefdecker, konnte die Höchstgeschwindigkeit von 500 km / h knapp übertreffen und war auch extrem wendig. Nicht zu unterschätzen – und was diese Flugzeuge noch auszeichnete, war ihre Beschussresistenz. Der luftgekühlte Motor und das Weglassen oder Nichtvorhandensein von Elektrik sowie die gesamte stabile Struktur machten sie nicht gerade zu einer einfachen Beute. Doch war ihre Zeit im Juni 1941 vorbei, um gegen Me 110 oder gar Me 109 in Luftkämpfen ein ernsthafter Gegner zu sein.

Dieser Zerstörerverband konnte im hohen Norden sowohl am Boden als auch in der Luft große Erfolge erzielen.

Schon Ende Juli 1941 war die Staffel, mit einigen Me 109, als Begleitschutz eines Stukaverbandes eingesetzt, als sie die Nachricht erhielt, einen Verband mit 30 Albacore-Torpedoflugzeugen und neun Jagdmaschinen vom Typ Fulmar auf dem Weg nach Kirkenes abfangen zu müssen. Im Verlauf des Gefechtes wurden 13 britische Trägerflugzeuge abgeschossen, davon sechs durch die Me 110-Jäger.

Einen tragischen Unfall gab es am 12.08.1941, als der Major Erich Groth, der das ZG 76 im Norden übernehmen sollte, nördlich von Bergen in schlechtes Wetter geriet und mit seinem Bordfunker abstürzte. Für die Zerstörerwaffe war dies ein herber Schlag, da Groth mit zu den Ersten dieser Waffengattung gehörte und beim Aufbau eine tragende Rolle spielte. Erich Groth hatte auch als Jagdflieger einiges an Können mit seiner Me 110 aufzubieten, insgesamt schoss er 13 Jäger ab, davon während der Luftschlacht um England sieben. Zudem war er in dieser Zeit Kommandeur der II./ZG 76 (Haifisch).

Abb. 21: Me 110 E-2 in Norwegen, Frühjahr 1941, vmtl. die Maschine des Hptm. Schaschke, Stab ZG 76. Foto: Archiv Autor

Hauptmann Gerhard Schaschke, der den Zerstörerverband übernehmen sollte, wird mit mindestens 20 Abschüssen geführt, ist aber bereits am 04.08.1941 bei einer erfolgten Notlandung, nach Flaktreffern, mit Bordfunker wahrscheinlich ums Leben gekommen. Am 12.07.1941 hatte Schaschke bereits zwölf Flugzeuge abgeschossen und weitere acht bis zum Tage seiner Notlandung. Leider gibt es wenig Information über diesen erfolgreichen Zerstörerpiloten.

Vor allem in der ersten Zeit hat sich der Leutnant Felix Brandis mit 14 Abschüssen von 09.04.1941 bis zum 29.11.1941 hervorgetan, also in knapp acht Monaten, darunter acht Jäger, davon eine Hurricane. Er war Chef der Staffel, und auch am Boden stehen mehrere vernichtete Flugzeuge und Lokomotiven auf seiner Habenseite.

Der kurz vorher zum Oberleutnant beförderte Brandis kam bei einem Landeunfall in einem Schlechtwettergebiet am 02.02.1942 ums Leben. Geflogen ist er zu der Zeit eine Me 110 E.

Er war bei allen Staffelkameraden hochgeschätzt und das nicht nur wegen seiner Abschusszahlen. Das Deutsche Kreuz in Gold bekam er am 06.03.1942 posthum verliehen.

Die Staffel kam im Februar 1942 zum JG 5 und trug fortan den Namen 13. (Z) / JG 5, diese endgültige Staffelbezeichnung bekam sie erst am 26.06.1942 zugewiesen.

Anfang 1942 standen den Me 110 in diesem Gebiet schon beträchtliche Zahlen von Mig 3, P-40 Tomahawk, Hawker Hurricane sowie P-39 Airacobra gegenüber.

In dieser Staffel trat zum ersten Mal der Feldwebel Theodor Weissenberger in Erscheinung. Er kam erst Ende 1941 zu der Einheit. Schon nach kurzer Zeit hatte er eine ganze Reihe von Abschüssen mit der Me 110 erzielt.

Seinen ersten Luftsieg erzielte er gegen eine I-153 am 24.10.1941 bei Liza, als sie freie Jagd gegen einen sowjetischen Jägerverband fliegen durften, also keinen Begleitschutz oder ähnliche Aufgaben erfüllen mussten.

Den nächsten Erfolg hatte Weissenberger am 24.01.1942, als er mit Oberleutnant Franzisket zur Eisenbahnjagd unterwegs gewesen ist. Beim Bahnhof Bojaskoje erwischte er eine I-16. Wenige Minuten später schoss er eine Hurricane bei der Station Toporny ab.

So konnte der zum Oberfeldwebel beförderte Weissenberger am 15.04.1942 vier sowjetische Jäger bezwingen, darunter zwei Hurricane, eine Mig und eine I-180. Von der letztgenannten Maschine existierte nur eine Kleinserie, sie dürfte hier nicht gemeint sein. Es handelte sich wahrscheinlich um eine der immer mehr auftretenden Mig 3 oder um Yak 1.

Bis Ende April 1942 waren schon 13 Abschussbalken an seinem Leitwerk. Vergessen darf man nicht, dass Weissenberger, wie andere Piloten auch, zu Jabo- und Begleitschutzeinsätzen herangezogen wurde. Auch die Wetterverhältnisse waren hier im Norden sehr problematisch, was die Einsatzdauer erheblich verringerte.

Den, an Abschüssen gezählt, größten Erfolg an einem Tag verbuchte die Staffel am 10.05.1942. Eine Staffel Me 109 und sieben Me 110 begleiteten einen Verband von Ju 87 zum Angriff auf die Lisa-Bucht. Eine Feindeinheit, bestehend aus 25 Mig 3 und Hurricane, versuchte die Stuka-Einheit mit ihrem Begleitschutz abzufangen. Das gelang ihr nicht, jedoch hatte die sowjetische Einheit drei von den Me 110 abgeschossene Hurricane zu beklagen, die Me 109-Staffel konnte schon vorher sechs gegnerische Maschinen bei einem Verlust abschießen. Eigene Verluste gab es bei den Zerstörern keine. Stattgefunden hatte dieses Gefecht am späten Morgen.

Ein weiterer Begleitschutzeinsatz am Nachmittag brachte einen noch größeren Erfolg. Ein etwa gleich starker Feindverband wie am Morgen, also zwischen 20 und 25 Mig 3 und Hurricane, versuchte erneut seiner Abfangrolle gerecht zu werden. Doch hier schnitten die sowjetischen Jäger noch schlechter ab als am Morgen. Bei dem folgenden Luftkampf konnten die Me 110 nicht weniger als 13 Feindflugzeuge zu Boden schicken. Allein Oberfeldwebel Weissenberger hat fünf Feindmaschinen in zwölf Minuten abgeschossen. Als sich die Russen zurückzogen, wurden sie noch von einer Einheit Me 109 in die Mangel genommen und verloren noch einmal drei Jäger.

Dies war ein bitterer Tag für die sowjetischen Fliegerkräfte, denn sie verloren fast 30 Flugzeuge an diesem Tag, davon 22 von den Briten gelieferte Hurricane. Somit hat die Staffel an einem Tage 16 Luftsiege erzielt.

Theodor Weissenberger konnte am 15.05.1942 etwas westlich von Murmansk eine Hurricane bezwingen, dies war sein 20. Luftsieg.

Als kleine Anekdote am Rande: Die Staffel wurde auch als „Dackelstaffel" bekannt. Sie hatte am Bug ihrer Me 110 als Emblem einen Dackel mit einer I-16-Rata im Mund. Nicht nur als Emblem, der Staffel gehörten drei lebendige Dackel als Staffelhunde an. So putzig die Hunde auch sein mochten, der Dackel ist nun mal ein Jagdhund.

Die sowjetischen Fliegerkräfte hatten jedenfalls ihre liebe Not mit dieser Staffel. Wegen ihrer insgesamt sehr erfolgreichen Einsätze wurde die Einheit zu einer verstärkten Staffel von zehn auf 16 Flugzeuge Me 110 ausgebaut.

Gerade zur Mitte des Jahres wurden auch einige F-Serienflugzeuge geliefert, die besonders für Bodenangriffe geeignet waren und auch als Schnellbomber Verwendung finden konnten. Nochmals zur Erinnerung: Dieses Flugzeug konnte bis zu 1,2 t Bomben befördern.

Mitte August 1942 kam es zu einem besonderen Einsatz für Weissenberger und Hauptmann Schmidt, als sie für eine Arado 196 Begleitschutz fliegen mussten. Es ging um einen PK-Kriegsberichterstatter, den man mit der Arado bergen sollte. Zwei Mig 3 hatten etwas gegen die Bergung, so mussten Weissenberger und Schmidt den Kampf mit den beiden Migs aufnehmen.

Die von Weissenberger angenommene Mig wurde von ihm derart unter Druck gesetzt, dass sie durch extremen Tiefflug Bodenberührung bekam und sich zerlegte. Der Hauptmann Schmidt flog direkt auf die nächste Maschine zu, um sie vor einem Angriff auf die Arado abzuwehren, die Mig nahm ebenfalls Kurs auf Schmidts 110er, so raste man mit einer frontalen Annäherungsgeschwindigkeit von mindestens 900 km / h aufeinander zu und beschoss sich. Bei einer solchen Luftkampfsituation braucht es besonders gute Nerven. Die Mig zog beim Überfliegen der Me 110 bereits schwarzen Qualm hinter sich her und zog in die Wolken hoch. Ein Aufschlag konnte nicht beobachtet werden, deshalb bekam der Hauptmann Schmidt keinen Luftsieg zuerkannt. So hart waren die Bestimmungen auf deutscher Seite. Die Ar 196 wurde jedoch nicht mehr belästigt.

Der Oberfeldwebel Theo Weissenberger hat die Staffel im September 1942 leider verlassen, er war mit 23 Abschüssen der erfolgreichste Jagdflieger dieser Einheit. Dies hat Theo Weissenberger in nicht einmal einem Jahr vollbracht. Unter den Opfern befanden sich ausschließlich Jäger, davon acht Hurricane.

Weissenberger war zusätzlich auch noch bei Angriffen auf Bodenziele erfolgreich, unter anderem 15 Lokomotiven, zwei Flakstellungen, einen Bahnhof an der Murmanbahn sowie eine Funkstation.

Er wechselte zur reinen Jägerei über und erzielte bis Kriegsende weitere 185 Luftsiege, davon acht mit der Me 262. Er hat auch nie den Kontakt zu seinen alten Staffelkameraden abreißen lassen. Theodor Weissenberger kam bei einem Autorennen 1950 ums Leben.

Im Frühjahr 1943 wurde die Staffel sogar mit einigen Me 110 G-2 beliefert. Diese Baureihe wurde nur sehr ungern an Zerstörereinheiten, die nicht innerhalb des Reiches operierten, abgegeben, Ausnahme noch, wenn es um U-Boot-Stützpunkte ging. Denn sie wurden in erster Linie als G-4 für die Nachtjagd und in zweiter Linie für die Reichsverteidigung am Tage abgezweigt.

Abb. 22: Daimler-Benz-605-Motor
Foto: Mit freundlicher Genehmigung virtuelles Luftfahrtmuseum Thomas Wilberg und Luftfahrtmuseum Laatzen-Hannover.

Zur Information: Die G-2 und die G-4 waren baugleich und hatten denselben Motor, nur die Ausrüstungen waren verschieden. Aus dieser Tatsache geht die Wichtigkeit dieser Staffel für den nördlichen Kriegsschauplatz hervor.

Die G-Version hatte den DB 605B mit einer Nennleistung von

1 475 PS. Sie konnte damit eine Höchstgeschwindigkeit von ca. 600 km / h erzielen. Dies allerdings nur mit der Standardbewaffnung von vier MG 7,9 mm und zwei MG 151 / 20 mm, dazu kamen für den Bordfunker zwei MG 7,9 mm in Doppellafette MG 81Z. Die Bombenlast konnte ebenfalls wie bei der F-Version 1,2 t betragen.

Den DB 605 rüstete man mit mechanischer Aufladung aus, um einen sonst auftretenden Leistungsabfall in größeren Höhen zu verhindern. Der Ladedruck belief sich auf 1,42 Bar.

Probleme gab es jedoch mit diesem Motor auch, das soll nicht verschwiegen werden. Ein häufiges Auftreten von Motorbränden führte dazu, dass die Nutzung der Start- / Notleistung verboten wurde. Durch Einbau eines größeren Ölkühlers konnte man diese Einschränkung Mitte 1943 wieder aufheben.

Doch bei den Leistungsparametern, was eben die Geschwindigkeit und die Steigleistung betraf, war sie noch jederzeit in der Lage, Luftkämpfe mit einmotorigen Jägern zu bestehen. Was auch weiterhin bewiesen werden konnte.

Denn am 01.05.1943 konnten 100 Luftsiege gemeldet werden, davon allein 65 einmotorige Jäger.

Die sowjetischen Fliegerkräfte stellten den Deutschen gerade in diesen Breitengraden ein ähnliches Flugzeug gegenüber, nämlich die Petlyakov 2, kurz Pe 2 genannt. Ebenso mit zwei Motoren ausgerüstet und in etwa für die gleichen Aufgaben geeignet, konnte sie der Me 110 doch in keiner Weise das Wasser reichen. Von den Pe 2 wurden 22 durch die Zerstörerstaffel abgeschossen. Die Pe 2, vom Gewicht mit der Me 110 vergleichbar, doch von der Geschwindigkeit um gut 30-40 km / h langsamer, wurde von den sowjetischen Einheiten überwiegend nicht als Jäger eingesetzt, sondern als leichter Bomber.

Hieran ist wieder die besondere Leistungsfähigkeit der Me 110 zu erkennen. Obwohl sie beide Flugzeuge, Il 2 und Pe 2, auskurven konnte, um einiges schneller als diese, war ihre Bombenzuladung gerade bei der F- und G-Version gegenüber der Pe 2 um 200 kg und gegenüber der Il 2 sogar um 600 kg höher.

Allerdings auf die Fertigungszahlen bei den sowjetischen Flugzeugen hatte die Me 110 keinen Einfluss und auch nicht auf den nationalsozialistischen Größenwahn.

Auch hier war es so, dass die meisten Verluste durch Flak oder auch bedingt durch schlechtes Wetter eingetreten sind. Natürlich wurden auch einige Me 110 bei Luftkämpfen abgeschossen oder schwer beschädigt, das hielt sich aber, im Vergleich zu den Erfolgen, in Grenzen.

Fast bis zum Kriegsende wurde die Me 110 G-2 hier eingesetzt, und sie hatte in der Jägerrolle immer noch einige Erfolge, selbst gegen modernere Jäger, aufzuweisen. Die letzten sowjetischen Jäger Lagg 3 und La 5 wurden Anfang 1944 abgeschossen.

So kamen im Laufe des Jahres 1944 gegen westliche Gegner noch drei Beaufighter und vier viermotorige B-24 hinzu. Die B-24 wurden in diesen Breitengraden vom Coastal Commando der RAF als U-Boot-Jäger eingesetzt.

Etwa 40 Piloten und Bordfunker stehen auf der Verlustliste der Staffel.

Verbandsführer dieser Staffel, die einmal unter 1. (Z) / JG 77, 10. (Z) / JG 5, 13. (Z) / JG 5 und zum Schluss 10. / ZG 26 firmiert hat, waren:

1. Oberleutnant Felix Maria Brandis	Anfang 1941-Februar 1942
2. Oberleutnant Max Franzisket interim	Februar 1942-März 1942
3. Oberleutnant Karl-Fritz Schlossstein	März 1942-Juni 1943
4. Oberleutnant Hans Kirchmeier interim	Juni 1943-September 1943
5. Hauptmann Herbert Treppe	September 1943-Juli 1944

Ab August 1944 wurden die Zerstörerstaffeln zusammengefasst und es entstand die IV. / ZG 26 mit den Staffeln 10. / 11. / 12. / ZG 26 unter Hauptmann Herbert Treppe.

Zum Schluss hin hat sich besonders der Oberfeldwebel Rudolf Kurpiers ausgezeichnet. Wir treffen auf ihn im Kapitel Zeitzeuge.

Mit Weissenberger (23), Brandis (14), Fiedler (14), Kurpiers konnte die Staffel vier Flugzeugführer mit über zehn Abschüssen hervorbringen. Hauptmann Schaschke sollte wie erwähnt die Staffel übernehmen, doch ist es nicht mehr dazu gekommen. Er gehörte dem Stab ZG 76 an und erzielte über 20 Abschüsse, dazu kamen noch drei von ihm versenkte Küstenschutzboote.

Insgesamt wurden von der Staffel über 120 gegnerische Flugzeuge abgeschossen. Dazu kamen Lokomotiven, Lkw, Schiffe, Flakstellungen und die mehrmalige Unterbrechung des gegnerischen Nachschubs über die Murmanbahn.

Anhand dieser relativ kleinen Einheit kann man ersehen, was die Piloten mit der Me 110 bei umsichtiger Führung zu leisten imstande waren, doch konnten auch sie gegen die stetig wachsende Übermacht nicht ankommen.

Nun zu einem sehr komplexen Thema im nächsten Kapitel.

8. Die Reichsverteidigung

Hier war das vorrangige Ziel der Luftwaffe, die Einflüge der Briten und Amerikaner mit ihren viermotorigen Bombern zu unterbinden oder doch sehr einzuschränken. Das war ein hehres Ziel, doch die Luftwaffe war damit überfordert. Das meiste dazu ist ja schon gesagt und geschrieben worden, ist auch nicht Aufgabe dieses Buches.

Angefangen hat die Reichsverteidigung für die Zerstörer bereits am 18.12.1939, als die RAF mit 24 Wellington-Bombern – die Briten geben gar nur 22 Bomber an – bewaffnete Aufklärung gegen Wilhelmshaven flog. Doch gibt es Diskrepanzen über die Zahl der eingesetzten Wellington-Bomber. Auf Helgoland befand sich eine Marinebeobachterstation, diese zählte jedoch 44 zweimotorige Maschinen, an diesem Tag war die Sicht ausgezeichnet.

Hier konnten die hauptsächlich eingesetzten Luftwaffeneinheiten II./JG 77 und I./ZG 76 den Angriff relativ mühelos abfangen, da der Wellington-Bomber noch nicht über die Abwehrbewaffnung der späteren Bomber verfügte, doch sechs MG 7,7 mm hatte er auch schon an Bord. Es wurden ein paar Maschinen der I. / ZG-76-Gruppe damit beschädigt, zwei Me 109 mussten abgeschrieben werden.

Die deutschen Abfangjäger meldeten den Abschuss von 34 Wellington-Bombern, davon 15 durch die I. / ZG 76 und 14 durch die II. / JG 77, die restlichen fünf durch andere an der Abwehr beteiligte Einheiten. Durch übergeordnete Dienststellen wurden nachträglich sieben Abschüsse als nicht anerkannt zurückgewiesen, so dass 27 Abschüsse übrig blieben. Die RAF gab den Verlust von insgesamt 15 Wellington zu. Es kann sich hier nur um eine Desinformation seitens der RAF gehandelt haben, denn das Eingeständnis, an einem Tag fast 30 Wellingtons verloren zu haben, wollte man der britischen Bevölkerung wahrscheinlich nicht zumuten. Denn es kam die Behauptung hinzu, die Bomber hätten zwölf Messerschmitts, davon die Hälfte Me 110, abgeschossen. Es ging aber nachweislich nicht eine Me 110 verloren.

Die Verlustrate betrug bei 44 Wellingtons oder bei 22 jedenfalls knapp 70 % der eingesetzten Flugzeuge. Deshalb hat die RAF diese Art der bewaffneten Aufklärung für längere Zeit ausgesetzt.

Der spätere Mitorganisator der Nachtjagd Falck und der zukünftige Nachtjäger Lent waren hier bereits schon am Erfolg beteiligt. Dies war allerdings nur eine Fußnote am Rande für die Zerstörerpiloten in dieser Rolle, denn es kam noch einiges auf sie zu, wie der nachfolgende Beitrag zeigen wird.

Zur Reichsverteidigung standen die Zerstörergeschwader wie das ZG 26 erst zum Oktober 1943 wieder mit drei Gruppen zur Verfügung. Das ZG 76 hingegen musste vorher neu aufgestellt werden und kam zum gleichen Zeitpunkt wie das ZG 26 wieder in den Einsatz. Hier muss angefügt werden, dass das III. / ZG 26 immer im Einsatz war, bis auf eine kurze Auffrischungsphase für die Reichsverteidigung. Das ZG 1, die I. und die III. Gruppe kamen zur ZG 26, obwohl diese Gruppen als ZG 1 existent blieben, nämlich in Frankreich mit Ju 88 als Schutz für die U-Boote. Das II. / ZG 1 wurde ab Dezember 1943 vom Atlantik nach Wels (Österreich) verlegt, dies auch zur Reichsverteidigung mit der Me 110 G-2.

Also insgesamt standen 160 Me 110 für die Tagjagd zur Verfügung, davon waren 120-130 einsatzbereit. Die überwiegende Zahl dieser Flugzeuge bestand aus den G-Baureihen. Dies war ein durchaus leistungsfähiges Flugzeug, nur hat man es zu sehr mit Waffen überladen.

Natürlich war das Hauptziel, möglichst erfolgreich die Bomber zu bekämpfen. Dabei wurde auf das Flugverhalten oder die Leistungsfähigkeit der Maschine keine Rücksicht genommen. Anfangs, als nicht immer regelmäßig Begleitjäger bei den Bombern mitflogen, war das noch akzeptabel. Im Verlauf des Buches werde ich darauf noch zurückkommen.

Zur Grundbewaffnung in der Reichsverteidigung gehörten ja schon ab Anfang 1944 zwei MK 108 im Kaliber 30 mm sowie zwei MK 151 im Kaliber 20 mm, zusätzlich das Zwillings-MG 81 Z für den Bordfunker. Dieses in der G-Version eingeführte MG löste das längst überfällige MG 15 ab. Die beiden im Vergleich:

MG 15: V0 765 m / sec MG 81: V0 885 m / sec.

Theoretische Feuergeschwindigkeit:

MG 15: 1 250 Schuss / min MG 81: 1 600 Schuss / min.

Und das noch in Doppellafette, so dass eine Feuergeschwindigkeit von über 3 000 Schuss / min gegeben war, natürlich nur theoretisch. Das MG 81 war knapp 2 kg leichter, deshalb gab es nur ein Mehrgewicht von ca. 4 kg, der Schwenkbereich der Waffe war etwas eingeschränkter im Vergleich zur vorhergehenden Armierung. Aber in dieser Anordnung wurden sowohl von Tagjägern wie auch Nachtjägern einige Erfolge gemeldet. Zumal auch gerade die 7,9 mm-Munition für Bordwaffen immer weiterentwickelt wurde. So gab es eine Patrone, genannt S.m.K.-Spitzgeschoss, mit Stahlkern, deren Projektil auf 100 m noch 12 mm Panzerstahl durchschlagen konnte.

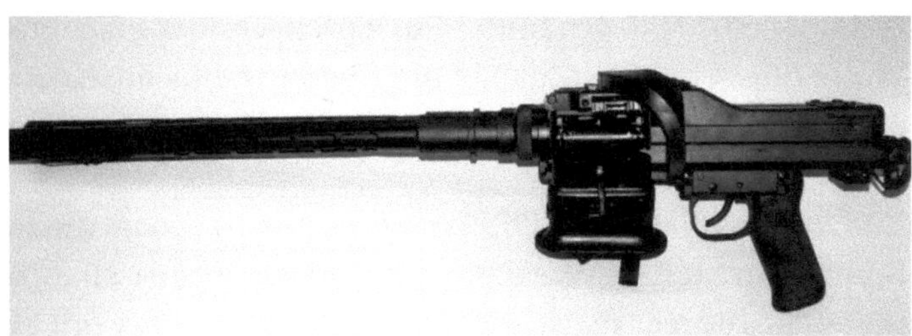

Abb. 23: MG 81Z Mit freundlicher Genehmigung Waffenmuseum Oberndorf/Neckar

Es kamen noch einige Rüstsätze zusätzlich bei der G-Version zum Einsatz.

An der Rumpfunterseite zusätzlich ein Rüstsatz mit zwei MG 151 / 20 mm oder ein Rüstsatz mit einer MK 3,7 cm. Dies war normalerweise eine als Flak 18 eingesetzte Flugabwehrkanone, diese Konfiguration war natürlich in Hinsicht einer guten Manövrierbarkeit kontraproduktiv. Diese Version habe ich ja im Kapitel Russland schon angeschnitten, mit dieser 3,7-cm-Kanone sind bestimmt einige Bomber abgeschossen worden, nur, als die Begleitjäger vermehrt auftraten, war es mit dieser Ausrüstungsvariante vorbei.

Zur Vollständigkeit: Es gab die Me 110 G-2 / R2 für die Bomberhöhenjagd. Hierbei wurde auch die 3,7-cm-Kanone verwendet in Verbindung mit einer GM-1-Anlage. Die Motoren versah man deshalb zusätzlich mit GM-1-Anlagen, um über der Volldruckhöhe den Mangel an Sauerstoff zu kompensieren und damit eine höhere Leistungsausbeute zu erzielen. Hier wurde kein reiner Sauerstoff verwendet, dies hätte zu Motorschäden geführt, sondern nur ein Sauerstoffträger Stickoxydul, bekannt auch unter dem Namen Lachgas. Man erzielte damit in 11 000 m eine Höchstgeschwindigkeit von 460 km / h mit der 3,7-cm-Kanone, ohne sie wären es etwa 530 km / h gewesen. Doch flogen die Alliierten nicht in diesen Höhenbereichen ihre Angriffe, so kamen diese Maschinen nur vereinzelt zum Einsatz. Die GM-1-Anlage wird im Kapitel Nachtjagd noch einmal zur Sprache kommen.

In fast allen Me 110, die der Reichsverteidigung angehörten, wurden unter jede Tragfläche zwei Werferraketen 21 cm eingebaut. Diese Raketen wurden aus jeweils einer Röhre abgeschossen, der Flugkörper selbst wog 115 kg, der Sprengkopf 40 kg. Ein Zeitzünder war so eingestellt, dass sich der Sprengkopf in 500-1 000 m Entfernung nach Verlassen des Rohres zerlegte. Von einer Präzisionswaffe konnte hier nicht die Rede sein. Doch beachtliche Ergebnisse sind damit erzielt worden.

Vor allem als so genannter Pulksprenger oder Pulkzerstörer hat sich die Waffe öfters bewährt, da sie die Bomberpulks auseinanderriss und sich die eigenen Abfangjäger besser um die dann einzeln fliegenden Bomber kümmern konnten.

Bei ganz erfahrenen Piloten war es möglich, dass die Rakete auch einen Bomber direkt traf. Was dann mit dem Bomber geschah, will ich hier nicht weiter ausführen. Es ist sogar vorgekommen, dass mit einer Rakete auch mehrere Bomber, wenn nicht abgeschossen, so doch zumindest schwer beschädigt wurden.

Allein die Bordkanonen konnten bei einem 3-Sekunden-Feuerstoß 40 kg Geschossmasse ins Ziel bringen.

Nur zur Information: Auch einmotorigen Jägern wurde oft ein oder zwei solcher Ofenrohre verpasst, es war den Piloten ein Gräuel, wenn ihre Maschinen derart beladen wurden.

Bei einer Gesamtzahl von nur 120-130 (+ 40 Me 410) einsatzbereiten Flugzeugen waren die Zerstörereinheiten doch recht aktiv an der Abwehr beteiligt. Zum Vergleich: Ca. 550 einmotorige Jäger, davon 400 einsatzbereit, wurden in der Reichsverteidigung Anfang 1944 eingesetzt.

Bereits am 04.02.1943 wird ein Verband von 50 B-17 durch Me 110 angegriffen. Es waren allerdings Nachtjäger, die diesen Tagesangriff abzuwehren versuchten. Die Führung des deutschen Verbandes hatte der die Me 110 virtuos fliegende Hauptmann Hans-Joachim Jabs. Dieser hatte schon in der Luftschlacht um England zwölf RAF-Jäger abgeschossen.

Doch eine B-17 konnte man auch nicht so einfach abschießen. Sie hatte immerhin zwölf MG im Kaliber 12,7 mm an Bord, und die Amerikaner hatten sich eine Taktik zurechtgelegt, wie die Schussfelder am besten zu nutzen wären gegen angreifende Jäger. Die Jäger konnten aus den verschiedensten Winkeln angreifen, sie sahen immer in hunderte von MG-Läufen.

So hat Hauptmann Jabs mit seiner Nachtjagdstaffel die B-17-Formation angegriffen, kein Flugzeug seiner Nachtjagdstaffel blieb ohne Treffer, eine Me 110 musste sogar notlanden. Trotzdem konnten von den acht Nachtjägern drei Bomber vernichtet werden, einer durch Hauptmann Jabs.

Die Maßnahme, hoch ausgebildete Nachtjagdpiloten am Tage zu verheizen, zumal die Nachtjagdmaschinen in ihren Flugleistungen durch mannigfaltige Einbauten noch mehr beschränkt waren als die Me 110 der Tagjagd, war natürlich irrsinnig. Doch muss hinzugefügt werden, dass sie bei Schlechtwetterlagen oft hohe Abschussergebnisse erzielen konnten. Heute würde man so ein Flugzeug als Allwetterjäger bezeichnen.

Die Angriffe der Me 110-Einheiten erfolgten anfangs oft im Zusammenspiel mit Me 109 oder FW-190-Jägern. Die Me 110 hatten dabei die Aufgabe, die Bomberpulks zu zersprengen und dann mit den einmotorigen Jägern die Jagd auf die einzelnen Bomber vorzunehmen. Teile der Jäger hatten die Aufgabe, auf die Zerstörer zu achten und ihnen flexiblen Jagdschutz zu geben. Dies kam aber den anderen Jagdgruppen ebenfalls zugute, wenn diese Me 109 / FW-190-Einheit Begleitjäger auf sich zog. Selbst bei einer solchen Befehlslage kamen die für den Jagdschutz vorgesehenen Staffeln dieser Gruppe immer noch zu Erfolgen gegen die Feindbomber.

Nachdem die Taktik geändert worden war, setzte sich der Abwärtstrend trotzdem fort und nicht nur für die Zerstörereinheiten.

Dass Me 110-Einheiten nicht an jedem Abwehrereignis teilgenommen haben, ergibt sich schon rein zahlenmäßig. Doch nachfolgend einige wichtige Stationen der Me 110 als Abfangjäger in der Reichsverteidigung.

Von den Amerikanern wurde am 17.08.1943 ein Großangriff auf die Kugellagerfabrikation in Schweinfurt mit 229 B-17 unternommen. Definitiv waren hier keine Zerstörergruppen im Einsatz, wie in manchen Büchern zu lesen ist.

Eingesetzt zur Abwehr war hier unter anderem das NJG 101, das mit ca. 40 Me 110 und einigen Ju 88 agierte. Es konnte an dem besagten Tag sieben B-17 ausschalten.

Die von den Amerikanern beanspruchten Abschusszahlen deutscher Jäger bei diesem Angriff – durch Bomberbesatzungen 288 und durch Begleitjäger 19 weitere – hätten bedeutet, dass alle an dieser Luftschlacht beteiligten deutschen Jäger abgeschossen worden wären. Tatsächlich, laut Zahlen des Generalquartiermeisters, waren es 25.

Der erste Einsatz in der Reichsverteidigung des ZG 76 nach seiner Aufstellung fand am 04.10.1943 statt. An diesem Tag war Frankfurt / Main das Ziel von 150 US-Bombern. Ihnen stellten sich die genannte Zerstörerformation und Teile des JG 1 mit FW 190A entgegen.

Bei den Zerstörern waren es knapp 40 Flugzeuge, die zum Einsatz kamen. Sie waren mit den 21-cm-Werferrohren und etliche Maschinen zusätzlich mit der 3,7-cm-Flak 18 ausgerüstet. Dies wäre gegen die Bomber alleine eine gute Ausrüstung gewesen. Nur kamen an diesem Tag, erst zum zweiten Mal in dieser Region, Begleitjäger der USAF zum Einsatz. Es waren gut 200 P-47 Thunderbolt beim Bomberverband, die hier überraschend auftauchten. Weder die Zerstörer noch die Jäger hatten damit gerechnet.

Es gingen nachweislich sieben Zerstörer verloren und drei weitere wurden beschädigt, sie hatten mit ihren Waffenlasten gegen die US-Jäger keine Chance, doch wird immer verschwiegen, dass es ihnen doch gelungen ist, vier Viermotorige abzuschießen. Das JG 1 konnte zusätzlich acht weitere Erfolge gegen die Bomber erzielen, verlor selber drei Maschinen. Beide deutschen Einheiten vermochten es nicht, den Begleitjägern mit ihren P-47 einen Verlust zuzufügen. Den Zerstörern stand die 56. Fighter Group gegenüber, mit über 50 P-47, sie war im Zweiten Weltkrieg die erfolgreichste Air-Force-Einheit überhaupt.

Bei der Neuaufstellung des ZG 76 hat man darauf geachtet, dass auch erfahrene und umsichtige Zerstörerpiloten führende Positionen eingenommen haben. So wog der Verlust eines Gruppenkommandeurs wie Hauptmann Paul Herzberg umso schwerer, er kam vom III. / ZG 26 und hatte schon Erfolge in Afrika und im Mittelmeerraum erringen können.

Am 08. / 09. / 10. Oktober 1943 starteten die Amerikaner eine Bomberoffensive mit jeweils ca. 300 B-17-Bombern. Am 08.10. ging es gegen Bremen, am 09.10. war das Ziel Danzig und Gotenhafen, und am 10.10. erfolgte ein Angriff auf Münster.

An diesen drei Tagen war hauptsächlich das III. / ZG 26 gegen die Bomber im Einsatz, von der I. / ZG 26, vorher I. / ZG 1, nahmen nur vereinzelt Flugzeugführer daran teil, und die II. / ZG 26, vorher III. / ZG 1, ausgerüstet mit Me 410, wurde erst am 11.10.1943, also genau einen Tag nach dieser Bomberoffensive, als Einsatzverband aktiviert, doch nahm auch diese Einheit an der Abfangaktion schon teil. Die Erfolge dieser beiden Gruppen wurden noch teilweise unter ZG 1 geführt. Nicht zu verwechseln mit dem neu geschaffenen I. / ZG 1, aus dem V. / KG 40 rekrutiert, das mit Ju 88 ausgerüstet und in Lorient disloziert war.

Nur das III./ZG26 wurde praktisch nie aufgelöst, so dass die Strukturen vorhanden waren, und viele der Flugzeugführer, die sich bei früheren Einsätzen schon hatten auszeichnen können, waren noch bei dem Verband. So ist es nicht verwunderlich, dass sie auch gegen diese Bomber erfolgreich operierten, obwohl gerade in diesem Raum die Begleitjäger schon zu dieser Zeit zahlenmäßig stark vertreten waren.

Am 08.10.1943 konnten das ZG26 und die ihm angeschlossenen Staffeln des alten I./ZG1 immerhin 17 Luftsiege gegen B-17 erzielen und eine Typhoon, trotz Begleitung von 274 P-47. Allerdings kam es auch hier wieder zu fünf eigenen Verlusten.

Die deutschen Jäger und Zerstörerverbände meldeten den Abschuss von 45 Bombern und einer P-47 und einer RAF-Typhoon. Die USAF gaben den Verlust von 32 B-17 und drei P-47 zu, über 230 Viermotorige wurden beschädigt.

Der Angriff am 09.10.1943 wurde in zwei Wellen, einmal mit 120 B-17 gegen Anklam und eine Stunde später mit 250 Viermotorigen gegen Danzig und Gotenhafen, geflogen. Die Reichweite der US-Jäger reichte hier nicht aus, um die Bomber wirkungsvoll zu schützen.

Dem ZG26+Staffeln ZG1 wurden an diesem Tag 15 Erfolge gutgeschrieben, gemeldet waren 21 Luftsiege, doch sechs wurden nicht anerkannt. Die III./ZG1 war mit Me410 ausgerüstet und wurde am 13.10.1943 zur II./ZG26, von dieser Einheit nahmen auch schon vereinzelt Flugzeugführer an den Luftkämpfen teil, von ihnen wurden drei B-17 abgeschossen am 8. und am 09.10.1943.

Der Leutnant Richard Heller schoss an diesem Tag drei B-17 ab, Lt. Günther Wegmann konnte an diesem Tag zwei Luftsiege über B-17 verzeichnen. Beide südfrontbewährte Piloten des III./ZG26.

An Zerstörerverlusten gab es an diesem Tag nur beschädigte Maschinen, da eben kein Begleitschutz vorhanden war.

Man hatte wieder zusammen mit der JG1 und JG11 (wurde aus JG1 gebildet) im Einsatz gestanden.

Auch hier meldete die USAF wieder einen Verlust von über 30 Viermotorigen und knapp 150 beschädigte Maschinen.

Es folgte der Angriff auf Münster am 10.10.1943 mit knapp 300 B-17, begleitet von über 200 P-47. An Zerstörerkräften waren beteiligt das I. und

III. / ZG 26, also etwa 50 Maschinen. Bei der Abwehr insgesamt wurden außerdem wieder Einheiten von der JG 1, JG 3, JG 26 eingesetzt.

Insgesamt wurden 50 Abschüsse beansprucht, dabei entfielen auf die Zerstörer 16 Erfolge. Die Zerstörer hatten an diesem Tag zehn Ausfälle zu beklagen.

Die USAF bestätigte den Verlust von 34 B-17 und drei P-47, bei den 102 beschädigten Viermot dürften noch etliche nicht mehr verwendungsfähige Maschinen dabei gewesen sein.

Ein nächster großer Einsatz und auch gleichzeitig Abwehrerfolg war den Zerstörern am 14.10.1943 beschieden, als die Amerikaner zum zweiten Male Schweinfurt, mit diesmal 291 Viermotorigen, angriffen. Ein Schutz durch Begleitjäger konnte nur bis in den Raum Aachen erfolgen.

Die deutschen Verteidiger konnten zu dem Zeitpunkt 300 einmotorige Jäger einsetzen. Es gibt unterschiedliche Angaben über die Zahlen der eingesetzten Zerstörer. Vor allem dadurch, dass die III. / Gruppe des ZG 1 in die II. / Gruppe des ZG 26 eingegliedert wurde. Dies wurde einen Tag vor dem besagten Angriff vollendet. So tauchen in manchen Publikationen beide Verbände auf. Denn die 7., 8., 9. Staffel ZG 1 war nun die 4., 5., 6. Staffel ZG 26. Auf jeden Fall waren diese Staffeln mit der Me 410 ausgerüstet. Auch die I. / Gruppe ZG 1 ging in der I. / Gruppe ZG 26 auf. Hier waren die Staffelbezeichnungen natürlich identisch.

Die II. / ZG 26 war allerdings die einzige Gruppe, die mit ca. 30 einsatzbereiten Me 410 ausgerüstet gewesen ist.

Die I. / Gruppe des ZG 26 war beteiligt, ebenso die III. Gruppe ZG 26, dazu kamen die I. und II. Gruppe des ZG 76 und noch Staffeln des ZG 101. Insgesamt dürften es an die 80 Me 110 gewesen sein.

Die I. / Gruppe ZG 1 wird bei den Erfolgsstatistiken noch geführt, auch bei der III. / ZG 1 und II. / ZG 26 gibt es Korrelationen. Allein bei den zwei Gruppen des ZG 76 gibt es diese Probleme der Unterscheidung nicht.

Nach meinen Recherchen hat die III. / ZG 26 bei diesem Luftkampf drei bestätigte B-17-Abschüsse. Dabei soll der Lt. Günther Wegmann zusätzlich eine B-17 mit den 21-cm-Werferraketen abgeschossen haben, dies wurde jedoch nicht anerkannt, wahrscheinlich nur als Herausschuss gewertet.

Die I./ZG26, vorher I./ZG1, hatte sieben anerkannte B-17-Abschüsse. Das ZG76 mit seinen zwei Gruppen kam auf acht bestätigte B-17-Abschüsse. Das II./ZG26, vorher III./ZG1, also mit Me410 ausgerüstet, bekam drei Abschüsse bestätigt. Das ZG 101 (Zerstörerlehrgeschwader), ausgerüstet mit Me 110, war ebenfalls mit drei Abschüssen beteiligt. In manchen Statistiken werden diese Unterscheidungen nicht gemacht.

Jedoch bei der Thematik dieses Buches muss ich natürlich unterscheiden, mit welchem Flugzeugtyp die Erfolge erzielt worden sind. So wurden bei diesem Einsatz nachweislich 21 B-17 durch Me110 vernichtet, es können wohl dabei drei bis vier Abschüsse durch Werferraketen erzielt worden sein, denn es gab eindeutig Zeugen für die durch Werferraketen erzielten Abschüsse.

Insgesamt wurden von den deutschen Jägern 62 B-17 direkt abgeschossen, 17 sollen über See wegen Beschädigungen abgestürzt sein und 120 konnten nicht mehr für weitere Einsätze verwendet werden. Von 291 eingesetzten fliegenden Festungen kamen also nur knapp 100 ohne Beschädigung davon.

38 Jäger war der Tribut, den die Deutschen dafür zollen mussten, von den Zerstörern wurden bei diesem Einsatz recht wenige abgeschossen, da sie aufgrund ihrer Werferraketen und der 20mm-Kanonen nicht so dicht an die Bomber ran mussten wie teilweise die einmotorigen Jäger.

In diesem Gefecht wurde dem Generalquartiermeister am 18.10.1943 gemeldet, von den insgesamt eingesetzten Zerstörern seien drei abgeschossen worden, dazu noch drei weitere Ausfälle durch Beschädigungen.

Auch das NJG. 101 war hier wieder im Einsatz und konnte sechs Viermotorige abschießen. Ein Nachtjäger musste als Totalverlust abgeschrieben werden und drei weitere wurden beschädigt.

Die Amerikaner flogen einige Zeit ohne Begleitjäger, doch schon Ende September 1943 waren P-47 immer wieder dabei, vor allem im nördlichen Deutschland. Um die erreichten Leistungen der Zerstörer zu schmälern oder auch aus Unkenntnis, datiert man die Anfänge des Begleitschutzes für US-Bomber gerne auf Anfang 1944. Schon im Herbst 1943 waren die alliierten Jäger stark vertreten, denn bis 500 Begleitjäger konnten bei einigen Bombereinsätzen schon dabei sein, da musste die deutsche Luftwaffe schon ziemlich kratzen, um nicht mal annähernd so viele Abfangjäger in den Einsatz zu bringen. Habe ja schon von einigen Zerstörereinsätzen im Oktober 1943 berichtet, bei denen P-47 dabei gewesen sind. Trotzdem hatte die US-Bomberflotte exorbitant hohe Verluste an B-17-Bombern zu verzeichnen.

Der Rest des Monats Oktober verlief sehr ruhig, was die Tagesangriffe anging. Nur einmal, am 20.10., wurde noch ein Angriff auf den Großraum Westfalen gestartet, bei dem keine Zerstörer eingesetzt wurden.

Erst im November 1943 wurde hauptsächlich das III. / ZG 26 wieder eingesetzt. Bei sehr schlechten Wetterlagen und immer mehr Begleitjägern kam man nur auf eine Abschusszahl von sieben Viermotorigen und einer P-47. Dabei wurden 15 Luftsiege eingereicht, man hat jedoch acht Abschüsse nicht gewertet, die meisten wegen fehlender Zeugen. Da es natürlich bei schlechtem Wetter schwierig war, Abschüsse von Kameraden zu beobachten, so ist dies kein Wunder. Eine großzügige Auslegung gab es nicht, da Hermann Göring seinen Piloten ungerechtfertigterweise misstraute.

Das III. / ZG 26 selbst hatte in diesem Monat 13 Maschinen als Verluste zu verzeichnen.

Im November 1943 wurden die ersten P-38 als Begleitjäger gesichtet.

Am 26.11.1943 wurde Ofw. Willert, am Fallschirm hängend, durch eine P-47 mit MG beschossen und dadurch verwundet. Bei diesem Einsatz hatte das III. / ZG 26 die höchsten Verluste – in diesem Monat –, zehn Maschinen wurden abgeschossen bzw. sehr schwer beschädigt, acht Gefallene und über zehn Verwundete waren zu beklagen.

Das III. / ZG 26 hatte seinerseits vier Luftsiege angegeben, drei B-17 durch Scherkenbeck, Freyschmidt, Freiberger und eine P-47 durch Uffz. Zenz. Drei weitere Abschüsse waren gemeldet, wurden aber nach einigen Tagen vom Jagdkorps wieder aberkannt, so dass es bei den vier genannten Flugzeugführern blieb.

Noch ein Einsatz aus dem November, es geht um den 29.11.1943:
Einschließlich Kommandeur Major Böhm-Tettelbach starteten 14 Me 110

zur Abwehr eines Bomberverbandes von 40-50 B-17. Nach kurzer Zeit musste eine Maschine zurückkehren wegen Motorschadens. Mit den verbliebenen 13 Maschinen wurde der Angriff 800 m von rechts des Pulks eingeleitet. Die abgeschossenen Werfergranaten sollen gut gelegen haben, drei Fortress scherten nach links aus. Abschüsse wurden fünf gemeldet, eine Bauchlandung durch Uffz. Hanke war der einzige Verlust.

Der Generalmajor Schmid, I. Jagdkorps, sprach am 30.11.1943 seine „Besondere Anerkennung“ für den Verband aus.

Von diesen fünf Luftsiegen wurden nachträglich drei aberkannt. So dass nur Mj. Böhm-Tettelbach und dem Uffz. Wald Abschüsse zuerkannt wurden. Oft lagen solche Urteile auch an der Flak, die sehr ehrgeizig für sich Abschüsse in Anspruch nahm.

Als am 20.12.1943 Bremen wiederholt mit 540 Bombern angegriffen wurde, waren ihnen fast 500 Begleitjäger als Schutz mitgegeben worden. Für die Abwehr dieser Phalanx standen den deutschen Verteidigern nur knapp 300 Jäger und Zerstörer zur Verfügung. Das ZG 26 kam an diesem Tag auf sieben bestätigte Abschüsse.

Gefechtsbericht III. / ZG 26:
Start mit zwölf Me 110.
Feindsichtung: DR 7.
Jagdschutz: 200-300 feindliche Jäger (P-47, P-38, P-51).

Nach Einsatz der Werfergranaten scherten zwei B-17 brennend aus ihrem Verband aus, dies im Quadrat DS 3, weitere Bekämpfung der Bomber mit Bordkanonen.

Erfolge: Lt. Burkhardt, Ofw. Bründl, Fw. Gutmann, Lt. Maetzke je ein Abschuss.
Verluste: 1 Me 110.

Also allein vier Luftsiege durch das III. / ZG 26 über Viermotorige.

Lt. Bitter, Olt. Jenne von der I. / Gruppe kamen auch auf jeweils einen Abschuss. Ein Luftsieg durch das II. / ZG 26 kam noch hinzu, Olt. Paffrath mit Me 410.

Insgesamt bezifferte die USAF ihre Verluste mit über 30 Viermotorigen und sechs Jägern. Von diesen sechs Jägern gingen allein fünf auf das Konto von JG 1 und 11. Hier war zum ersten Mal die P-51 dabei.

Zwei Tage später, am 22.12.1943, kam es noch viel dicker, an diesem Tag waren Münster und Osnabrück das Ziel, diesmal waren es 570 Viermotorige, die von 520 Jägern begleitet wurden. Den deutschen Verteidigern standen hier nur etwa 250 Jäger und Zerstörer zur Verfügung. Die Hauptlast der Abwehr lag bei JG 1, JG 11 und dem ZG 26, die allein mit acht Gruppen beteiligt waren, also etwas über 150 Maschinen.

Das ZG 26 konnte in Anbetracht der vielen Begleitjäger relativ erfolgreich agieren. Auf das I. und III. / ZG 26 entfielen neun Luftsiege über Viermotorige, die mit Me 410 ausgerüstete II. Gruppe erzielte zwei Abschüsse, gemeldet waren 14 Abschüsse, drei wurden wieder abgezogen. So waren diesmal, was die Viermotorigen betraf, die Zerstörer am erfolgreichsten. Verluste bei der III. / ZG 26: 1 total, 2 beschädigt. Das JG 1 und 11 haben sich jedoch permanent mit Begleitjägern herumschlagen müssen. Dies jedoch nicht nur, um den Zerstörern zu helfen, denn bei 520 Begleitjägern ist es ja klar, dass diese versuchen, alle deutschen Jäger in Luftkämpfe zu verwickeln und sie von den Bombern fernzuhalten.

Erschwerend kam hinzu, dass die deutschen Abwehrverbände meist nicht schwerpunktmäßig eingesetzt wurden, sondern vereinzelt, in Gruppenstärke an die Feindbomber kamen, was die Wirkung und Effizienz stark minderte.

Doch insgesamt gesehen, bei dieser zahlenmäßigen Konstellation war es ein zumindest kleiner Einsatzerfolg. Die USAF gab den Verlust von 26 Viermotorigen und vier Jägern zu. Die Luftwaffe beanspruchte übrigens nur 28 Abschüsse insgesamt. Also weit und breit keine Spur von übertriebenen Abschussmeldungen auf deutscher Seite, wie es Göring immer wieder unterstellte.

Doch die Verlustquote lag eben absolut nur noch bei 5 % der Viermotorigen.

Das Gesamtergebnis des ZG 26 im Monat Dezember lag bei über 30 Abschüssen, davon gingen elf an das II. / ZG 26 (Me 410). Selbst hatte man Totalverluste von 15 Maschinen bei I. und III. / ZG 26 sowie sieben Verluste bei der II. / ZG 26.

Ich habe für das Jahr 1943 ab Oktober die Abwehreinsätze geschildert bzw. das Gesamtresultat der mit Me 110 ausgerüsteten Zerstörergruppen benannt. Es gab nur sehr wenige Einsätze, bei denen man es in diesem Zeitraum nicht mit Begleitjägern zu tun bekam.

Anfang 1944 konnte die amerikanische 8. US-Luftflotte 2 500 Bomber und 1 500 Jäger einsetzen. Ihnen standen von deutscher Seite 550 einmotorige und 140 zweimotorige Jäger gegenüber. Von diesen Zweimotorigen waren etwa 100 Me 110 und 40 Me 410.

Es geht zwar in diesem Buch um die Me 110, doch soll kurz auf die Me 410 eingegangen werden.

Zugegeben hatte die Me 410 Vorteile gegenüber der Me 110. Vor allem eine bessere Rundumsicht und Reichweitenvorteile. Auch ihre Motoren waren um einiges kräftiger als in der 110. Hier wurde der DB 603 A mit 1 740 PS verbaut. Dieser Motor war nur für ausgesuchte Modelle vorgesehen, wie teilweise auch die Do 217N und TA 152C, He 219 und Do 335. Trotz dieses stärkeren Motors lag die Höchstgeschwindigkeit nicht viel höher als bei der 110, die Startmasse betrug fast 10 t. Das Steigvermögen der 110 G-2 wurde auch nicht übertroffen, auf 6 000 m benötigte die 110 8 min, die 410 9 min. Die Dienstgipfelhöhe der 110 lag bei 11 000 m, bei der 410 war in 10 000 m Höhe Schluss.Durch die geringere Flächenbelastung der Me 110 durfte man mit ihr auch eine um 50 km / h höhere Sturzfluggeschwindigkeit erzielen, sie lag bei 700 km / h.

Andererseits hatte man bei der 410 wie schon bei der 210 die Möglichkeit, Bomben in Schächten unterzubringen. Dies führte zur Senkung des Luftwiderstandes und zu einer höheren Geschwindigkeit bei Zuladung, auch ein geringerer Treibstoffverbrauch war die Folge.

Mit der Me 410 war man, ganz allgemein gesprochen, nicht zufrieden, einige Piloten schworen auf sie, andere hingegen fanden ihre Flugeigenschaften immer noch nicht ganz ausgereift, doch hatte sie wie die Me 110 mehrere Erfolge auf ihrem Konto vorzuweisen. Auch das Aussehen der Maschine war recht ansprechend, nur wurde sie vor der Me 110 Mitte 1944 bereits aus dem Programm genommen. Als Nachtjäger war die Me 410 nicht recht geeignet, da sie eine, wie schon erwähnt, hohe Flächenbelastung aufwies, max. 312 kg / qm – zum

Vergleich: 110 max. 243 kg / qm – und ihre Kanzel ungeeignet zur Aufnahme der immer umfangreicheren Radarausrüstung gewesen ist. Leider waren die deutschen Radargeräte im Gegensatz zu den englischen Bordradargeräten recht groß dimensioniert und schwer, dazu mehr im Kapitel Nachtjagd.

Ein Großteil der Unzufriedenheit vor allem bei der Luftwaffenführung lag daran, dass man wohl ahnte: Auch mit dieser Maschine konnte man den Krieg nicht mehr gewinnen.

Auf jeden Fall ist es Rudolf Dassow gelungen, damit 22 Luftsiege zu erzielen, mit Me 210, aber vor allem mit der 410 im II. / ZG 26, davon zwölf Viermotorige.

Zur Information: Die Me 410 wurden auch in Kampfgeschwadern eingesetzt, so beim KG 2 und KG 51, in Gruppenstärke, hier auch einige Maschinen als Fernnachtjäger, allerdings ohne Funkmessausrüstung. Einer der Erfolgreichsten war hier Hauptmann Dietrich Puttfarken von der 5. / KG 51 mit fünf Erfolgen gegen Viermotorige über England.

Bereits am 5.01.1944 wurde Kiel von etwas über 200 Viermotorigen angegriffen. Begleitet wurde dieser Bomberverband von ca. 100 Jägern, in der Hauptsache P-38. An der Abwehr waren über 100 deutsche einmotorige Jäger beteiligt sowie zwei Gruppen Zerstörer I. / ZG 26 und III. / ZG 76 mit etwa 25 Maschinen.

Für die I. / ZG 26 verlief die Abfangmission nach Plan, eine B-17 und eine B-24 konnten abgeschossen werden, ein Herausschuss über eine B-24 kam noch hinzu, ohne eigene Verluste. Bei der III. / ZG 76 verlief die Aktion recht unglücklich, bei einem Herausschuss von einer B-17 hatte man fünf Totalverluste zu beklagen. Insgesamt meldeten die deutschen Jäger 30 Luftsiege, dies wurde vom Jagdkorps auch so weitergeleitet und bestätigt.

Im Jahr 1944 kam es für die Zerstörer am 11.01. zu einem Großeinsatz. Angriffsziel der 663 viermotorigen Bomber war Mitteldeutschland mit der dort sich befindlichen Flugzeugindustrie. Etwa 600 Begleitjäger wurden zum Schutz der Bomber aufgeboten. Es wurden gegen diesen Angriff u. a. vier Zerstörergruppen eingesetzt. Die I. und die II. / ZG 26 sowie I. und III. / ZG 76, also etwa 80 Maschinen, kamen hier zum Einsatz.

Trotz massiven Einsatzes der Begleitjäger konnten die Zerstörer erfolgreich agieren. Das I./ZG 26 meldete den Abschuss von sechs B-17, den Herausschuss einer B-17 und einer Spitfire.

Abb. 24: Hptm. Kiel, Grp. Kdr. II./ZG 76, gut zu erkennen die 21-cm-Werferraketen. Foto: BA 101 I-649-5371-15

Für das II./ZG 26 (Me 410) verbuchte man drei Luftsiege. Beim I./ZG 76 kam man auf neun Abschüsse über B-17, das III./ZG 76 war mit einem Abschuss dabei.

Es wurden von den Jagddivisionen die Abschusszahlen von allen beteiligten Einheiten später nach unten korrigiert, denn gemeldet wurden von Jägern und Zerstörern über 100 Abschüsse, tatsächlich waren es „nur" 73.

Insgesamt verloren die Zerstörer bei diesem Einsatz 13 Maschinen.

Ergänzend sollte hier erwähnt werden, dass vier mit Me 110 G-4 ausgerüstete Nachtjagdgeschwader ebenfalls beteiligt waren. Sie konnten zwölf Abschüsse und drei Herausschüsse für sich verbuchen, bei acht eigenen Verlusten.

Der nächste Einsatz für das ZG 26 war im Raum Braunschweig und Umgebung am 10.02.1944. Diese Stadt wurde immer wieder das Ziel der 8. US-Bomberflotte.

Hier konnte die I. / ZG 26 erfolgreich agieren, denn sie schossen sechs viermotorige B-17 ab und verbuchten einen B-17-Herausschuss, bei zwei Eigenverlusten. Das ebenfalls an diesem Luftkampf beteiligte II. / ZG 26 hatte einen schweren Stand, hier konnte nur der Gruppenkommandeur Hauptmann Tratt eine P-38 abschießen, die Gruppe selbst verlor dabei fünf Me 410.

Dafür musste das I. / ZG 26 schon am nächsten Tag ohne Erfolg drei Verluste hinnehmen. An diesem Tag, also am 11. 2., wurde der besagte Hauptmann Tratt in einen Luftkampf mit P-38 verwickelt, Hptm. Tratt konnte innerhalb von 20 Minuten drei P-38 abschießen mit seiner Me 410. Dazu muss gesagt werden, dass der besagte Hauptmann Tratt mit der Me 110 schon früher 29 Abschüsse erzielt hatte.

Auch der Oberleutnant Paul Bley war mit der Me 110 erfolgreich gegen P-38, indem er fünf von ihnen bei anderen schon beschriebenen Gelegenheiten abschoss.

Hier ist nicht die Spur zu finden einer Überlegenheit der P-38 gegenüber deutschen Zerstörerflugzeugen. Die einzige Überlegenheit der P-38 war ihre zahlenmäßige, und, noch hinzugefügt, die eindeutig längeren Ausbildungszeiten ihrer Piloten.

Übrigens: Ein Grund, warum das ZG 26 auf Flugplätze östlich von Berlin verlegt wurde, war nicht seine Chancenlosigkeit, wie einige Autoren behaupten, sondern die alliierten Begleitjäger bekämpften nicht nur die angreifenden Zerstörerflugzeuge, sondern auch ihre erkannten Fliegerhorste. Gerade wenn ein Flugzeug besonders verwundbar war, also bei Start und Landung, waren die amerikanischen Jäger, auch die britischen Typhoon, sehr erfolgreich. Gerade in Wunstorf hatte man durch diese Angriffe hohe Verluste erlitten.

Was hier teilweise publiziert und zum Besten gegeben wird, ist nicht objektiv. Einschränkend muss gesagt werden: Es gibt auch differenzierte und objektive Beiträge über das Thema, nur können sich die anscheinend am Markt nur langsam durchsetzen.

Ein schwarzer Tag für die III. / ZG 26 war der 20.02.1944, als zwei Staffeln im Aufstieg befindlich durch eine Wolkendecke stießen und dabei genau vor die Rohre von einigen Dutzend Mustangs gelangten. Diese Situation ist allerdings für keinen Piloten sehr erfreulich, da man ja im Steigflug nicht sehr viele Möglichkeiten hat sich zu wehren, es fehlt ganz einfach an Geschwindigkeit, und dadurch ist die Manövrierbarkeit extrem eingeschränkt. Dazu natürlich die entsprechenden Werferrohre und Zusatzbehälter, die man zwar abwerfen, bezogen auf die Zusatzbehälter, konnte, doch reichte die Zeit für eine schnelle Geschwindigkeitsaufnahme nicht mehr aus, um die entsprechenden Luftkampfmanöver einleiten zu können. In dieser Konfiguration, jetzt überspitzt formuliert, war der Einsatz höherer Kunstflugelemente schlichtweg unmöglich. Man war praktisch zum Abschuss freigegeben. Elf Verluste an diesem Tag waren ein hoher Preis für die Gruppe. Darunter erfahrene Piloten, wie Hptm. Rosenkranz, Ofw. Schmeller und Fw. Scherkenbeck. Dieser Einsatz am 20.02.1944 war gekennzeichnet durch hohe Verluste bei der Luftwaffe insgesamt, mit über 70 Totalverlusten bei Jägern und Zerstörern und den herangezogenen Nachtjagdeinheiten.

An diesem 20.02.1944 setzte die USAF das erste Mal über 1 000 Bomber gegen Leipzig, Braunschweig und Oschersleben ein. Nicht weniger als 835 Begleitjäger waren dabei. Die Luftwaffe meldete den Abschuss von 51 Viermotorigen, die USAF bezifferte ihre Verluste mit 26 Viermotorigen und sechs Begleitjägern.

Verweise hier auf allerlei Literatur, die einem eindrucksvoll, vor allem auch bei den einmotorigen Jägereinheiten, vor Augen führt, wie kurz das Leben eines Jagdpiloten in dieser Phase des Luftkrieges gewesen ist. Bei Neulingen lag die Lebensdauer bei etwa zwei Tagen.

Ein wenig erfolgreicher Einsatztag der Zerstörereinheiten war der 22.02.1944. Im Rahmen der Bomberoffensive „BIG WEEK“ waren wieder die Flugzeugwerke und deren Zulieferer wie Kugellagerhersteller in Schweinfurt und Umgebung betroffen. Insgesamt waren an diesem Tag 800 B-17 und B-24 mit einem Begleitschutz von knapp 700 Jägern unterwegs. Zwar konnte man an diesem Tag seitens der Luftwaffe von einem Erfolg sprechen, nur eben nicht gerade bei den Zerstörern, die insgesamt sieben

Abschüsse gemeldet haben, davon wurden nur vier anerkannt. Dafür hatten sie ungleich viele Verluste zu verzeichnen, insbesondere das III. / ZG 26 mit sechs Totalverlusten und zwei schwer beschädigten Maschinen. Von I. / und II. / ZG 26 kamen noch drei Verluste hinzu.

Zwei Tage später ein ähnliches Bild, wieder jeweils 800 Bomber und Jäger auf fast die identischen Ziele im Anflug. Von deutscher Seite wurden knapp 300 Jäger und 40 Zerstörer aufgeboten. Das III. / ZG 26 war hier nur mit vier Me 110 an der Abwehr beteiligt. Die Gruppe stieß im Raum Holzminden auf 120 B-24. Trotz starken P-47-Jagdschutzes an dieser Stelle kamen der Lt. Gern sowie Olt. Meltz zu je einem Abschuss, der Kommandeur Major Kogler konnte einen Herausschuss melden, dieser wurde zwar nicht als Abschuss anerkannt, doch Punkte[2] bekam der Pilot dafür trotzdem. Denn der Bomber konnte sein Ziel meist nicht mehr erreichen und musste seine Bomben im Notwurf abwerfen oder wurde ein leichtes Opfer einer anderen Jagdmaschine.

Das I. / ZG 26 zählte an diesem Tag mit zu den erfolgreichsten Gruppen, denn die Piloten konnten fünf B-24 abschießen. Fw. Holzmann war hier zweimal erfolgreich. Zwei Verluste hatte diese Gruppe zu verzeichnen.

Bei einem erneuten Angriff auf Regensburg, Augsburg und Stuttgart am 25.02.1944 mit über 700 Viermotorigen und 900 Begleitjägern konnten die I. und II. / ZG 76 einen Erfolg landen. Sechs B-17 und zwei B-24 kamen als Luftsiege hinzu. Es waren jedoch noch andere Zerstörerverbände in die Abwehr involviert, so das II. / ZG 1 (4), I. und II. / ZG 101 (2), diese konnten also weitere sechs Abschüsse erzielen, die bestätigt wurden, zwei B-24 kamen durch das II. / ZG 26 hinzu. Verluste der Zerstörer bei diesem Einsatz: fünf Me 110, zwei Me 410.

Am 29.02.1944 erhielt die III. / ZG 26 lt. KTB einige Me 110 G-2 / R3 mit der 30 mm-MK 108 zugewiesen.

---

2 Punktesystem: Abschuss eines viermotorigen Bombers 3 Punkte
Herausschuss 2 Punkte
Beschädigung 1 Punkt

Abb. 25: Eine andere Perspektive von der Me 110-G-2/R3, hier geht es wahrscheinlich um Abschuss oder eine hohe Einsatzzahl, Frühjahr 1944.
Foto: BA 101 I-676-7978-14

Am 06.03.1944 war die Reichshauptstadt Angriffsmittelpunkt der US-Bomber, mit 563 B-17 und 249 B-24. Dazu kamen 15 Gruppen Begleitjäger mit zusammengenommen 800 Maschinen der Typen P-51, P-47 und P-38. Die deutschen Verteidiger boten an diesem Tage knapp 600 Jäger auf. An Zerstörern nahmen die II. und III./ZG 26 mit insgesamt 42 Maschinen am Geschehen teil. Die II. Gruppe verfügte über Me 410, die III. über Me 110. An diesem Tag konnte die II. Gruppe acht B-17 bezwingen, die III. nur eine B-17 und eine P-51 Mustang.

Am 06.03.1944 waren zur Verteidigung Berlins auch Maschinen des ZG 76 beteiligt. Ein Urgestein der Zerstörerwaffe, Oberleutnant Herbert Schob, war dabei und schoss zwei B-17 ab. Doch waren die Verluste an diesem Tag wieder hoch für die Zerstörereinheiten, mit insgesamt 14 abgeschossenen Maschinen.

Zwei Tage später, also am 08.03.1944, wurde Berlin erneut angegriffen, diesmal mit 623 Viermotorigen und knapp 900 Begleitjägern. Bei diesem Angriff konnte die III. / ZG 26 erfolgreich agieren, mit bestätigten sieben B-17 und zwei P-51 und ohne eigenen Verlust, sie war die einzige Zerstörergruppe bei diesem Abwehreinsatz.

Insgesamt elf Abschüsse konnte die III. / ZG 26 an diesen beiden Tagen für sich verbuchen, davon drei P-51 Mustang. Zwei Mustangs wurden durch den Feldwebel Rudolf Klüpfel, Stab III. / ZG 26, abgeschossen und eine durch Oberleutnant Paul Bley, 9. / ZG 26.

Die Verluste sollen nicht verschwiegen werden, am 06.03.1944 verloren im Einzelnen das III. / ZG 26 fünf Me 110, das I. / ZG 76 hatte drei Totalverluste, und das II. / ZG 26 verlor sechs Me 410.

Angesichts des Verlustes von fünf Maschinen am 06.03.1944 bei der III. / ZG 26 ist ihr Abschneiden am 08.03.1944 mit einer Abschusszahl von sieben Viermotorigen und zwei P-51 umso erstaunlicher.

Trotz starken Begleitschutzes konnten die deutschen Tagjäger an den beiden Tagen einen großen Erfolg verbuchen. Etwa 115 B-17- und B-24-Bomber konnten an diesen Tagen abgeschossen werden oder kehrten nicht zur Einsatzbasis zurück. 48 Begleitjäger wurden ebenfalls ausgeschaltet, dies die offiziellen Verlustmeldungen der USAF. Nicht mit eingerechnet die beschädigten Bomber.

Man muss sich vor Augen führen, dass die Einflughöhe der Bomberverbände bei 7000-8000 m Höhe lag. Die mit allerlei Waffen ausgelasteten Zerstörer hatten da schon ihre liebe Not, rechtzeitig auf Abfanghöhe zu gelangen, obwohl gerade die 110 von Grund auf gute Steigleistungen vorzuweisen hatte.

Auch die einmotorigen Schlachtflieger, die man bei solchen Einsätzen heranzog, als da wären die FW 190 F2 oder A8, hatten hier Schwierigkeiten beim Aufstieg. Der in der FW 190 eingebaute Doppelsternmotor war nicht als Höhenwunder bekannt, deshalb gab es ja dann zusätzlich die FW-190-D9-Langnase mit einem Jumo-213-Motor.

Hier war also ein frühzeitiges Erfassen der Feindverbände notwendig. Einfach war das nicht, denn die damaligen Radargeräte waren sehr störanfällig, und Briten und Amerikaner konnten durch fingierte Angriffe manchen deutschen Abwehrverband ins Leere laufen lassen, für diese Taktik hatten sie ja genügend Flugzeuge und technisches Know-how zur Verfügung.

Die deutschen Jäger wurden mit dem so genannten Y-Verfahren geleitet, dazu hatten sie einen entsprechenden Empfänger FuG 16 ZY, der mit dem Funkgerät FuG 10 kombiniert wurde. Jeder Verbandsführer konnte von den Bodenleitstellen geführt werden, um an die Bomberverbände zu gelangen. Zur Informationsbeschaffung wurden Radargeräte genutzt und ein komplexes Funkführungssystem. Auch konnte jeder einzelne Pilot sich durch diese Leitstellen auf seinen Flugplatz einweisen lassen, dabei wurde er auch über eventuelle feindliche Jagdverbände informiert. Doch war hier Störung durch den Gegner möglich, und technische Probleme konnten natürlich auch zum Ausfall führen.

Nun zu einem etwas oft wiederholten Ereignis, das die Unfähigkeit, oder wie auch immer ausgedrückt, der Me 110 dokumentieren soll.

Am 16.03.1944 hatten Me 110 der ZG 76 einen weiteren Großeinsatz gegen einfliegende Bomberverbände auf Augsburg abzuwehren. Sie mussten diesen Kampf ohne jegliche Hilfe von einmotorigen Jägern ausfechten, dies wurde ja schon einige Zeit praktiziert. Mit 43 Me 110 griff man die Bomberverbände an, die von der 354. US-Jagdgruppe, ausgerüstet mit P-51 Mustang, begleitet wurden.

In sehr vielen Veröffentlichungen darüber liest man immer kurz und knackig, dass 26 der 43 Me 110 durch die Begleitjäger abgeschossen worden wären. Ich will jetzt hier die Verluste nicht kleinschreiben, aber einige der als abgeschossen geltenden Me 110 konnten nach Bruch- oder Bauchlandungen einige Wochen später wieder verwendet werden. Klar ist natürlich, dass im Monat März 26 Flugzeuge als durch Feindeinwirkung verlustig gemeldet wurden, das waren etwa drei Staffeln Me 110, die nicht mehr zur Verfügung standen. Zur Feindeinwirkung zählten auch durch Bomben und Tiefflieger zerstörte Maschinen, zum Beispiel. Denn das ZG 76 hatte am 06.03.1944 bei Berlin den ersten Einsatz im Monat

März mit Verlusten, so können am 16.03.1944 nicht die Gesamtverluste vom ganzen Monat entstanden sein. Die Personalverluste wogen jedoch ungleich schwerer.

Die eingesetzte 354 US Fighter Group hat an diesem 16.03.1944 „nur" insgesamt 15,5 Abschüsse für sich beansprucht. Von den zwei deutschen Zerstörergruppen, die an diesem Gefecht teilnahmen, wurden 16 Totalverluste gemeldet. Es wurden an diesem Tag ebenfalls noch vier Maschinen des ZG 101 abgeschossen. Insgesamt kamen bei allen Zerstörergruppen noch sieben beschädigte Maschinen hinzu. Zur I. / ZG 101 muss gesagt werden, dass hier meist unerfahrene Piloten in den Einsatz gelangten, auf Befehl der LW-Führung.

Bei diesem Gefecht wird auch unterschlagen, dass es den Zerstörern wenigstens gelang, mindestens sechs anerkannte B-17-Abschüsse zu bewerkstelligen, einige mit Werfergranaten abgeschossene oder zumindest beschädigte Bomber könnten noch hinzugekommen sein. Die amerikanische Jagdgruppe hatte eine Stärke von ca. 70 P-51. Hier war zugegeben die Me 110 mit ihren Waffenlasten überfordert. Sicher konnten auch mal Me 110-Piloten die eine oder andere P-51 aufs Kreuz legen, wenn sie ihre Werferraketen abgeschossen hatten und sich die Überzahl in Grenzen hielt. Dass sie bei der Konstellation überhaupt noch B-17 abschießen konnten, ist schon aller Achtung wert.

In verschiedenen Dokumentationen ist dann wieder von bis zu 18 Abschüssen die Rede seitens der Zerstörer, was ich nicht bestätigen kann. Wie ich schon geschrieben habe, könnten durch die Werferraketen noch zusätzlich Verluste bei den US-Bombern entstanden sein.

Leider gibt es viele selbsternannte Historiker, die eigentlich nur das schon mal Geschriebene noch nicht mal neu aufbereiten, wie gerade im beschriebenen Fall vom 16.03.1944, sondern nur abschreiben. Ausgenommen von diesen Vorwürfen sind natürlich solche, die minutiös in einer Sisyphusarbeit ohnegleichen jeden Luftkampf in Afrika, Norwegen oder andere Luftkampfgeschehnisse reproduzierten (Ring, Mombeek, Prien, Aders, Girbig, Bekker, Böhme). Solchen Luftfahrthistorikern gehört meine ganze Bewunderung.

Zum wiederholten Mal wurde die mitteldeutsche Flugzeugindustrie am 11.04.1944 mit über 900 Viermotorigen angegriffen. Den Schutz für diese Flotte übernahmen 800 US-Jäger, darunter mehrere P-51-Mustang-Gruppen.

Von deutscher Seite wurden 300 einmotorige Jäger und 35 zweimotorige Zerstörer zur Abwehr aufgeboten. Beteiligte Zerstörereinheiten: II. (Me 410) und III. / ZG 26. Das II. / ZG 26 konnte zehn Abschüsse an B-17 für sich verbuchen, hatte aber selbst acht Maschinen als Verlust zu beklagen.

III. / ZG 26, Start von Königsberg mit 13 Me 110.

Sichtung von zwei Pulks B-17, etwa 100 Maschinen, bei Cammin.

Schlechte Sicht, Y-Führung fiel in Höhe Stettin aus, Begleitjäger P-38.

Erfolg: 5 Abschüsse:
Major Kogler, Lt. Nagel, Lt. Paris, Fw. Schubert, Uffz. Läbe.
3 Herausschüsse:
Olt. Grachornigg, Ofhr. Schirmer, Fw. Schubert, Lt. Paris.
1 endgültige Vernichtung: Uffz. Läbe.

Verluste: 2 Me 110, Gefallene: Hptm. Freyschmidt, Ofw. Voigt und Staudt.

Die nachträgliche Erfolgszuweisung sah folgendermaßen aus:

Anerkannte Abschüsse erzielten Maj. Kogler, Lt. Nagel, Lt. Paris, Fw. Schubert, also vier.

Anerkannte Herausschüsse: Olt. Grachornigg, Ofhr. Schirmer, Fw. Schubert, insgesamt drei.

Ofw. Schinner und Uffz. Läbe mussten sich einen Abschuss teilen, so dass für die Gruppe fünf Abschüsse gezählt wurden und drei Herausschüsse.

Es ist nicht so, dass immer nur die Zerstörerverbände Ausfälle gehabt hätten. Bei diesem Luftkampf war das III. / JG 11 beteiligt, es konnte dabei fünf Viermotorige abschießen, hatte aber selbst sieben Maschinen verloren, dies nur als Beispiel.

Natürlich waren die Verluste der Zerstörereinheiten nach Görings Befehl höher, da jetzt die einmotorigen Jäger sich „nur" noch um die Bomber zu kümmern brauchten und nicht mehr um die Begleitjäger. Da sich die deutschen Jäger nun auf die Bomber konzentrierten, konnten die Begleitjäger auch bei ihnen besser punkten, und die deutschen Jäger hatten somit auch höhere Verluste. Das III. / JG 1, hatte am 22.04.1944 bei Abschuss von vier P-51 einen Totalverlust von zwölf eigenen Flugzeugen und sieben gefallenen Flugzeugführern. Natürlich stand es gegen eine Übermacht von P-51.

Dazu kam, dass in den deutschen Flugzeugen immer mehr kurz ausgebildete Nachwuchspiloten in den Cockpits anzutreffen waren, was eigentlich immer übergangen wird. Im Fliegen sind Talent und Erfahrung alles, aber nur Talent reicht nicht aus. Es sind mehr Piloten gefallen, als ausgebildet werden konnten. Obwohl gerade bei der Luftwaffe die Pilotenausbildung als vorbildlich angesehen werden musste, natürlich nur, solange der Kraftstoff ausreichend vorhanden war. Dies wird von amerikanischen und englischen Piloten, die vor dem Krieg in Deutschland waren, eindeutig bestätigt.

Viele der angehenden Piloten, natürlich nicht alle, waren zu der Zeit in der Segelflieger-Jugendorganisation des Regimes gewesen. Beim Segelfliegen erlernt man das Grundlagenwissen für jegliche Art des Fliegens. Das war mit einer der Gründe für die Erfolge der deutschen Luftwaffe. Das mag für den einen oder anderen Leser vielleicht befremdlich klingen, doch schon die Lektüre über ehemalige Experten der deutschen Luftwaffe wird einem klarmachen, dass dies nicht abwegig ist. Natürlich betrieb man diese gründliche Ausbildung, um für die geplanten Kriege genügend gut ausgebildete Piloten zu besitzen.

In den Me 110-Einheiten kam, wie ich schon erwähnt habe, die Problematik mit der Überladung an Waffensystemen noch hinzu.

Als am 24.04.1944 wiederum die Flugzeugindustrie in Süddeutschland, mit über 700 Viermotorigen, an der Reihe war, dazu fast 900 Begleitjäger, konnten ihnen 350 einmotorige Jäger und nur eine Zerstörergruppe mit 13 Me 110 gegenübertreten. Es war die III. / ZG 26, die immer noch mit Me 110 ausgerüstet war. Es wird oft von der Me 410 gesprochen im Zusammenhang mit dieser Gruppe. Me 410 gab es definitiv nicht in der III. / ZG 26, denn für die Gruppe war die Einführung der Me 262 geplant, nur war das im April 1944 nicht umgesetzt. Rein zeitmäßig hätte sich deshalb ein Umstieg auf die 410 nicht rentiert. Laut Flugzeuginventarliste hatte das III. / ZG 26 im April einen Anfangsbestand von 23 Me 110. Dies nur zur Klarstellung gegen anders lautende Berichte. Die I. / ZG 26 wurde allerdings auf die Me 410 umgerüstet, ebenso das I. und II. / ZG 76 Anfang Mai 1944.

So, nun zum Luftkampfgeschehen der III. / ZG 26 am 24.04.1944:

Start von Königsberg um 12.19 Uhr mit 13 Me 110 G-2 Richtung Regensburg, gute Wetterbedingungen. Um 13.40 Uhr Antrittsbefehl Richtung München. Bei München wurde die Gruppe von zwölf bis 15 P-51-Mustangs angegriffen. Bomberverband wurde keiner gesichtet, eine Me 110 war vorher wegen Motorschaden gelandet, blieben zwölf Maschinen übrig.

Die Gruppe ging in einen Abwehrkreis über. Fünf Me 110 wurden schwer beschädigt, so dass diese Bauchlandungen vornehmen mussten. Drei Maschinen wurden abgeschossen, eine Me 110 stieß mit einer P-51 zusammen, wobei beide Flugzeuge abstürzten. Sechs Besatzungsmitglieder sind gefallen.

Nach Angaben der Gruppe sind sechs P-51 abgeschossen worden, am nächsten Tag wurde noch ein Abschuss mehr gemeldet, durch Uffz. Lackinger, später nicht bestätigt.

Hier hat man es nochmals mit dem Abwehrkreis versucht und war erfolgreich. Erklärung meinerseits: Die US-Jäger kannten dieses „Phänomen“ des Abwehrkreises nicht und waren überrascht. Zum anderen hatten die G-2 alle das MG 81Z für den Bordschützen und konnten so eine bessere Wirkung nach hinten erzielen als in den früheren Jahren.
Bei diesem Luftkampf wurden zwei P-51 durch Bordschützen abgeschossen, einmal durch Uffz. Dohmann (7. Staffel) und Fw. Schindler (7. Staffel). Durch das heftige Abwehrfeuer der Bordschützen waren die Mustang-Piloten gezwungen, ihre Angriffe teilweise abzubrechen und neu anzusetzen, dabei könnten die Piloten der Me 110 in gute Schusspositionen gekommen sein, denn ein Treffer aus der 30 mm-MK 108 reichte für ein Jagdflugzeug aus.

Dic im KTB der III. / ZG 26 genannten erfolgreichen Piloten:
- Ofw. Recker (9. Staffel),
- Fw. Lenz (7. Staffel),
- Olt. Müller (8. Staffel),
- Lt. Paris (7. Staffel).

Es wurde in diesem KTB der Gruppe immer einige Tage später angegeben, wenn die Geschwaderführung oder das Jagdkorps Luftsiege aberkannt haben. Das KTB wurde noch bis September 1944 geführt, bevor es in III. / JG 6 umbenannt wurde, ich habe keinen Negativeintrag für den 24.04.1944 gefunden. Wohl wurde der Zusammenstoß mit der P-51 als Abschuss gezählt, wobei alle drei Beteiligten ums Leben kamen.

Diesen Luftkampf am 24.04.1944 fochten Me 110 G-2 aus!

Von allen beteiligten deutschen Verbänden wurde der Abschuss von 26 US-Jägern gemeldet. Die anderen deutschen Verbände meldeten 20 Abschüsse an Jägern, so dass es bei sechs bestätigten Abschüssen für das III. / ZG 26 bleiben dürfte. Drei Abschüsse wurden telefonisch nach Königsberg gemeldet, dies wird immer erwähnt, um Zweifel an den Abschüssen zu säen. Dass eben fünf Piloten, die eine Notlandung bei München machen mussten, ihren Standort und Erfolg nur mittels Telefon durchgeben konnten, ist ja wohl klar. Die schriftliche Abschussmeldung folgte dann am Fliegerhorst in Königsberg.

Gruppenkommandeur zu dieser Zeit war der Major Hans Kogler. Das III. / ZG 26 hatte im Monat April elf Flugzeugverluste.

Im Mai 1944 wurde die III. / ZG 26 aufgelöst, einige Piloten der 8. und 9. Staffel wurden zur Erprobungsgruppe 262 abkommandiert, darunter Paul Bley, Josef Neuhaus, Günther Wegmann, Joachim Weber, Alfred Schreiber u. a.

Die 7. Staffel ZG 26 wurde mit Me 110 G-2 disloziert in Fels am Wagram (Österreich). Dort wurde die Staffel am 12. Juni bis Mitte Juli 1944 der II. / ZG 1 unterstellt und nach Wels verlegt. Abschüsse erzielt die Staffel noch über zwei Viermotorige und zwei P-38.

Auch die Abschussangaben der US-Piloten, vor allem natürlich der Bomberbesatzungen, dürften oft zu hoch gelegen haben, gerade bezogen auf die Me 110. Wenn man ihre Abschusszahlen betrachtet, so hätten keine Me 110 in den Inventarlisten mehr vorhanden sein dürfen. Allerdings gab es auch US-Einheiten, in erster Linie Jagdverbände, die es genau nahmen, vor allem Einheitsführer, die Erfolge vorzuweisen hatten.

Abb. 26: Me 110 G-2/R3, an der Rumpfbugoberseite gut zu erkennen die 30 mm-MK-108-Bewaffnung an der Ausbuchtung.
Foto: BA 101 I-649-5371-20

Da die Belieferung der Nachtjäger mit dieser Maschine Priorität hatte, kamen nicht viele neue Flugzeuge dieses Typs an die Tagjagd-Front. Meist kamen höchstens 20 Neubauten im Monat zu einem Zerstörergeschwader, wenn überhaupt. Und trotzdem tauchten immer wieder Me 110 am Himmel auf.

Zu den differenten Angaben zwischen abgeschossenen Bombern und den von der USAF eingeräumten Verlusten seien ein paar Zahlen angemerkt.

Durch zumeist deutsche Abfangjäger sind knapp 7 000 viermotorige USAF-Bomber abgeschossen worden, dies betrifft die Typen B-17 (4 800), B-24 (2 100). Das sind lange nach dem Krieg veröffentlichte Verlustzahlen. Sicherlich dürften dabei bis zu 1 000 Bomber von der Flak abgeschossen worden sein.

30 000 Besatzungsangehörige sind gefallen und 32 000 kamen in deutsche Gefangenschaft. Das entspricht eben der Zahl der abgeschossenen Bomber und zwar ziemlich genau.

Welche Zahlenwerke hier wohl präziser sind, will ich nicht bewerten. Dazu kamen noch 3 500 abgeschossene Jäger der Typen P-51, P-47 und P-38, die weitestgehend während Begleitschutzaufgaben in Verlust geraten sind.

Die Amerikaner bemerkten mit Fortgang des Krieges, dass die deutsche Treibstoffherstellung eine Achillesferse darstellte. Bevor ich jedoch zu diesem Thema, in der die II. / ZG 1 eine Hauptrolle spielte, komme, möchte ich noch auf die Zeit vor diesen Ereignissen eingehen. Von dem vorausgegangenen Italienaufenthalt hatte ich bereits im Kapitel Afrika berichtet.

Danach wurde die Gruppe von August 1943 bis November 1943 als Küstensicherung an der Atlantikküste eingesetzt, Stützpunkt Lanveoc-Poulmic bei Brest. Hier sollten die deutschen U-Boot-Stützpunkte, vor allem in Brest, Lorient und Saint Nazaire, aus der Luft geschützt werden. Die Luftkämpfe fanden also überwiegend im Bereich der Biskaya statt. Neuer Kommandeur der Gruppe wurde der Hauptmann Karl-Heinrich Matern, der sich in Russland mehrfach bewährte, zwölf Abschüsse russischer Flugzeuge und ein Dutzend Panzer standen auf seinem Erfolgskonto. Er hat übrigens auf feindlichem Gebiet, unter schwerem Beschuss stehend, notgelandete Kameraden mit seiner 110 geborgen.

Auch in ihrer neuen Aufgabe war die Gruppe in schwerste Gefechte verwickelt. Einige Autoren ziehen jedoch Verlustzahlen heran, die nicht stimmen oder in eine andere Periode fallen. Die Erfolge werden überhaupt nicht benannt. Auch das Totschlagargument, der Fliegerführer Atlantik sei mit den Resultaten nicht zufrieden gewesen, dürfte vielleicht stimmen, da man ja schon ersehen konnte in dieser Zeit, dass der Krieg nicht mehr gewonnen werden konnte, deshalb wurde die Schuld bei Flugzeugen oder Piloten gesucht. Unter dieser Prämisse wurde ja alles eingeordnet. Das beste Beispiel lieferte ja Hermann Göring selbst, für ihn waren Jagdflieger Feiglinge, das waren, gelinde ausgedrückt, unsachliche und inkompetente Aussagen von jemandem, der in die Verbrechen des Regimes voll verstrickt war und mit dem Rücken an der Wand stand.

Der Gruppenkommandeur Matern ist am 08.10.1943 bei einem Luftgefecht mit Spitfire-Jägern gefallen, dies war ein harter Schlag für die Gruppe, weitere acht Me 110 sollen an diesem Tag abgeschossen worden sein. Die Flugzeuginventarliste für den Monat Oktober weist aber nur vier Verluste aus. Einzig im September 1943 sind acht Maschinen bei Luftkämpfen verloren gegangen. Im besagten September kam es zu drei größeren Luftkämpfen, 16.09., 24.09., 27.09., wobei die Gruppe nicht ohne Erfolg blieb, Luftsiege über drei B-17, eine Mitchell, zwei Wellington und drei Spitfire kamen hinzu.

Am 08.10.1943 wurden ein Mitchell-Bomber, je ein Spitfire- und P-47-Jäger abgeschossen.

Insgesamt von August bis November 1943 verlor die Gruppe 13 Maschinen durch Feindeinwirkung. Die Gesamtbilanz von einer B-24, drei B-17, vier Spitfire, zwei Mitchell, zwei Wellington und einer P-47 konnte sich aber auch sehen lassen, zumal man immer auf einen zahlenmäßig stärkeren Gegner traf. Wäre man mit den Resultaten dieser Gruppe so unzufrieden gewesen, hätte man sie nicht weiter an einer so exponierten Stelle wie der Abschirmung von Luftangriffen gegen die deutsche Treibstoffgewinnung und -herstellung eingesetzt.

Hierfür wurde u. a. die II. / ZG 1 nach ihrem Einsatz am Atlantik abgestellt. Die Gruppe hatte 35 Me 110 G-2 in ihrem Bestand. Gruppenkommandeur war Hauptmann Egon Albrecht, er hatte sich in Russland schon mehrfach ausgezeichnet. Stützpunkt hierfür war Wels in Österreich.

Der Gegner war hier in der Hauptsache die 15. US-Bomberflotte mit Basis in Italien. Sie hatte die Aufgabe, Raffinerien in Österreich, Ungarn, Rumänien und Süddeutschland anzugreifen.

Die Offensive begann Anfang 1944.

Bereits vom 22.02.1944 bis 25.02.1944 kam es zu einem Aufeinandertreffen von B-24-Bombern mit ihren Begleitjägern und der II. / ZG 1. Es konnten aus diesen Bomberverbänden von der Zerstörergruppe, die mit durchschnittlich 20-25 Me 110 pro Einsatz angriff, 16 Viermotorige herausgeschossen werden.

Am 02.04.1944 kam es zur nächsten größeren Konfrontation mit der 15. US-Bomberflotte. Es wurden an diesem Tag drei B-24, drei B-17 und eine P-38 von der Gruppe abgeschossen.

Bei Einflügen der Bomberflotte am 12. und 13.04.1944 konnten nochmals zehn B-24 abgeschossen werden.

Die Bomber wurden oft von P-38 begleitet, diese Maschinen haben es nicht verhindern können, dass die Zerstörer immer wieder zu Erfolgen gelangen konnten. Nur zur Erinnerung: Die P-38 mussten keine Werferrohre mit sich herumschleppen, ihnen genügten für die Bekämpfung von Jägern als Bewaffnung vier MG 12,7 mm und eine MK 20 mm.

Zwischen dem 14.04.1944 und dem 15.05.1944 wurde die Gruppe nach Mamaia (Rumänien) versetzt, um direkt die Ölförderung zu schützen. Hier kam sie auch wieder mit russischen Flugzeugen ins Gehege. Bei dieser Aufgabe schossen die Deutschen zwölf russische Bomber ab, zwei P-40-Jäger und vier Il 2 Stormovik.

Wieder zurückgekehrt nach Wels, schossen sie am 24.05.1944 zwei P-38 ab.

Der 29.05.1944 soll laut amerikanischen Berichten für die Zerstörergruppe ein Fiasko gewesen sein, auch deutsche Autoren haben dies unbesehen übernommen. Man muss ihnen aber zugutehalten, dass die Bücher jedenfalls teilweise in den 60er und 70er Jahren des vergangenen Jahrhunderts geschrieben wurden, wo es noch schwierig war, an Informationen zu gelangen.

Oder vielleicht hätte man etwas intensivere Nachforschungen anstellen sollen, vor allem bevor eine Neuauflage gestartet wird.

Es stimmt, die Verluste der Gruppe waren mit zehn abgeschossenen Flugzeugen und zwei Bruchlandungen sehr hoch, insgesamt 17 gefallene Flugzeugführer und Bordfunker, dazu sieben Verwundete. Also beträgt der Gesamtausfall an diesem Tag zwölf Flugzeuge.

Doch es wird behauptet, die Gruppe wäre bei diesem Einsatz nicht zu Erfolgen gekommen, und das stimmt gerade nicht. Nicht weniger als sieben B-24 und drei P-51 Mustang wurden von der Gruppe an diesem Tage abgeschossen.

Viele Me 110 in der Reichsverteidigung hatten eine Schießkamera eingebaut. Drückte der Pilot auf den Auslöseknopf seiner Kanonen, so trat diese Kamera ebenfalls in Funktion.

Ob bei diesem Luftkampf Filme der Schießkameras zur Anerkennung beitrugen, ist mir nicht bekannt. Im andern Fall brauchte man zwei Zeugen des Abschusses und die Angabe der Zeit sowie den Standort.

Danach sind die von mir angeführten Abschüsse mit Zeitangabe dokumentiert.

Der besagte Mikrofiche-Film vom Militärarchiv über die Anerkennung der Abschüsse am 29.05.1944 ist C. 2027 / II von 10.05 bis 11.06 Uhr, das sind bestätigte Abschussmeldungen durch das Luftwaffenoberkommando.

Deshalb verwundert es einen noch mehr, dass die Erfolge der Gruppe an diesem Tage so einfach von jedermann unter den Tisch gekehrt wurden.

Die offiziellen Abschussmeldungen liegen im Militärarchiv vor, diese wurden von den USA nach dem Krieg auf Mikrofiche verfilmt, C 2025 bis C 2037. Doch leider fehlen Abschussmeldungen durch Kriegseinwirkungen ganz oder teilweise, dies bei ZG 2 oder SKG 210, wo nur wenige Daten vorhanden sind. Auch bei anderen Zerstörergeschwadern fehlen etliche Abschussmeldungen, bei I. / ZG 26 und II. / ZG 26 z. B, hier fängt es erst im Oktober 1943 an. Die Filme selbst sind von unterschiedlicher Qualität, so dass auch hier vieles nicht lesbar ist oder Teile davon. Einesteils sind Namen schwer leserlich oder die Einheit, vor allem bei 3, 5 oder 8. Hier könnte eine 3 auch eine 5 sein und schon wäre man auf einem anderen Kriegsschauplatz (siehe „Anmerkung" Kapitel Afrika / Mittelmeer unter 01.05.1943 !). Obwohl es beim ZG 1 auch kleine Lücken wie z. B. 1940 gibt, ist hier noch gut zu recherchieren, bis auf Ausnahmen.

Übrigens hat sich die Gruppe von dem Schlag schnell erholt und war bis zum 16.07.1944 weiterhin erfolgreich. Es kamen weitere 16 Viermotorige (B-17, B-24) hinzu.

Doch sei gesagt, die II. / ZG 1 konnte auch Luftsiege über USAF-Jäger verbuchen, denn es kamen noch einmal sieben US-Jäger, davon vier P-51 und drei P-38, dazu.

Nicht vergessen sollte man dabei: Die P-51 war eine Neukonstruktion von 1940 und wurde erst Mitte / Ende 1942 an die Truppe ausgeliefert, da hatte die Me 110 schon einige Jährchen auf dem Buckel.

Die Aufgabe der 110 war es auch nicht, Jäger, sondern Bomber zu bekämpfen, doch in Notwehr blieb einem oft nichts anderes übrig, als den Kampf gegen Jäger aufzunehmen.

Gerade vor Auflösung der Gruppe ist es gelungen, noch einmal Erfolge gegen amerikanische Jäger zu erzielen. Am 14.07.1944 hat man drei P-38 abgeschossen und es folgten am 16.07.1944 noch mal drei P-51.

Das Gesamtresultat der Gruppe von Januar 1944 bis zur Auflösung: mindestens 56 Viermotorige und 13 Jäger, davon sieben P-51 und sechs P-38, hier sind die in Rumänien erzielten Erfolge nicht enthalten, in nicht einmal einem halben Jahr mit durchschnittlich 20-25 einsatzbereiten Flugzeugen. Diese Gruppe war somit auch nicht nur die erfolgreichste Zerstörergruppe bei Jägerabschüssen in der Reichsverteidigung, sondern insgesamt. Am nächsten dürfte das II./ZG 26 gelegen haben, bezogen aber nur auf Jäger, mit zwölf Jägerabschüssen, dies mit der Me 410 und in etwa dem gleichen Zeitraum, aber auch die III./ZG 26 hatte zwölf Jägerabschüsse erzielt, sogar 13, wenn man die Typhoon vom 08.10.1943 hinzunimmt, jedoch in einem längeren Zeitraum. Den einmonatigen Aufenthalt und die in Rumänien errungenen Erfolge hatte ich schon an anderer Stelle beschrieben. Das II./ZG 1 hat in diesem halben Jahr insgesamt knapp 50 Maschinen verloren.

Nicht alle Me 110 sind durch Feindjäger in Verlust geraten, auch durch die Bord-MG-Schützen der Feindbomber gab es etliche Ausfälle.

Zum ZG 26 wäre zu sagen, dass die I. und die II. Gruppe nach ihrem Russlandaufenthalt erst im Laufe des Jahres 1943 neu aufgestellt wurden.

Die III./ZG 26 wurde im August 1943 von Italien ins Reich zurückbeordert und im Oktober bereits wieder eingesetzt. Hier wurde die I./ZG 1 nahtlos umgetauft sowie das III./ZG 1 in das II./ZG 26 umgewandelt. Nur das II./ZG 26 verfügte über die Me 410, das gesamte Geschwader, bis auf III./ZG 26, wurde erst im April 1944 auf den neuen Flugzeugtyp umgestellt. Bereits im Juli 1944 wurde das Geschwader aufgelöst und mit einmotorigen Jägern ausgerüstet, neuer Name ab September JG 6. Die Kommandeure dieses Geschwaders in der Zeit der Reichsverteidigung von Oktober 1943 bis Juni 1944 waren der Oberstleutnant Karl Boehm-Tettelbach und von Juni bis Ende Juli, also der Auflösung, Oberstleutnant Johann Kogler.

Von Oktober 1943 bis Ende März 1944 konnten die mit Me 110 ausgerüsteten Gruppen des ZG 26, also die I. und die III. Gruppe, 112 Luftsiege erkämpfen. Davon 99 Viermotorige und 13 Begleitjäger (neun P-51, zwei P-38, eine P-47 sowie eine Typhoon), wobei die meisten Feindjäger auf das Konto der III./ZG 26 gingen.

Ab April/Mai 1944 Umstellung auf Me 410 bei der I./ZG 26.

Das ZG 76 hat auch eine bewegte Geschichte hinter sich, sowohl im Frankreichfeldzug als auch in der Luftschlacht um England. Danach wurde die II./ZG 76 von Ende September 1940 bis November 1941 im Küstenschutz eingesetzt. Fliegerhorste waren Jever und Leeuwarden, Kommandeure der Einheit Major Erich Groth bis August 1941, danach Heinz Nacke bis zur Auflösung des Verbandes im November 1941. Viele der Zerstörereinheiten wurden zugunsten der Nachtjagd oder im Falle des III./ZG 76 in SKG 210 umgewandelt, am 04.01.1942 dann endgültig II./ZG 1. Es liegen bestätigte Abschusslisten vor für den Zeitraum April 1941 bis 15.10.1941. 18 zweimotorige, drei viermotorige Bomber und sieben Spitfire verloren die Engländer bei Luftkämpfen mit dieser Gruppe. Die 4./ZG 76 war zeitweilig in Argos (Griechenland) stationiert und hat bei dem Unternehmen Junck im Mai/Juni 1941 im Irak teilgenommen, dabei wurden irakische Freiheitskämpfer gegen England unterstützt. Allerdings musste die Aktion abgebrochen werden aufgrund fehlenden Nachschubs. Dies der Vollständigkeit halber.

Das ZG 76 wurde im August 1943 wieder reaktiviert. Dies ging nicht von heute auf morgen, doch schon im Oktober hat das Geschwader in die Kampfhandlungen eingegriffen. Das Geschwader wurde ursprünglich im süddeutschen Raum eingesetzt, zum Schutz u.a. der Flugzeugherstellung, Kugellagerfabrikation.

Bei diesen Einsätzen in der Reichsverteidigung konnte das Geschwader mit der Me 110 etwa 50 Luftsiege gegen Viermotorige erringen, bevor es dann im Mai 1944 sukzessive auf die Me 410 umgestellt wurde. Hierbei darf nicht außer Acht gelassen werden, dass die III. Gruppe im Schnitt nur über zehn Flugzeuge verfügte, der Normbestand einer Zerstörergruppe lag bei 25-30 Maschinen.

Doch vor der Umstellung auf die 410 kam es am 23.04.1944 noch zu einer Konfrontation der II./ZG 76 mit amerikanischen Jägern der Typen P-51 und P-38. Dieser Luftkampf spielte sich am Neusiedler See ab, innerhalb von wenigen Minuten wurden zwei P-51 und zwei P-38 abgeschossen. Die Piloten dieser Me 110 waren alles Unteroffiziere.

Geschwaderkommandeur in der Zeit von August 1943 bis Ende Januar 1944 war Oberstleutnant Theodor Rossiwall, danach kam bis zur Auflösung des Geschwaders im Juli 1944 Oberstleutnant Robert Kowalewski.

Die II./76 wurde u. a. auch am 13.04.1944 über Budapest eingesetzt, wo sie fünf B-24 zum Abschuss bringen konnte.

Wie viele Abschüsse mit den Werfern bei allen Zerstörereinheiten erzielt wurden, ist nicht genau belegt, zwar wurden Direkttreffer erzielt, dies wird auch von amerikanischen Bomberbesatzungen bestätigt, doch dürften diese sich bei insgesamt 25-30 Abschüssen einpendeln, war ja auch nicht der alleinige Zweck der Sache, sie dienten ja als Pulksprenger, und einige Dutzend Bomber werden durch die Splitterwirkung ebenfalls beschädigt worden sein.

Das ZG 76 wurde nach Umrüstung von der 110 auf die 410, abgeschlossen Mai/Juni 44, ebenfalls zur Abschirmung der deutschen Treibstoffherstellung und -gewinnung eingesetzt.

Auch andere Me 110-Piloten kamen immer wieder zu Abschüssen von gegnerischen Jägern. Es war nicht nur der P-38-Jäger, der ihnen zum Opfer fiel, auch P-47, P-51 und Spitfire, wie mehrfach erwähnt, kamen in ihren Abschussbilanzen vor.

Deshalb ist die folgende Geschichte, die sich am 29.04.1944 abspielte, sehr interessant, denn es handelte sich um einen Nachtjäger, der sich gerade von einer Tagesmission auf dem Rückweg zu seinem Fliegerhorst befand.

Als Hans-Joachim Jabs zur Landung auf dem Flugplatz seines Geschwaders ansetzte, wurde er von acht Spitfire erwartet. Diese meinten wohl, ein leichtes Opfer gefunden zu haben, doch die RAF-Piloten irrten sich. Es waren Spitfire vom Typ MK IX, die eine Höchstgeschwindigkeit von 675 km/h erzielen konnten. Doch einen alten Zerstörerhasen wie Hans-Joachim Jabs konnte man auch mit einer Spitfire, von denen er immerhin schon zehn auf seinem Konto hatte (zwei in Frankreich, acht über England), nicht einschüchtern.

Den ersten Angriff der Spitfire ließ er ins Leere laufen und konnte hinter der letzten Spitfire in Schussposition kommen, da war es um diese Feindmaschine auch schon geschehen, denn Jabs war ein guter Schütze. Er drückte auf die Knöpfe seiner 30 mm-Kanonen, schon die erste Garbe lag deckend und die Spitfire explodierte.

Hans-Joachim Jabs war ein erfahrener Jagdflieger, der eine sehr gute Intuition hatte und die Reaktion seiner Gegner vorausahnte. Und so kam es, wie es kommen musste, bei nächster Gelegenheit konnte er mit seiner schweren Nachtjagdmaschine hinter einer weiteren Spitfire blitzschnell einkurven und sie brennend zu Boden schicken, aber bei dieser Aktion musste auch die 110 einige Treffer in die Tragfläche hinnehmen. Die Motoren waren mehrfach bis zur Notleistung aufgedreht worden, und der Sprit ging auch zur Neige.

Jabs hat den Luftkampf abgebrochen, gab seinen zwei Besatzungsmitgliedern die Anweisung, bei der Landung schleunigst das Flugzeug zu verlassen. Nun schnell im Sturzflug auf den Platz hinunter, das Fahrwerk funktionierte noch und die Reifen waren auch in Ordnung, so konnte er mit hoher Geschwindigkeit auf der Landebahn aufsetzen. Schon beim Ausrollen booteten die Besatzungsmitglieder aus, ohne Schrammen.

Die restlichen sechs Spitfire nahmen sich dann der stehenden 110 an, bis nur noch ein Haufen Schrott übrig blieb. Das waren Jabs' elfte und zwölfte Spitfire mit der 110.

Wohl auch hier ein Zufall oder doch nicht?

Natürlich hatte H.-J. Jabs exzellente und überragende fliegerische Fähigkeiten, gerade mit der Me 110, trotzdem war das eine Spitzenleistung mit der G-4. Bis Ende des Krieges flog Jabs die Me 110.

Dies ist zwar spekulativ, gerade zum Thema Luftkämpfe, doch die Erfolgsbilanz hätte anders ausgesehen, gerade gegen Jäger, wenn die Me 110 und natürlich auch die Me 410 nicht zum fliegenden mutierten Waffenarsenal gemacht worden wären.

Im Laufe der Zeit hat man festgestellt, dass die von Rheinmetall entwickelte Bordkanone 108 im Kaliber 30 mm gegen die Bomber ausreichend gewesen ist, denn die Feuerkraft dieser Kanone war enorm. Hier wurden so genannte Minengeschosse verwendet, und schon drei bis fünf Treffer brachten einen viermotorigen Bomber zum Absturz, dies natürlich bei optimaler Trefferlage. Es konnten auch bis zu 15 Treffer für einen Erfolg benötigt werden.

Bei dieser Munitionsart, jedenfalls bei den 30 mm-Kanonen, konnte auf Panzergranatpatronen verzichtet werden, da die 30 mm-Geschosse über eine hohe Durchschlagskraft und Sprengwirkung verfügten. Diese Munition war mit einem Verzögerungszünder versehen, so dass das Projektil in den Flugzeugkörper eindringen konnte und erst dann explodierte, hierbei kam es nicht nur zur Splitter-, sondern auch zu einer Gasschlagwirkung, so war die Wirkung ungleich höher.

Es gab noch einige Eigenheiten der Munition, so die Beschaffenheit des Geschosskörpers und dessen Befüllung. Würde aber hier zu weit führen. Diese Munition wurde auch bei den 20 mm-Kanonen verwendet, doch hier fand noch zusätzlich die Panzergranatpatrone im Gurt Verwendung. Das MG 151 / 20 hatte den Vorteil eines längeren Laufs und einer höheren V0, somit waren die ballistischen Eigenschaften besser. Im Klartext: Man konnte das Feuer früher eröffnen. Jedoch brauchte man bei dieser Waffe mindestens 20-30 Treffer bei einer Viermotorigen.

In der Me 262 fand die Bordkanone 108 ebenfalls Verwendung und das gleich vierfach. Die hohe Schusskadenz von 650 Schuss / min, später noch auf 800 Schuss / min gesteigert, hat für eine erfolgreiche Jägerbekämpfung ebenso ausgereicht, die V0 lag bei 520 m / sec. Dabei wog die Waffe nur 58 kg.

Abb. 27: 30 mm-MK 108 Zentralarchiv der Rheinmetall AG, Düsseldorf

Bei der FW 190 hat man es übrigens so gemacht: Sie wurde mit zwei MK 108 ausgerüstet und hatte noch zwei MG, dies reichte für eine erfolgreiche Bomberbekämpfung aus, die Werferrohre wurden einfach entfernt.

Das Gewicht wäre reduziert worden, und die aerodynamischen Eigenschaften hätten wieder gestimmt.

Die Me 110 G-2, von Werksfliegern oder Testpiloten geflogen und nur mit den festeingebauten 2 x 20 mm und 2 x 30 mm-Bordkanonen versehen – also keinen Rüstsätzen und Werferrohren, Sprit wurde natürlich auch nur für die erforderliche Erprobung getankt –, kam in ca. 7 000 m auf eine

Höchstgeschwindigkeit von bis zu 630 km / h. Dies sind keine Prototypenwerte, sondern durch Serienmaschinen erflogene Geschwindigkeiten. Daran ist das Leistungspotential dieser Maschine, was den aerodynamischen Aspekt angeht, gut zu erkennen, auch den DB-605-Motor nicht zu vergessen.

Bei der Me 110 G-2 wäre meines Erachtens die ideale Bewaffnung mit 2 x MK 108 / 30 mm und 2 x MG 151 / 20 mm oder anstatt der 20 mm das MG 131 2 x mit 13 mm gewesen. Die Schwerstbewaffnung der Zerstörer war obsolet, als die Alliierten noch teilweise ohne Begleitschutz einflogen, was sehr selten vorkam, oder man mit den einmotorigen Jägern zusammen agierte.

Aber nachdem Göring den Befehl herausgegeben hatte, die Jagdverbände sollten sich nicht mehr um die Begleitjäger kümmern und sich nur noch auf die Bomber konzentrieren, war das eine völlig andere Situation. Der Befehl kann nur von einem gekommen sein, der taktisch noch in den Zeiten des Ersten Weltkrieges verhaftet geblieben ist. Denn ignorieren konnte man die Begleitjäger wohl kaum. Habe an anderer Stelle schon einmal auf diesen widersinnigen Göring-Befehl hingewiesen.

Aber es war nicht nur Göring alleine, genügend andere Befehlshaber waren taktisch auch nicht kompetenter als er, sie wurden ja durch ihn erst in die Positionen hineingehievt oder sagten halt ja, um ihre Positionen halten zu können. Er hat ja meist nur solche Offiziere nach oben kommen lassen, die ihm unterlegen waren. Gebessert hat sich dies erst später, als jüngere Geschwaderkommodores an die entsprechenden Schaltstellen gelangten. Da war es aber schon zu spät.

Natürlich weiß man heute alles besser, doch hätte Göring mehr auf die besonneneren Kommandeure hören sollen als auf die mit den recht halsbrecherischen Taktiken. Den Letztgenannten sind sehr viele Jungpiloten zum Opfer gefallen.

Bekannt für behutsame Heranführung von Neulingen waren Lützow, Mölders, Neumann, Rossiwall, Boehm-Tettelbach, Jabs, Nacke, Schulze-Dickow, Albrecht, Falck, Schnaufer, Greiner, Streib, Hahn, Hrabak, Handrick, Schroer, Nowotny, Rauh. Es gibt mit Sicherheit noch sehr viel mehr solcher Kommandeure. Erich Hartmann zum Beispiel hat sich mehrfach bei Hitler und Göring in die Nesseln gesetzt, als er die Ausbildung der jungen Jagdflieger kritisierte. Hier ging es eben gerade um die Flugstundenzahl, vor allem aber auf den nachfolgend für den Piloten so wichtigen Einsatzmustern. Es gehörte damals einige Zivilcourage dazu, solch heikle Themen anzusprechen.

Auf jeden Fall hat man damit eine bis dato erfolgreiche Taktik, nämlich die der Praktiker, aufgegeben, und die Zerstörer- und Schlachtfliegergruppen waren von nun an auf sich alleine gestellt und hatten dadurch unnötig mehr Verluste zu erleiden. Es geht mir persönlich mehr um die unnötigen Menschenverluste, die dadurch entstanden sind, als um die Rettung eines maroden Systems.

Auch Nachtjäger wurden zur Verteidigung der Erdölproduktion am Tage eingesetzt, davon hatte ich schon geschrieben.

Als am 10.06.1944 ein großer Verband von P-38 Lightning, davon 460 Jabo mit einer Bombe, und 100 Begleitjäger, ebenfalls P-38, die Erdölfelder von Ploesti bei Tage angriffen, mussten die Nachtjäger der IV./NJG 6 bei der Abwehr dieses Großverbandes mit herangezogen werden. Der Kommandeur dieser Nachtjagdgruppe war mit seinen 20 einsatzbereiten Me 110 G-4 selbst an der Abfangaktion beteiligt. Mindestens vier P-38 gingen auf ihr Konto, davon konnte der Kommandeur Major Herbert Lütje eine P-38 ausschalten, und sein Bordfunker mit dem MG 81Z war dabei auch gegen eine P-38 erfolgreich. Das Flugzeug von Major Lütje wurde getroffen, dieser konnte aber eine gelungene Notlandung hinlegen. Das war der einzige Verlust bei diesem Luftkampf.

Abb. 28: Major Lütje, später Oberstleutnant und Kommodore NJG 6. Foto: BA 183-2008-0505-501

Die Amerikaner bekamen es noch mit zwei Schlachtgeschwadern FW 190 zu tun, bei denen sie weitere 17 Maschinen verloren. Diese Verluste wurden von den Amerikanern eingeräumt, was durchaus positiv zu vermelden ist. Doch behaupteten sie weiter, 23 Deutsche abgeschossen zu haben.

Außer einer Me 109 und dem besagten Materialverlust der Nachtjagd-Me 110 sind an diesem Tag in diesem Operationsbereich keine weiteren Verluste von deutscher Seite eingetreten. Vielleicht kamen noch einige Verluste der Schlachtflieger hinzu, doch 21 wohl kaum.

Den Erfolg der Amerikaner, die Förderung des Öls für einige Zeit zu unterbinden, konnte die deutsche Luftabwehr nicht verhindern. Dies hatte sehr negative Auswirkungen auf die Treibstoffversorgung in allen Bereichen.

Den Verlust von 21 P-38 konnten die Amerikaner dafür leicht bezahlen. Die Verlustquote lag bei nicht mal 5 %.

Trotzdem war dies ein Achtungserfolg der Nachtjäger, bei Tage mit den schweren Maschinen vier P-38 abgeschossen zu haben.

Ich habe in diesem Kapitel versucht, alle größeren Einsätze der Me 110 in der Reichsverteidigung zu erfassen.

Bei einer Luftüberlegenheit, wie sie die Alliierten besessen haben, war der Ausgang des Krieges vorprogrammiert, egal mit welcher Bewaffnung die Me 110 angetreten wäre. Bei maximal 160 Zerstörer-Flugzeugen hätten mehrere Wunder nicht gereicht, um die Geschicke in andere Bahnen lenken zu können.

Dies vermochte nicht einmal die wirkliche Wundermaschine Me 262. Bei ihr waren die Triebwerke das vorherrschende Problem. Sie waren noch nicht standfest genug, da die Turbinenschaufeln öfters kollabierten, man betrat hier absolutes Neuland, und es ist schon erstaunlich genug, in welch kurzer Zeit ein solches Flugzeug wenigstens halbwegs fronttauglich ausgeliefert wurde. Ebenso musste auch dieses Flugzeug starten und landen und war in dieser Phase sehr verletzlich, dabei wurden die meisten Me 262 abgeschossen. Am besten natürlich noch bei der Landung, da sie nach erfolgter Mission kaum mehr Sprit in ihren Tanks hatten und am wenigsten eine Gefahr für die Tiefflieger darstellten.

Das Ende für den Großteil der Me 110-Zerstörereinheiten in der Reichsverteidigung lag im April / Mai 1944. Einige Staffeln und Stabseinheiten des ZG 26 und 76 flogen sie noch bis Ende Juli 1944. Nicht zu vergessen die II. / ZG 1, hier wurde die Me 110 noch bis 16.07.1944 geflogen.

Die Zeit der Me 410 neigte sich danach auch schnell ihrem Ende entgegen. Einige flogen bis August und Ende September. Die II. / ZG 76 mit Me 410 war noch bis November 1944 von Ostpreußen aus im Einsatz. Nicht unterschlagen sollte man den 20.06.1944, als die I. und die II. / ZG 26, ausgerüstet mit Me 410, nicht weniger als 26 viermotorige B-24 abschießen konnten, trotz P-51-Begleitschutzes, denn es wurden gleichzeitig auch noch zwei P-51 abgeschossen. Doch die Verluste nur dieser zwei Gruppen lagen in diesem Monat Juni 1944 bei knapp 40 Maschinen Me 410.

Vereinzelte Me 110-Einheiten in Staffelstärke wurden noch in Norwegen als Küstenschutz und Geleitschutz eingesetzt, dies fast bis zum Kriegsende. So der Stab Gruppe IV / ZG 26, die 10. / ZG 26, Trondheim-Lade, und die 12. / ZG 26 in Herdla.

Erwähnenswert wäre noch, dass man erneut eine Me 110 als schweren Jäger in der Planung hatte, mit einem neuen DB-605-Motor und als Einsitzer ausgelegt, aber auf Basis des alten Modells.

Die Zerstörer erfüllten ihren Zweck, als es in der Reichsverteidigung noch auf Reichweitenvorteile und die Stärke der Armierung ankam. Darauf brauchte man Mitte 1944 nicht mehr zu achten. Denn der Feind war ja direkt über einem, und ein Abfangen vor den Reichsgrenzen war ja rein zahlenmäßig schon nicht mehr möglich. Dazu kam der Mangel an Treibstoff. Etwas vereinfacht ausgedrückt: Für einen Zerstörer konnte man zwei Me 109 oder FW 190 starten lassen, die mit den gleichen Waffen ausgerüstet wurden, zwar nicht von der Anzahl, aber vom Kaliber teilweise gleich bestückt wurden. Eine Me 109 K-4 war mit der schon beschriebenen 30 mm-MK 108 und zwei MG 131 ausgerüstet. Das MG 131 mit einem Kaliber von 13 mm hatte am Ziel eine beträchtliche Wirkung, zusätzlich zu einer hohen Feuerrate von 930 Schuss / min. Dabei wog die Waffe nur 16,6 kg. Dieses MG wäre auch, wie schon erwähnt, eine geeignete Ausrüstungsvariante für die Me 110 gewesen, es gab sie nur nicht.

Die FW 190 D9 wurde ebenso zeitweise gegen die Bomber eingesetzt, etwas später wurde sie zum Schutz der Me 262-Basen herangezogen, um diese gegen Tiefflieger zu schützen. Ausgestattet war die FW 190 D9 mit einem Jumo-213-Motor mit 1 750 PS Startleistung, bewaffnet war sie mit zwei MG 131 und zwei 20 mm-Kanonen 151, die 30 mm-MK 108 fand in den FW-190-A-6 / R2- und -R3-Serien Verwendung. Mit dieser Bewaffnung konnten auch sie die Zerstörer ersetzen. Die Verwendung von zwei Besatzungsmitgliedern in einer Jagdmaschine war ebenfalls nicht mehr erwünscht.

Ein ganz wichtiger Aspekt muss hier noch angefügt werden. Die Pilotenausbildung für ein zweimotoriges Flugzeug ist sehr viel aufwendiger und dauert entsprechend länger. Dies werden die wichtigsten Kriterien für eine Aufgabe der Zerstörereinheiten gewesen sein.

In der Reichsverteidigung haben sich folgende Me 110-Piloten ausgezeichnet:

Hier ist vor allem Herbert Schob zu nennen, dieser flog von 1939 bis zum Schluss Me 110. Bereits sechs Abschüsse hatte er in Spanien mit der Me 109 erzielt, er flog die 109 nur in Spanien. Von seinen 22 im Zweiten Weltkrieg abgeschossenen Flugzeugen waren zehn viermotorige Bomber in der Reichsverteidigung.

Als Nächstes wäre zu nennen Leutnant Werner Haugk, der zunächst als Kampfflieger seinen Dienst versah und sich dann zu seinem Bruder Helmut Haugk in dessen Einheit versetzen ließ. Vom 29.01.1944 bis 06.03.1944 schoss er bei neun Einsätzen acht Viermotorige ab, wurde danach auf Me 109 umgeschult und bereits bei einem seiner ersten Einsätze am 18.10.1944 durch britische Jäger abgeschossen.

Hauptmann Helmut Haugk war ebenfalls nicht nur im Mittelmeerraum und Afrika ein erfolgreicher Zerstörerpilot, was ebenso seine Leistungen im Bodenkampf betraf. Auch in der Reichsverteidigung mit sechs Viermotorigen lag er hier mit an der Spitze der Zerstörerpiloten (siehe Bild Seite 93 !).

Hauptmann Egon Albrecht war mit ebenfalls sechs Viermotorigen erfolgreich. In Russland hatte sich Albrecht schon mehrfach ausgezeichnet. Er war in der Reichsverteidigung Kommandeur der II. / ZG 1. Mit insgesamt

25 Abschüssen gehörte er zu den erfolgreichsten Jägerpiloten unter den Zerstörern.

Nachdem sein Verband, das II./ZG 1, im Juli 1944 aufgelöst worden war, hat man ihn auf Me 109 umgeschult. Nach meiner Auffassung hätte Egon Albrecht als Kommandeur des II./ZG 1 das Eichenlaub verdient gehabt.

Bereits am 25.08.1944 wurde er in Frankreich nach Motorschaden von amerikanischen Jägern tödlich abgeschossen.

Abb. 29:
Hptm. Albrecht, Kdr. II./ZG 1
Foto: BA 146-2008-0021

Oberstleutnant Karl Boehm-Tettelbach war Kommandeur des ZG 26 und hat selbst in den Luftkampf mit der Me 110 G-2 eingegriffen, obwohl er vorher überwiegend in Stäben eingesetzt worden war. Seine Pilotenausbildung hat er noch während der Weimarer Zeit in Lipezk (Russland) absolviert, also schon eine Weile her. Im Jahr 1938 war er ein halbes Jahr Staffelkapitän einer 109er-Einheit, Boehm-Tettelbach hat sich danach fliegerisch nur noch sporadisch auf dem Laufenden halten können. Doch ein scharfer Einsatz ist etwas anderes, als hin und wieder mal zu fliegen. Vor allem in Anbetracht dessen, was einem in der Reichsverteidigung so alles widerfahren konnte.

Auf jeden Fall ließ er keinen Zweifel aufkommen, dass er es konnte. Sechs Viermotorige kamen auf sein Erfolgskonto, höchstwahrscheinlich zwei zusätzlich durch die Werferraketen. Dies ist in Anbetracht der Vorgeschichte eine beachtliche Leistung.

In der III./ZG 26, 7. Staffel, befand sich ein Oberfeldwebel Gottlieb Braun, der vom 08.10.1943 bis zum 10.10.1943, also in drei Tagen, mindestens fünf Viermotorige abgeschossen hat.

Die gleiche Abschusszahl über Viermotorige konnte der Oberfeldwebel Josef Holzmann von der I./ZG 26, 1. Staffel, für sich verbuchen.

Hauptmann Peter Jenne hat sich im Russlandfeldzug bereits als Luft-Boden-Kämpfer ausgezeichnet, dazu kamen noch drei Abschüsse von russischen Flugzeugen, einer Mig 3, Lagg 3 und einer IL 4 (zweimotoriger Bomber). In der Reichsverteidigung war er ebenfalls erfolgreich. Zwölf Viermotorige, davon vier mit der Me 110.

Insgesamt hat er 17 Flugzeuge abgeschossen, davon sieben als Zerstörerpilot. Am 02.03.1945 wurde Jenne als Flugzeugführer einer Me 109 bei einem Luftkampf abgeschossen.

Oberfähnrich Alfred Gräb hat während seiner Zugehörigkeit zur II./ZG 1 im Zeitraum vom 29.05.1944 bis 07.07.1944 zwei B-24 und zwei B-17 abschießen können, schon am 17.04.1943 hat er in dieser Einheit im Tunesieneinsatz einen Stirling-Bomber, wahrscheinlich B-17, abgeschossen. Leider sind von ihm auch nicht viele biografische Daten vorhanden. Doch für seinen Einsatz u. a. im II./ZG 1 erhielt er am 01.10.1944 das Deutsche Kreuz in Gold.

Die folgenden Nachtjäger waren mit ihren Me 110 auch erfolgreich in der Reichsverteidigung am Tage:

- Oberstleutnant Walter Borchers hat wohl die meisten Tagabschüsse mit sechs Viermotorigen.
- Major Martin Drewes hat vier Viermotorige abgeschossen und bei weiteren drei war er beteiligt.
- Hauptmann Hermann Greiner war mit vier Viermotorigen am Tage erfolgreich.

Natürlich muss hier auch noch Hans-Joachim Jabs genannt werden, der drei Abschüsse am Tage erzielt hat. Eine B-17 sowie zwei Spitfire.

Herbert Lütje genauso, drei Luftsiege am Tage bei der Verteidigung der Erdölfelder in Rumänien. Eine B-24 und zwei P-38 Lightning.

Alle fünf zusammen spielten gleichzeitig in der Nachtjagd eine Rolle, davon im folgenden Kapitel mehr.

Hier die erfolgreichsten Zerstörerpiloten auf einen Blick mit den von ihnen erzielten Gesamterfolgen:

Eduard Tratt	29	10 Ost, 26 Flgz. Boden, 24 Panzer (insges. 38 LS)
Werner Thierfelder	27	6 West, 41 Flgz. am Boden vernichtet
Egon Albrecht	25	15 Ost, 6 Viermot., 11 Flgz., 250 Lkw, 12 Pak, 8 Flakgeschütze
Johannes Kiel	25	8 West, 62 Bodenzerst., 10 Pz., 1 U-Boot, 3 MTB
Theodor Weissenberger	23	15 Loks, mehrere Flakstellungen, 1 Funkstation
Helmut Viedebantt	23	3 West
Hans-Joachim Jabs	22	Alle West, 12 Spitfire, 1 B-17
Herbert Kutscha	22	40 Flugzeuge am Boden zerstört, 41 Panzer, 11 Flakgeschütze
Herbert Schob	22	17 West, davon 10 Viermotorige, 48 Flugz. Boden
Eduard Meyer	22	2 West, 48 Flugz. am Boden zerstört, 2 Panzer
Richard Heller	22	Alle West, davon 10 in Afrika und 3 Viermot.
Rolf Kaldrack	21	11 West
Wilhelm Spies	20	10 Ost, 20 Flugz. im Balkanfeldzug am Boden zerstört
Günther Tonne	20	8 West
Gerhard Schaschke	20	Alle Ost
Hans Peterburs	18	26 Flugzeuge am Boden und 19 Panzer vernichtet
Alfred Wehmeyer	18	Alle West
Helmut Haugk	18	Alle West, u. a. 6 Viermot., 40 Panzer vern. in Afrika
Wolfgang Schenck	18	2 West, 15 Panzer im Osten
Theodor Rossiwall	17	8 engl. Jäger. 4 Ost, 3 Viermots, 2 Nachtabsch.
Joachim Blechschmidt	17	Alle Ost
Johann Schalk	15	4 Ostfront
Wilhelm Herget	14	Alle West
Sophus Baagoe	14	Alle West, Alles Jäger (8 Spitfire)
Felix-Maria Brandis	14	Ostfront
Reinhold Fiedler	14	Ostfront

Erich Groth	13	Ausschließlich Jäger, Luftschlacht Frankreich / Gr.Brit.
Heinz Nacke	12	Alles britische Jäger
Karl-Heinrich Matern	12	Am Boden 18 Flgz., 12 Panzer, Flak-Aristellungen
Johannes Lutter	12	4 Ost, am Boden. 30 Flgz., 15 Panzer
Josef Kociok	12	Am Boden 15 Flgz., 4 Pz., 141 Lkw, (Nachtjäger 21 Ost)
Rudolf Kurpiers	11	2 West Viermot.
Rolf-Günther Hermichen	11	3 Ost
Wilfried Hermann	11	Ost, dazu kommen noch einige Panzer und Pak
Franz Meissl	11	ZG 26, SKG 210, ZG 1, ZG 76
Walter Scherer	10	West
Günther Wegmann	10	West, 3 Viermotorige, 1 Herausschuss
Paul Bley	6	5 P-38, 1 P-51

Es gab natürlich auch unterhalb von zehn Abschüssen genügend interessante Piloten, als Beispiel habe ich hier noch Paul Bley angeführt.

Dieser junge Pilot hat mit der Me 110 G-2 insgesamt sechs Begleitjäger abgeschossen. Ich glaube, dass dies eine besondere Würdigung in diesem Buch verdient. Dazu kamen noch zwei B-17, die als Abschuss abgelehnt, jedoch als Herausschüsse evtl. gewertet wurden.

Paul Bley ging im Mai 1944 mit seinem Gruppenkommandeur Werner Thierfelder zum Erprobungskommando 262, er schoss dabei noch einmal zwei Begleitjäger mit der Me 262 ab.

Leider ist auch dieser talentierte Jägerpilot, wie so viele in diesem Krieg, bei einem Startunfall mit der Me 262, am 28.10.1944, ums Leben gekommen.

Die in der Tabelle aufgeführten Erfolge beziehen sich nur auf Einsätze mit der Me 110!

Auch die nachfolgenden Zahlen von mit Eichenlaub, Ritterkreuz und Deutschem Kreuz in Gold ausgezeichneten Zerstörerpiloten beziehen sich auf erzielte Leistungen mit der Me 110.

Fünf Eichenlaubträger brachten die Zerstörergeschwader hervor:
- Rolf Kaldrack
- Wilhelm Spies
- Eduard Tratt
- Günther Tonne
- Wolfgang Schenck

41 Ritterkreuze wurden an folgende Piloten verliehen:

Rolf Kaldrack	Wilhelm Spies	Wolfgang Schenck
Hans-Joachim Jabs	Eduard Tratt	Günther Tonne
Egon Albrecht	Sophus Baagoe	Joachim Blechschmidt
Georg Christl	Ulrich Diesing	Heinz Forgatsch
Walter Grabmann	Erich Groth	Helmut Haugk
Werner Haugk	Richard Heller	Joachim-Friedrich Huth
Herbert Kaminski	Johannes Kiel	Herbert Kutscha
Johannes Lutter	Martin Lutz	Wilhelm Makrocki
Karl-Heinrich Matern	Eduard Meyer	Heinz Nacke
Hans Peterburs	Ralph von Rettberg	Wilhelm-Richard Rössiger
Theodor Rossiwall	Walter Rubensdörffer	Johann Schalk
Rudolf Scheffel	Herbert Schob	Fritz Schulze-Dickow
Karl-Heinz Stricker	Werner Thierfelder	Helmut Viedebantt
Friedrich Vollbracht	Alfred Wehmeyer	

95 Mal wurde das Deutsche Kreuz in Gold an Zerstörerpiloten und Bordfunker verliehen. Zwar gibt es eine Liste über die Ausgezeichneten, doch ist daraus nicht ersichtlich, mit welchem Flugzeugtyp die Erfolge errungen wurden. Denn die Zerstörergeschwader wurden ab Mitte 1943 teilweise auf die Me 410 umgerüstet. Dadurch ist eine Zuordnung hier sehr schwierig.

Als gesichert mit der 110 erworben gelten die Erfolge folgender Piloten und Bordfunker:

Otto Rabe	Peter Jenne	Wilhelm Sommer
Hermann Brennicke	Friedrich Gillert	Ernst Klebert
Theodor Weissenberger	Reinhold Fiedler	Hans Kirchmeier
Rudolf Kurpiers	Karl-Fritz Schlossstein	Felix-Maria Brandis
Otto Reitsperger	Gottfried Kowatsch	Paul Herzberg
Herbert Oberhage	Hans Swoboda	Günther Wegmann
Werner Ludwig	Franz Sander	Herbert Lange
Helmut Haugk	Alfred Wehmeyer	Georg Christl
Gerhard Vohl	Heinrich Spitzner	Kurt Bruegmann
Reinhard Hubel	Johannes Kiel	Hans Müller
Heinz Roeber	Emil Babenz	Werner Thierfelder
Aloys Fries	Josef Kociok	Hans Lutter
Hans Peterburs	Heinrich Börger	Gerhard Wittig
Egon Albrecht	Götz Baumann	Siegfried Beske
Heinz Dziarnowski	Fritz Freyschmidt	Hubertus Huy
Gottfried Kayl	Erich Le Claire	Erhard Rothe
Gerhard Walther	Johannes Claassen	Albert Schieder
Eduard Tratt	Paul Rennefarth	Alfred Gräb
Heinz Hogeweg	Georg Boxhammer	Kurt Rosenkranz
Josef Scherkenbeck	Herbert Freiberger	Heinz Bövers

Die Auszeichnungsmodalitäten sind nicht das Thema dieses Buches, doch muss kritisch angemerkt werden, dass hier die Zerstörereinheiten oft das Nachsehen hatten. So wurden Zerstörerpiloten oft durch Auszeichnungsvorschläge anderer Einheiten wie Kampf- oder Stukageschwader oder

Heereseinheiten eingereicht. Die Jagddivisionen wurden von Generälen geführt, die meistens von den Einmot-Jägern kamen und somit nicht immer das richtige Verständnis für gelungene Bodenoperationen aufbrachten. So gaben Zerstörerkommodore oft Begleitschreiben von Heeresgenerälen mit, um ihren Einreichungsvorschlägen den richtigen Nachdruck zu verleihen. Gerade von Heeresoffizieren ist mehrmals die Luft-Boden-Unterstützung durch Zerstörereinheiten sowohl in Afrika wie auch in Russland lobend erwähnt worden.

V. Me 110 als Testobjekt

Bevor ich jetzt zum nächsten Kapitel übergehe, möchte ich Sie mit der Beurteilung eines Jagdpiloten der englischen Navy und Testpiloten, Eric Brown, bekannt machen. Er hat nach dem Kriege 55 deutsche Flugzeugmuster testen können.

In seinem Vorwort schreibt er über die Flugzeuge ganz allgemein: „Die bloße Tatsache, dass alle diese Flugzeuge dem Feind gehört hatten, umgab sie mit einer Aura außergewöhnlicher Faszination." Doch zurück zur Me 110, die er ebenfalls getestet hat.

Bei der Einleitung zum Test bedient er sich ebenfalls der von mir schon oft kritisierten Klischees, natürlich ist ein zweimotoriger Jäger nicht so wendig wie einmotorige, auch das von ihm herangezogene Zahlenmaterial von 40 % Verlusten der Zerstörergruppen in den ersten drei Wochen der Luftschlacht um England ist nicht korrekt, der Schnitt lag bei 30 % bis Ende August 1940. Der August war der verlustreichste Monat für die Zerstörerverbände.

Brown bringt zwar Göring mit dem Flugzeug in Verbindung, spricht aber dann doch von einem vernüftigen Entwurf. Auch versucht er Abschüsse der Me 110 in der Luftschlacht um England zu relativieren, indem er sie der Unerfahrenheit junger englischer Piloten zuschreibt. Das nenne ich eine subtile Methode, ebenfalls das Flugzeug in ein schlechtes Licht zu setzen. Als Jagdflieger müsste er ja wissen, dass man sich seine Gegner nicht aussuchen kann, zumal wenn man an einer Bomberformation hängen musste wie die Me 110. Zum andern schreibt er, was alles gegeben sein müsste, um mit einer 110 erfolgreich sein zu können. Wie z. B. das Überraschungsmoment, zusätzlich noch die Überhöhung und der Geschwindigkeitsüberschuss, diese Vorteile lagen aber zu 85 % auf britischer Seite. Mehr Vorteile kann man ja nicht verlangen.

In diesem Zusammenhang ist die von ihm getroffene Feststellung interessant: „Ihre Beschleunigung und ihre Höchstgeschwindigkeit reichten nicht aus, um dem Kampf mit zahlenmäßig überlegenen Abfangjägern auszuweichen, und ihr 7,9 mm-MG reichte zum Schutz nach hinten nicht aus."

Wahre Worte, aber welches Flugzeug hätte 1940 bei diesen Begleitschutzbedingungen die Beschleunigung und Höchstgeschwindigkeit erreicht, um einer aus Überhöhung angreifenden Spitfire auch noch in Überzahl ausweichen zu können? Mit dem MG 7,9 mm gebe ich ihm meine volle Zustimmung.

Trotzdem zählt sich der Autor zu den Bewunderern der Me 110, denn er hat sie ja geflogen, und damit erging es ihm so wie den meisten Zerstörerpiloten, die auf diese Maschine eingeschworen waren.

Zur oft gescholtenen Manövrierbarkeit der 110 zieht Brown folgendes Fazit: „Ihre Manövrierbarkeit war (gemessen an damaligen Verhältnissen) überraschend gut."

Eine von ihm geflogene Me 110 G-2 erreichte eine Höchstgeschwindigkeit von 592 km/h [!] in einer Höhe von 5 790 m. Eine Höhe von 5 485 m erreichte er in 7,3 Minuten. Jetzt wörtlich: „Die Leistungen der Me 110 waren auf jeden Fall bedeutend besser als diejenigen ihrer zeitgenössischen britischen Gegenspielerinnen, wie beispielsweise der Beaufighter."

„Logischerweise kann wenig Zweifel darüber bestehen, dass die Messerschmitt von beiden das bessere Tagjagdflugzeug gewesen war." Er bezeichnet die Me 110 bei ihrer Einführung als ein Spitzenprodukt: „Für die Luftwaffe war es ein Glücksfall gewesen, dass sie über ein so handliches Flugzeug zur rechten Zeit verfügen konnte."

Seine Analyse: „Es ist fairerweise festzuhalten, dass der Führungsstab der Luftwaffe sich für ‚Hermanns Zerstörer' keinen anderen Einsatz vorstellen konnte als den unter der Bedingung örtlicher Luftüberlegenheit, wenn nicht gar der Luftherrschaft", kann ich nicht teilen. Der Autor vergisst, dass die Luftüberlegenheit oder die Luftherrschaft mit unter anderem durch die Zerstörereinheiten hergestellt wurde.

Auf jeden Fall erkennt man beim Autor Eric Brown die zwei Seelen in seiner Brust. Da sind auf der einen Seite natürlich immer noch die Gegnerflugzeuge Me 110, die seine Kameraden bekämpft haben, und auch er kann sich der jahrzehntelangen Beeinflussung nicht entziehen, und auf der anderen Seite die Sicht als Pilot, die ihn doch zu dieser Maschine ein besonderes Verhältnis hat aufbauen lassen.

VI. Zeitzeuge Zerstörerpilot Rudolf Kurpiers, Leutnant und Staffelführer 12./ZG26

Einige Zeit habe ich benötigt, um einen Zerstörerpiloten ausfindig zu machen, denn ursprünglich war dies nicht geplant, doch ein ehemaliger U-Boot-Offizier hat mich auf diese Idee gebracht.

Schnell war mir klar, dass dies nicht so einfach ist, denn die jüngsten Me 110-Piloten sind heute zwischen 84 und 87 Jahre alt. Ich habe es dann einfach bei Herrn Rudolf Kurpiers probiert, dessen Name in diesem Buch im Kapitel Russlandfeldzug bereits erwähnt wurde.

Ich war sehr verwundert, als er mir so beiläufig sein Alter preisgab, er meinte scherzhaft: „Ich stehe kurz vor meinem 39. Lebensjahr“, als ich nicht gleich schaltete, „na, dann drehen Sie mal die Zahlen!“, da war ich dann bass erstaunt. Rudolf Kurpiers hält sich mit Gartenarbeit und Schwimmen, 500-600 m fast täglich, fit. Seine Frau, die ihn mit ihrem Tatendrang und dem angeborenen Kölner Naturell auf Trab hält, ist ihm dabei natürlich ebenfalls eine Stütze.

Rudolf Kurpiers' Interesse an der Fliegerei war schon früh vorhanden. Bereits vor 1933 wurde er Mitglied in einem Segelflugverein. Für ihn stand fest: „Ich will Pilot werden.“ Er hat dann kurz nach 1933 begonnen, den Flugschein für Motorflugzeuge auf eigene Kosten zu erwerben.

Das Fluggerät war eine Klemm 25. Dieser Lehrgang wurde jedoch nach wenigen Tagen aus politischen Gründen aufgelöst. Eine Fortsetzung der Ausbildung wäre nur durch einen Beitritt zum nationalsozialistischen Fliegerbund möglich gewesen.

Nachdem die Nationalsozialisten quasi an die Macht gewählt worden waren, kam immer mehr die Aufrüstung zur Sprache, Einführung der allgemeinen Wehrpflicht Oktober 1935 und der bis dato verbotenen Luftwaffe bereits 1933, allerdings im noch bescheidenen Rahmen. Bewerber für die Lufthansa gab es tausende und auch für die neue Luftwaffe standen die Aspiranten Schlange.

Rudolf Kurpiers hat sich zur Luftwaffe gemeldet, nur hatte die Sache einen Haken. Man musste zuerst in einer anderen Waffengattung Dienst tun. Er hat sich daraufhin zu den Gebirgsjägern gemeldet. Nach beendeter Grundausbildung folgte dann die Versetzung zur Luftwaffe.

Die fliegerische Ausbildung begann 1936 in Memmingen auf dem Flugzeugmuster Focke-Wulf 44 (Stieglitz) und anderen Schulungsmaschinen. Zum Ausbildungsprogramm gehörten auch acht Stunden Kunstflug sowie Navigations- und Überlandflüge. Die weitere Ausbildung geschah gemäß den jeweiligen Ausbildungsprogrammen auf anderen Flughäfen, bis zum Erreichen der Blindflugberechtigung. Während seiner Ausbildung flog er u. a. auch die Flugmuster Go 145, Arado 66, Heinkel 45 und 46 sowie die Junkers W 34, Focke-Wulf 58 (Weihe), Ju 52, He 111, Do 17 und viele andere.

Um nicht als Fluglehrer in Stargard hängen zu bleiben, meldete sich Kurpiers zur Nachtjagdausbildung. Hierbei nutzte er einen Befehl von Hermann Göring, nach dem Gesuche zur Nachtjagdausbildung zu erfüllen seien. Da jedoch keine Kapazitäten für diese Lehrgänge mehr bestanden, wurde er zur Zerstörerschule nach Memmingen versetzt.

Die Zerstörerschulen hatten in etwa das gleiche Programm wie die Jagdfliegerschulen und zu diesem Zeitpunkt verfügte man noch über ausreichend Kraftstoff, um eine ordentliche Ausbildung zu gewährleisten, zumal auch „alte Hasen" zu den Ausbildern gehörten. Der Lehrgang begann am 01.08.1941 und endete im Oktober desselben Jahres.

Die Grundlagenausbildung begann mit einer Arado 68, die in zwei Versionen vorhanden war, einmal mit Jumo-210-Da-680-PS- oder BMW-VI-U-750-PS-Motor. Sie war das Konkurrenzmuster in den 30er Jahren zur He 51. Mit diesem Flugzeug wurden die ersten 15 Stunden absolviert. Vor allem Verbandsflug, Kurvenkampf, Kunstflug waren hierbei vorrangig.

Zu diesem Zeitpunkt hat man auf das jagdfliegerische Element in Memmingen besonders Wert gelegt, kein Geringerer als der Oberstleutnant Walter Grabmann war zu diesem Zeitpunkt Kommandeur dieser Schule, ein gelernter Jagdflieger.

Gleich danach wurden Navigationsflüge mit der FW 58 Weihe mit Bordfunker durchgeführt, damit die Flugschüler an die Aufgabenteilung herangeführt werden.

Nach knapp vier Wochen Ausbildung begann die Schulung auf dem späteren Einsatzmuster Me 110.

Die Schulmaschinen waren natürlich nicht die allerneuesten Modelle und auch schon etwas abgeflogen. Trotzdem war Rudolf Kurpiers mit den Flugleistungen zufrieden, zumal er vorher noch keine Maschine geflogen hatte, die von der V max. Reise um die 500 km / h schnell gewesen wäre. Auch die Steigleistung fand er für einen solchen Apparat ansprechend, immerhin war die Spannweite nur 1,75 m geringer als bei einer Do 17.

An Schlechtwettertagen wurde Theorie gebüffelt, was hier besonders wichtig war, die entsprechenden Luftkampftaktiken, aber auch Navigation und Flugzeugkunde standen auf dem Stundenplan.

Fliegerisch war hier ein anspruchsvolles Programm zu absolvieren. Verbandsstart mit nachfolgenden simulierten Luftkampfübungen und Scheinangriffe auf ausgesuchte „Gegner", danach folgte das Fliegen in Gefechtsformation, dem viel Zeit eingeräumt wurde. Hierbei musste man sehr konzentriert sein, da Richtungswechsel ohne Warnung des Verbandsführers eingeleitet wurden. Für „alte Hasen" stellte das Verbandsfliegen kein Problem dar. Die Luftkampfübungen und auch das Schießen auf Scheiben am Boden zählten zu den abwechslungsreicheren Ausbildungsdisziplinen, nur konnte das Schießen auf Scheiben zum angesetzten Zeitpunkt, als Kurpiers die Zerstörerschule besuchte, wetterbedingt nicht durchgeführt werden.

Zusammenfassend meinte Rudolf Kurpiers, dass diese Zeit auf der Zerstörerschule sehr nützlich gewesen sei, vor allem der Bereich Jägerschulung.

Am Ende der Ausbildung kam ein Offizier des Lehrganges durch einen Absturz ums Leben. Kurpiers wurde als Mitglied einer Abordnung zur Beisetzung nach Berlin entsandt. Als die Abordnung eine Woche später zurückkam, erwartete sie eine Überraschung. Die Zerstörerschule war wie ausgestorben. Alle Lehrgangsteilnehmer und die meisten Schulflugzeuge vom Typ Me 110 waren verschwunden, da alle verfügbaren Fluglehrer und bereits ausgebildeten Flugschüler zu einer Einsatzstaffel zusammengelegt und in den Osten verlegt worden waren. Außer den kleinen Doppeldeckern

Arado 68, einigen Arado 96 und wenigen unklaren Me 110 war der Flugzeugpark sehr eingeschränkt. Kurpiers war stinksauer, als man ihm eröffnete, dass er als Fluglehrer verbleiben solle und für einen Offizier-Auswahllehrgang vorgesehen sei. Die Monate November bis Januar verbrachte er mit Werkstatt- und Überführungsflügen. So hatte er dreimal je eine Me 110 aus Brüssel, Fürth und einem Werkflugplatz der Instandsetzungsfirma „Bachmann & von Blumenthal" nach Memmingen überführt.

Ende Januar 1942 fanden sich die ersten neuen Lehrgangsteilnehmer in Memmingen ein. Irgendwann im Februar wurde Kurpiers von Leutnant Willhelm, der Leiter der Beerdigungsabordnung gewesen war, informiert, dass gemäß einem Befehl (Fernschreiben) eine einsatzfähige Besatzung eine Me 110 von der Firma „Bachmann & von Blumenthal" nach Kirkenes überführen solle. Kurpiers erhielt daraufhin den Marschbefehl und Flugauftrag, die Überführung durchzuführen. Er verpackte seine Habseligkeiten in eine Kiste (Mobkiste) und schickte sie per Bahnfracht an seine Heimatadresse.

Die Inmarschsetzung erfolgte unmittelbar. Kurpiers wurde ein Bordfunker zugeteilt, mit dem er bereits einige Überführungsflüge durchgeführt hatte. Sie waren daher ein eingespieltes Team. Die Monate Januar bis April 1942 waren bekanntlich extrem kalt und schneereich. Die Folge war, dass über Tage keine Möglichkeit bestand, auf dem kleinen Werkplatz zum Werkstattflug zu starten. Irgendwann ergab sich dann aber die Möglichkeit, einen Werkstattflug durchzuführen. Hierbei konnte Kurpiers ein Bein des Fahrwerks nicht voll einfahren. Auch beim Wiederausfahren flimmerte die entsprechende Fahrwerkskontrolllampe, so dass Kurpiers nicht sicher war, ob das Fahrwerk eingerastet war. Daher entschloss er sich, nicht auf dem Werkplatz, sondern auf dem benachbarten Fliegerhorst Fürth zu landen. Die Landung erfolgte glatt, jedoch stellten die herbeigerufenen Techniker einen zu geringen Luftdruck auf dem dazugehörigen Federbein fest, so dass die Maschine wieder auf den Werkplatz zurückmusste. Es vergingen wieder einige Tage, bis der Überführungsflug gen Norden endlich beginnen konnte.

Die erste Etappe ging bis Dresden, wo Kurpiers aufgrund des Wetters wieder einige Tage festhing. Von Dresden ging es weiter nach Königsberg. Auch hier musste er wetterbedingt einige Tage warten, bis er endlich die Starterlaubnis für den Weiterflug erhielt. Das nächste Ziel war Reval. Es war ausnahmsweise gutes Flugwetter. Hinter Memel zeigte der linke Motor plötzlich eine Kühlstofffahne. Kurpiers stellte den Motor ab und beschloss, in Riga zu landen. Vor der Landung stellte er den Motor wieder an und dann beendete er den Flug mit einer glatten Landung. Der Schaden wurde schnell behoben, doch es war zu spät für einen sofortigen Weiterflug. Der nächste Tag versprach prächtiges Flugwetter. Es war zwar bitterkalt, aber man versprach ihm, die Maschine für einen „Kaltstart" vorzubereiten und vordringlich vorzuwärmen. Das kostete ihn jedoch einige Schachteln Zigaretten und seinen Funker eine Tafel Schokolade.

Am nächsten Morgen musste die Me 110 erst einmal vom so genannten Werkgelände auf einen Liegeplatz rollen. Dort angekommen, stellte Kurpiers die Motoren ab, um seinen Flugplan bei der Flugleitung aufzugeben. Seinen Funker ermahnte er eindringlich, am Flugzeug zu warten, bis er zurück wäre. Auf dem Platz war zu dieser Zeit Hochbetrieb, weil man alle verfügbaren Lufttransportkapazitäten nutzte, um die eingeschlossenen Verbände im Kessel „Pleskau" zu versorgen.

Nach Erledigung der Flugvorbereitung fand Kurpiers seine Maschine jedoch ohne Funker vor. Dieser lag etwa 100 m entfernt in Richtung Rollfeld mit gespaltenem Kopf unter einem Laken. Es gab keine Zeugen für den Verlauf des Geschehens, sicher war jedoch, dass der Funker von dem Propellerschlag einer Maschine getötet worden war. Der Horstkommandeur verlangte einen schriftlichen Bericht von Kurpiers, aber was sollte er berichten ? Er wusste nicht, wie sich der Unfall ereignet hatte. Er hatte jedoch eine Theorie: Am Rande des Liegeplatzes rollten laufend Flugzeuge vorbei. So hatte er gesehen, wie ein Lastensegler im Landeanflug auf dem Rollfeld aufsetzte. Vielleicht hatte sein Bordfunker, der noch nie ein so großes Segelflugzeug gesehen hatte, die Landung beobachten wollen und war dabei von einem Flugzeug überrollt worden ? Kurpiers hat es nie erfahren.

Er hinterließ die persönlichen Sachen des Funkers beim Horstkommandeur und bat, man möge die Dienststelle in Memmingen und beim Jagdfliegerführer Norwegen zu informieren, damit er eine Anordnung für sein weiteres Vorgehen erhielte. Er wurde aus Memmingen aufgefordert, auf das Eintreffen eines neuen Funkers zu warten, wogegen ein anderes Fernschreiben aus Norwegen anordnete, er solle den Weiterflug ohne Funker fortsetzen. Der Horstkommandeur riet ihm, den Flug anzutreten, und versprach, Memmingen über diese Entscheidung zu unterrichten.

Am nächsten Tag war gutes Sichtflugwetter. Aufgrund des traurigen Ereignisses waren die Techniker besonders hilfsbereit, um das Flugzeug startklar zu machen. Endlich klappte alles reibungslos. Das nächste Ziel war Reval. Kurpiers flog noch am selben Tag bis Helsinki. Reval war Pflichtzwischenlandung, weil der Einflug nach Finnland erst genehmigt werden musste.

Von Helsinki nach Pori hatte Kurpiers noch zwei Me 109 als Lotse im Schlepptau, obwohl er ohne Funker flog und somit selber franzen musste.

Nachdem er seine Maschine bei der Werft angemeldet hatte, wurde ihm bedeutet, dass sein Auftrag damit beendet sei und er wieder nach Memmingen zurückkönne. Es dauerte sehr lange, bis er der zuständigen Dienststelle klarmachen konnte, sein Auftrag laute, dass eine einsatzfähige Besatzung das Flugzeug nach Kirkenes zu überführen habe. Schließlich wurde diesem seinem Auftrag entsprochen. Ein aus dem Urlaub kommender Bordfunker sollte mit ihm fliegen.

Die damalige Staffel 10 lag mit Resten noch in Rovaniemi.

Es sollte wieder nicht so glatt laufen.

Am Morgen des geplanten Startes nach Rovaniemi saß er in der Kantine beim Frühstück, als ein ihm unbekannter Feldwebel auf ihn zukam und nach seinem Namen fragte. Es stellte sich heraus, dass der Feldwebel zur 10. (ZS) JG 5 gehörte und den Auftrag hatte, Kurpiers zum Hotel (Ottava) in Pori zu bestellen. Gleichzeitig verriet er Kurpiers, dass sein Flugzeugführer, ein Leutnant Koch, dessen Flugzeug übernehmen und weiter überführen wolle.

Leutnant Koch begrüßte Kurpiers bei dessen Erscheinen im Hotel als neues Staffelmitglied. Kurpiers hing plötzlich in der Luft. Er hatte keine Versetzungsverfügung und hatte das Einsatzfernschreiben zu seinen Gunsten ausgelegt. Nachdem er Leutnant Koch über den bisherigen Verlauf seiner Flugreise informiert hatte, meinte dieser, dass man ja zu dritt nach Rovaniemi fliegen könne. Kurpiers war erleichtert.

In Rovaniemi angekommen, stellte man fest, dass der überwiegende Teil der Staffel bereits vor Tagen nach Kirkenes zurückverlegt worden war. Es war nur noch ein Restkommando anwesend, u. a. Feldwebel Fiedler, um die noch einsatzfähigen Me 110 nach Kirkenes zu bringen. Wie es mit Kurpiers weitergehen sollte, war unklar. Sein Wunsch war gewesen, als er in Memmingen aufgebrochen war, zur Front versetzt zu werden.

Irgendwann während seines kurzen Aufenthalts in Rovaniemi wurde er zum Geschäftszimmer beordert, wo der Kommandeur der III. / JG 5 anwesend war. Wieder schilderte Kurpiers den Verlauf seines zum Abenteuer ausgearteten Fluges. Der Kommandeur versprach Kurpiers, sich der Sache anzunehmen. Kurpiers durfte in der Folge ein Flugzeug nach Kirkenes fliegen. Es war an seinem Geburtstag, dem 15.03.1942.

Seine Versetzung zur 10. (Z) JG 5 erfolgte am 01.04.1942.

Als Neuling in der Staffel musste er seine nächsten Einsätze auf einer „eingeflogenen" Me 110 E bestreiten. Die ersten Maschinen der Baureihe E waren noch nicht mit Heizung ausgestattet, was in diesen Breitengraden natürlich nicht gerade als angenehm empfunden wurde. Rudolf Kurpiers denkt heute noch mit Schaudern daran zurück, da man sich mit dicken Klamotten hinter den Steuerknüppel setzen musste, was nicht gerade zur eigenen Beweglichkeit beitrug. Doch schon kurze Zeit später erhielt er eine Me 110 der E-Baureihe, die über eine Kabinenwarmwasserheizung und zudem noch über die bereits beschriebene Kurssteuerung verfügte, die sich an diesem Standort besonders bezahlt gemacht hat.

Abb. 30: Ofw. Kurpiers in einer Me 110 E-2 mit nachgerüsteter Panzerglasscheibe vor einem Start Mitte 1942. Foto: Sammlung Kurpiers

Die Aufgaben der Zerstörerstaffel waren mannigfaltig, detailliert im Kapitel Russlandfeldzug aufgelistet.

An einen besonderen Tag kann sich Rudolf Kurpiers noch gut erinnern. Es war der 28.04.1942, als die Staffel einen Verband von Ju 87 begleitete. Bei dem darauf folgenden Luftkampf konnte er einen sowjetischen Jäger des Typs Hurricane abschießen. Doch dieser Luftsieg wurde nicht anerkannt. Obwohl der Bordfunker dies bestätigen konnte, war nichts zu machen, es musste ein dritter Zeuge ausfindig gemacht werden. In dieser Angelegenheit ist Rudolf Kurpiers natürlich kein Einzelfall, es erging vielen Jagdfliegern so. Doch ärgerlich war in diesem Fall, dass der Bordfunker einer anderen Maschine schon seinen Abschuss bezeugen wollte, doch ein daneben stehender Pilot hat sich den Bordfunker geschnappt, ist mit ihm zum Staffelchef gegangen und hat sich den Luftsieg bestätigen lassen. Es folgte eine lautstarke Auseinandersetzung, die jedoch im Sande verlief.

Gerade am Anfang seiner Staffelzugehörigkeit ist das noch zweimal vorgekommen, dass ihm klare Luftsiege nicht bestätigt wurden, das wären noch eine Hurricane und eine P-39 gewesen.

Bei einem Luftgefecht geht es drunter und drüber, und von welchem Flugzeugführer die Feindflugzeuge abgeschossen worden waren, die auf dem Boden aufgeschlagen hatten, konnte oft nur schwer ermittelt werden. Zumal man immer einem zahlenmäßig überlegenen Gegner gegenüberstand.

Heute hält sich der Ärger über die drei nicht bestätigten Abschüsse zwar in Grenzen, doch ganz verwunden ist das immer noch nicht. Dass er die drei feindlichen Jäger besiegt hatte, wusste er und auch sein Bordfunker.

Auf die Frage, ob er es noch mit der I-16 Rata zu tun bekommen habe in der Zeit, meinte Rudolf Kurpiers, ein-, zweimal habe er welche gesehen, doch die hätten Abstand zu den Zerstörern gehalten. Die I-16 wurden ab Frühjahr / Mitte 1942 an dieser Front nur noch als Jabo und Ausbildungsflugzeuge eingesetzt, nachdem sie im Jahr 1941 einige Verluste hatten einstecken müssen. Schon Ende 1941 kamen die ersten Hurricane und Mig-3 -Jäger der sowjetischen Fliegerverbände an diese Front, um den wichtigen

Hafen Murmansk abzuschirmen. Ihre Flugplätze waren Murmashi, Shongui, Warlimowo I und II sowie Pummanki.

Nicht nur als Jäger sind die Zerstörer dort eingesetzt worden, auch als Bomber, sowohl mit zwei x 250-kg-Bomben, aber auch 500-kg-Bomben kamen zum Einsatz sowie 4 x 50 kg unter den Tragflächen, ging es gegen Murmansk, die sowjetischen Flugplätze und die Murmanbahn. Bei Angriffen gegen Murmansk dachte man schon an den dortigen Flakvorhang, der einen erwartete. Durch einen Flaknahtreffer bei einem dieser Bombereinsätze hat sich ein Teil der rechten Motorabdeckung an Rudolf Kurpiers' Me 110 abgeschert und stand gegen den Wind, der Luftwiderstand musste ausgeglichen werden mit Seitenruder, Trimmung und entsprechender Motorleistungsdifferenzierung. So zu landen ist nicht einfach, ohne eine weitere Beschädigung zu verursachen, doch ist es Kurpiers gelungen, glatt zu landen.

Die Bombenangriffe der (Z) Staffel bei Murmansk galten ausschließlich militärischen Zielen, wie Flakstellungen, Hafenanlagen und Depots und den im Hafen liegenden Schiffen.

Doch Rudolf Kurpiers' Zeit der bestätigten Luftsiege kam am 10.05.1942, als die Zerstörerstaffel mit insgesamt 16 Luftsiegen sehr erfolgreich agierte. Innerhalb kürzester Zeit schoss Oberfeldwebel Kurpiers eine Hurricane und Mig 3 über der Motowski-Bucht ab.

Am 15.06.1942 sollte eine P-39 Airacobra folgen. Er hat bei diesem Luftkampf, als eine andere 110er angegriffen wurde, diese P-39 unter Beschuss genommen. Sehen konnte er nicht mehr, was mit dieser Maschine passierte, denn er musste sich bereits auf den nächsten Gegner konzentrieren. Erst nach der Landung hat der Oberleutnant Franzisket ihm zu seinem Abschuss gratuliert. Er war es gewesen, dem Kurpiers die Feindmaschine vom Hals gehalten hatte.

Die Airacobra war eine sehr wendige Maschine, wie Rudolf Kurpiers mir erzählte, seiner Meinung nach mit die kampfstärkste „russische" Maschine zu der Zeit, da sie auch über eine starke Bewaffnung verfügte. Der Generaloberst Stumpff befand sich zufällig auch auf dem Fliegerhorst und ihm wurde der Luftkampf geschildert, daraufhin steckte er dem Oberfeldwebel Kurpiers kurzerhand ein EK 1 an die Brust.

Gut eine Woche später, am 18.06.1942, erhielt der Oberfeldwebel Kurpiers für seine erbrachten Gesamtleistungen den Ehrenpokal verliehen.

Einen 4. Abschuss erzielte er am 25.06.1942, mit einem PK-Berichterstatter an Bord. Es war diesmal wieder eine Hurricane. Die Hurricane wurde von Oberfeldwebel Kurpiers bei freier Jagd über Murmashi abgeschossen.

Um keine Unklarheiten aufkommen zu lassen: Die in dieser Gegend auftretenden Feindjäger wie Hurricane, P-39 und P-40 wurden alle durch sowjetische Piloten geflogen. Die Piloten des Jahres 1942 waren luftkampftaktisch weitaus besser ausgebildet als noch ein Jahr zuvor, zumal an dem für die Sowjetunion strategisch / logistisch wichtigen Hafen Murmansk wohl überwiegend gut ausgebildete Jagdflieger eingesetzt wurden.

Drei Tage später kam es zu einer größeren Auseinandersetzung mit sowjetischen Jägern, ebenfalls wieder über deren Flugplatz Murmashi, wobei Rudolf Kurpiers seinen 5. Jäger, eine P-40, abschießen konnte. Dies war sein fünfter bestätigter und letzter Luftsieg über Jagdflugzeuge im Zweiten Weltkrieg.

Auf die Frage, ob denn die Me 110 für ihre Größe wendig gewesen sei, erwiderte mir Rudolf Kurpiers spontan: „Man hätte sonst mit einer Maschine dieser Größenordnung nicht so viele Einmotorige abschießen können."

Danach kamen noch vier Zweimotorige auf sein Konto, alle innerhalb von zwei Tagen. Ende März 1943, bei einem Geleitschutzeinsatz für deutsche Transportschiffe, begegnete Oberfeldwebel Kurpiers mit seinem Rottenkameraden einigen sowjetischen Torpedoflugzeugen des englischen Typs Hampden, von denen die Sowjetunion 32 erhalten hatte. Zwei der Torpedobomber wurden von Kurpiers dabei abgeschossen.

Einen Tag später, wieder Alarmstart, ein erneuter Angriff, diesmal von Pe-2 gegen den Geleitzug, wurde gemeldet, und auch hier wurden wieder zwei Pe-2 durch Rudolf Kurpiers abgeschossen.

Aber nicht allein Luftkämpfe mussten bestritten werden, auch als Bomber wurden die Zerstörer ständig eingesetzt. Sei es bei Angriffen auf die Hafenanlagen von Murmansk oder gegen die sich darin befindenden Schiffe; Flugplätze des Gegners anzugreifen und immer wieder Einsätze gegen die

Murmanbahn zu fliegen, zählte zu ihren Missionen, nicht zu vergessen, Aufklärungseinsätze standen ebenfalls auf den Einsatzplänen.

So kamen noch einige Lokomotiven auf Rudolf Kurpiers' Konto. Wie viele Treffer er mit seinen Bomben auf Schiffe erzielte, kann nicht nachvollzogen werden, da man froh war, aus dem Granatenhagel von Murmansk wieder heil herauszukommen. Auf jeden Fall wurden von seiner Staffel einige sowjetische Schiffe schwer beschädigt, dies wurde von sowjetischer Seite auch bestätigt.

Ende Dezember 1943 unternahm der Oberfeldwebel Kurpiers seinen vorerst letzten Geleitschutzeinsatz in der Zerstörerstaffel des JG 5, bevor er zu einem Offizierslehrgang Januar 1944 abberufen wurde.

Als Oberfähnrich und seit dem 29.03.1944 mit dem Deutschen Kreuz in Gold dekoriert, kam er Ende April 1944 zur Staffel zurück, kurz danach wurde er am 01.05.1944 von den finnischen Verbündeten mit der Finnischen Freiheitsmedaille I. Klasse ausgezeichnet.

Zusätzlich gab es noch andere Veränderungen. Die Staffel war inzwischen nach Herdla verlegt worden, einer Insel vor Bergen. Herdla lag strategisch günstig zwischen Stavanger und Trondheim. Hier war die Staffel hauptsächlich für den Küstenschutz der deutschen Versorgungskonvois zuständig und Luftschirm für die Stadt Bergen, wo sich ein U-Boot-Stützpunkt befand.

Die andere Veränderung lag beim Flugzeug selbst, denn jetzt war fast die komplette Staffel mit Me 110 G-2 ausgerüstet.

Doch es dauerte noch einige Zeit, bis Rudolf Kurpiers wieder einen Jägereinsatz zu bestreiten hatte.

Vorher geschah Folgendes: Eine von der Krim nach Norwegen versetzte Küstenschutzstaffel, die ebenfalls mit Me 110 ausgerüstet war, wurde in den neuen Verband IV. / ZG 26 eingegliedert. Diese Piloten, erzählte mir Rudolf Kurpiers, hatten keine Zerstörer- oder jagdfliegerische Ausbildung erhalten. So kam es Ende Oktober 1944 zu einem Alarmstart von drei Me 110 dieser Staffel, wobei sie nach kurzer Zeit durch englische Jäger angegriffen wurden. Alle drei wurden abgeschossen, einschließlich des Staffelkapitäns.

Danach traf der Gruppenkommandeur die Anordnung, dass der Oberfähnrich Rudolf Kurpiers die 12./ZG 26 zu übernehmen habe, mit der gleichzeitigen Beförderung zum Leutnant. Rudolf Kurpiers stellte mir gegenüber klar, dass man damit noch nicht die Bezeichnung Staffelkapitän tragen durfte, sondern nur Staffelführer war.

Mit seiner Staffel machte er sogleich Übungsflüge in Verbands- und Gefechtsformation, um die Piloten von der Krim etwas an die Jagdfliegerei heranzuführen. Doch hielten sich die Übungsflüge in Grenzen, da der Spritmangel keine allzu großen Sprünge erlaubte.

Auf die Frage, ob er denn einmal die Me 110 G-2 auf die Höchstgeschwindigkeit gebracht habe, war die klare Antwort: „Nein. Das hat höchstens mal der Technische Offizier bei einem Werkstattflug erkunden können. Man war ansonsten gehalten, so ökonomisch wie möglich mit Flugzeugen und Kraftstoff umzugehen, nur in Luftkämpfen hatte ich den Gashebel einige Male bis zum Anschlag. Sie müsste aber um die 590-600 km/h gesprungen sein, da die V max. Reise schon bei knapp 550 km/h gelegen hat, natürlich in der dafür geeigneten Höhenlage. Mit untergehängten zwei Zusatztanks an den Tragflächen von je 300 l lag die Reisegeschwindigkeit bei 400-450 km/h. Die Konfiguration kam zum Einsatz hauptsächlich bei Schiffsgeleiteinsätzen, um die Schiffe möglichst lange begleiten zu können.“

Die Bewaffnung bestand aus 4 x MG 17, 2 x MG 151/20 mm und dem MG 81 Z. Zusätzlich wurden noch einige Rüstsätze M 1 geliefert, das waren nochmals 2 x MG 151/20 mm, die unter dem Rumpf befestigt werden konnten.

In Norwegen waren zu der Zeit zwei U-Flottillen disloziert, in Bergen die 11. und in Narvik die 13. Die Royal Navy suchte also in norwegischen Gewässern intensiv nach deutschen U-Booten. Dies verstärkt auch immer mehr aus der Luft, hierbei wurden vom Coastal Command gerne die von Amerika gelieferten B-24 Liberator verwendet. Die Flugzeuge wurden natürlich für dieses Aufgabenspektrum speziell ausgerüstet. Einmal mit einem hervorragenden Sonargerät aus britischer Provenienz, dazu speziellen Scheinwerfern und natürlich einer Menge Wasserbomben. Zur Eigenverteidigung hatten sie die gleiche Armierung wie die Bomber, das waren 10 MG mit einem Kaliber von 12,7 mm. Besatzungsstärke zwölf Mann. Die

Höchstgeschwindigkeit lag mit 480 km/h für eine Maschine dieser Größenordnung äußerst hoch.

Am 14.11.1944 führte der Leutnant Kurpiers mit seinem Bordfunker Krause einen Alarmstart durch, auf einen dieser oben beschriebenen B-24-U-Boot-Jäger. Die Me 110 war zusätzlich mit dem Rüstsatz M 1 ausgerüstet.

Rudolf Kurpiers schildert diesen Einsatz recht eindrucksvoll, vor allem, wie er an die B-24 durch die Jägerleitstelle herangeführt wurde. „Nach etlichen Kursänderungen bekamen wir das Feindflugzeug zu sehen. Die B-24-Besatzung hat wohl unsere Me 110 auch gesehen, denn sie strebte mit Vollast einer Wolkendecke entgegen.“ Es hat für die B-24 nicht gereicht, denn die 110 im Steigflug abhängen zu können, war unmöglich, die Anfangssteiggeschwindigkeit einer Me 110 G-2 ohne Zusätze lag bei 13 m/s. Leutnant Kurpiers hat sich vorgenommen, zuerst den hinteren Abwehrstand unter Feuer zu nehmen, danach die linke Tragfläche und die Motoren. Die B-24-Abwehrschützen eröffneten früh das Feuer und es lag sehr gut. Nach einigen Salven auf die B-24 – immerhin 4x20 mm und 4x7,9 mm, dabei wurde auch, allerdings nur bei jedem 5. Schuss, 20 mm-Minenmunition eingesetzt – bemerkte Leutnant Kurpiers einen Leistungsabfall an seinem linken Motor. Beobachten konnte er noch eine starke Rauchentwicklung an der Gegnermaschine, und sein mit ihm aufgestiegener Rottenflieger konnte den Aufschlag der Maschine beobachten.

Nun war Rudolf Kurpiers sehr froh, in einer zweimotorigen Jagdmaschine zu sitzen, denn der Abschuss und die Beschädigung seiner 110 erfolgten auf offener See, ohne jegliche Landsicht, hier die Mission mit einer einmotorigen Jagdmaschine zu absolvieren hätte sein Ende bedeutet.

Der Rückflug im Einmotorenflug war für Rudolf Kurpiers kein Problem, da die Me 110 im Einmotorenflug gut und unproblematisch zu fliegen war.

Doch mit der Landung sah die Sache nicht so rosig aus, da die Landebahn von Herdla sehr kurz war. Auch aufgrund des starken Seitenwindes entschloss sich Rudolf Kurpiers, neben der Hauptlandebahn zu landen, also auf Gras, denn er wusste auch nicht, ob das Backbord-Fahrwerk ausfahren würde, deshalb entschloss er sich zu einer Bauchlandung. Es war die richtige Entscheidung, der Schaden am Flugzeug wurde nur mit 8 % eingestuft.

Das war der 10. Luftsieg des Leutnant Kurpiers.

Einen Tag später war er bereits erneut auf der Jagd nach einem U-Jäger, wieder einer B-24. Hier gelang es ihm auch erst nach langem Suchen, den Gegner zu stellen, der Kraftstoffvorrat neigte sich schon gefährlich dem Ende entgegen, trotzdem griff er den sehr tief fliegenden U-Jäger mehrmals an, der sich aus seinen MG-Ständen heraus heftig zur Wehr setzte. Rudolf Kurpiers musste die Angriffe aufgrund seines Spritvorrats abbrechen, er konnte also nicht mehr sehen, ob er zu einem Erfolg gekommen war. Erst durch den Abhörfunk, der die letzten Funksprüche der B-24 mitgehört hatte, wusste man, dass die betreffende B-24 notwassern musste und von einer Zweimotorigen abgeschossen worden war. So wurde schnell klar, wem der Erfolg zuzuschreiben war. Dies war Rudolf Kurpiers' 11. und letzter Luftsieg im Zweiten Weltkrieg.

Insgesamt hatte er 235 Kampfeinsätze, das bedeutete die goldene Frontflugspange mit einem Anhänger, auf dem die Zahl 200 stand.

Anfang 1945 wurde seine Staffel noch auf die Me 109 umgerüstet, so dass er noch kurz in den Genuss, auch diesen Vogel zu fliegen, gekommen ist. Trotzdem meint er heute, dass in der Rolle, in der sie eingesetzt war, die 110er die bessere Alternative gewesen ist. Allerdings als reiner Luftüberlegenheitsjäger ging nichts gegen die Me 109, was ja unbestritten ist.

Rudolf Kurpiers, obwohl in Norwegen im Kriegseinsatz gegen die Sowjetunion und gegen Großbritannien, kam in französische Kriegsgefangenschaft und das für fast drei Jahre.

Zurückgekehrt nach Deutschland 1948, arbeitete er in der Baumaschinenbranche. Schon bald widmete er sich wieder seinem Hobby, dem Segelflug. So hat er sich auch hier gleich wieder in die Gemeinschaft eingebracht, um jungen Menschen das Fliegen beizubringen.

Im Jahre 1956 ergab sich die Gelegenheit zu einer Eignungsprüfung bei der Bundeswehr. Rudolf Kurpiers hatte das Glück, entgegen den Gepflogenheiten direkt zur Flugzeugführerschule S nach Memmingen zu kommen, um an einem Refresherkurs auf Piper L-18C teilzunehmen. Im Januar 1957 nahm er bereits am ersten Hubschrauberlehrgang teil.

In der Folgezeit wurde er auch auf den Flugzeugtypen Noratlas, Percival Pembroke C Mk.54, Bell 47, Alouette II und H 34 ausgebildet. Mit der H 34 war er mehrfach an Rettungseinsätzen beteiligt, doch sowohl das Absetzen von Luftlandetruppen als auch Transportflüge standen meist auf der Tagesordnung. Hier kamen nochmals über tausend Flugstunden zusammen.

Rudolf Kurpiers hat in seiner Bundeswehrzeit eine Hubschrauberstaffel als Hauptmann und ein Heeresfliegerbataillon mit 36 H-34-Hubschraubern im Range eines Oberstleutnants kommandiert.

Oberstleutnant Rudolf Kurpiers nahm 1971 nach Erreichen der dem Dienstgrad entsprechenden Altersgrenze seinen Abschied aus der Bundeswehr. Damit endete eine lange fliegerische und militärische Karriere. Für seine erbrachten Leistungen in der Bundeswehr wurde er mit dem Bundesverdienstkreuz am Bande ausgezeichnet.

VII. Die Me 110 als Nachtjäger

Als ich dieses Buch plante, hatte ich nicht vor, über die Me 110 als Nachtjäger zu schreiben. Der Grund lag darin, dass ich der Auffassung war, die Me 110 sei als gemeinhin bekannter Nachtjäger in den Print- und auch anderen Medien als erfolgreich etabliert.

Dies hat sich wohl in den letzten Jahren etwas verschoben, wie ich einigen „Fachzeitungen" und auch Internetseiten entnehmen musste. Gerade im letztgenannten Medium gibt es sehr viele selbsternannte Fachleute, natürlich auch manch ernstzunehmende Meinung. Doch irgendwie scheinen da Personen oder Institutionen ein Interesse daran zu haben, die Luftfahrthistorie zugunsten anderer Flugzeugtypen umzuschreiben.

Ich will dabei überhaupt nicht verleugnen, dass es auch andere erfolgreiche Nachtjagdflugzeuge gab. Aber einige Vorurteile gilt es doch hier auszuräumen.

Zunächst will ich auch hier auf die allgemeine Lage eingehen, die sich im Laufe der Jahre ergab und entwickelte.

Die ersten Nachtangriffe der Briten auf Deutschland begannen schon recht früh, nämlich am 15.05.1940 durch 99 Bomber der RAF auf Ziele im Ruhrgebiet.

Auch der Dortmund-Ems-Kanal wurde am 12.08.1940 angegriffen.

Vom Ausmaß waren die Angriffe zwar bescheiden, doch Göring gingen sie ziemlich auf die Nerven. Der damalige Oberst Kammhuber wurde von Göring aufgefordert, eine Nachtjäger-Division aufzustellen. Kammhuber beauftragte wiederum den erfolgreichen und mit einem überaus analytischen Denkvermögen ausgestatteten Wolfgang Falck mit der Aufstellung eines Nachtjagdgeschwaders.

Man muss hier wirklich von bescheidenen Anfängen sprechen, denn zunächst bestand das Geschwader aus zwei Staffeln Me 110, einigen Ju 88 und Do 17, eigentlich mittleren Bombern, sowie wenigen Me 109.

Kammhuber trennte bereits am Anfang die unterschiedlichen Einsatzmöglichkeiten der Maschinen. Mit den Me 110 und 109 wurde die Nachtjagd über Deutschland bewerkstelligt, und mit den Kampfflugzeugen wurde eine so genannte Fernnachtjagd betrieben.

In dieser Anfangszeit sprach man von der „hellen Nachtjagd“. Es wurden die Feindmaschinen mittels Flakscheinwerfern angestrahlt, dabei blieb nicht aus, dass die eigenen Maschinen angestrahlt und so auch Ziel der eigenen Flak wurden.

Kurze Zeit später ging man dazu über, die Flakscheinwerfer in dem von den Nachtjägern überwachten Gebiet ohne Flak einzusetzen, um die Nachtjäger nicht zu gefährden. Einen Großteil der Scheinwerfer brachte man an der Haupteinflugschneise zwischen Schleswig-Holstein und Lüttich in Stellung. Diese Linie wurde allgemein als Kammhuber-Linie bezeichnet.

Diese Veränderung brachte schon die ersten kleinen Erfolge, zumal dann auch noch das Funkmessgerät Freya eingesetzt werden konnte. Dieses Gerät konnte einen Bereich von 160 km abdecken.

Bei Bewölkung war es den Nachtjägern immer noch unmöglich, ohne direkte Führung an einen Gegnerverband zu kommen. Deshalb sann man darauf, mit der entsprechenden Ausrüstung die Jäger vom Boden aus an die Bomber heranzuführen.

Seitens der Piloten gab es einige Einwände gegen eine Führung vom Boden aus. Kammhuber ging nicht weiter darauf ein, sondern wollte mit Erfolg überzeugen.

Dies geschah dann im Verbund mit einer Freya-Funkmessanlage, einer Do 17 und dem Leutnant Ludwig Becker, der sich freiwillig zur Verfügung gestellt hat.

In der Nacht vom 16.10.1940 wurde damit der erste deutsche mit Radar geführte Luftsieg über einen Wellington-Bomber erzielt.

Für die geführte Nachtjagd wurde ein optimiertes Radargerät der Firma Telefunken entwickelt und eingesetzt. Das Gerät wurde als „Würzburg Riese“ bekannt und hatte eine Reichweite von 65 km.

Die überwiegende Mehrzahl der Piloten für die Nachtjagd wurde am Anfang aus Besatzungen der Zerstörereinheiten gebildet. Diese Piloten sahen in der Me 110 das ideale Flugzeug für diese Aufgabe. Dies stellte sich bis zum Schluss auch als Tatsache heraus.

Durch den späteren Zulauf an Kampffliegern ist die Bevorzugung von schwereren Maschinen nur logisch gewesen. Ein Ju 88- oder Do-17-Kampfflieger fühlte sich in einer Me 110 nie so richtig wohl, schon wegen des Platzes, natürlich gab es Ausnahmen unter ihnen. Später war ein Aussuchen des Flugzeugtyps für die Piloten nicht mehr so leicht möglich, abgesehen von einigen Experten.

Es ist deshalb besonders schwer, die Erfolge der einzelnen Flugzeugtypen, vor allem ab Herbst 1943, zu eruieren. Es gibt eine Menge Nachtjagdpiloten, die auf mindestens drei verschiedenen Typen ihre Erfolge erzielt haben.

Gerade für das Beispiel Helmut Lent gilt dies besonders. Lent flog schon als Zerstörerpilot die Me 110 mit acht Abschüssen erfolgreich, als Nachtjäger flog er sie einige Zeit weiter, bis er kurze Zeit die Do 217 flog. Nach dieser Exkursion kam er zurück zur Me 110, und zum Ende seiner Laufbahn musste er noch auf die Ju 88 umsteigen.

Abb. 31: Nachtjäger Major Lent beim Skat während einer so genannten Sitzbereitschaft. Foto: BA 101 I-358-1908-09

Sicher ist nur, dass der überwiegende Teil seiner Abschüsse durch die Me 110 erfolgte. Auch eine Mosquito wurde von ihm mit der Me 110 abgeschossen, und zwar am 19. / 20.04.1943, also bevor es eine He 219 in den Verbänden gab, wo doch immer falsch verlautbart wird, dass die Heinkel 219 der erste Nachtjäger gewesen wäre, dem dies gelungen ist.

Am Anfang der Nachtjagdeinsätze wurden die Erfolge mit der Me 110 erzielt, wohl auch deshalb, weil sie mit 70-80 % in den Einsatzgeschwadern präsent war.

Wie schon eingangs erwähnt, wurden die Ju 88 anfangs in der Fernnachtjagd eingesetzt. Später kamen modifizierte Ju 88 zur Auslieferung, die dann in der Nachtjagd erfolgreich eingesetzt wurden. Ein Protagonist auf diesem Flugzeugtyp war der Hauptmann Heinz Rökker mit 64 Luftsiegen, darunter eine Mosquito. Er hat, soweit mir bekannt ist, immer die Ju 88 geflogen.

Sie sehen, ich bin nicht einäugig orientiert. Auch wenn es hier um die Me 110 geht, sollen doch die Erfolge anderer Nachtjagdflugzeuge nicht unerwähnt bleiben. Die Ju 88 konnte die größere Reichweite für sich verbuchen, das war bei Verfolgungsjagden oder auch für das Auffinden eines Feindverbandes von großem Vorteil.

Die Radarortung war in diesen Zeiten noch nicht ausgereift, die Briten waren hier gleichauf oder sogar überlegen. Kein Geringerer als Adolf Hitler hat einmal die Forschung an Radar- oder, wie es damals hieß, Funkmessortung kurzfristig verboten, man hat ihn dann mühevoll nach einiger Zeit wieder umstimmen können.

Solche einsamen Spitzenentscheidungen gab es in Großbritannien nicht. Deshalb kann man sich nur wundern, dass die deutsche Radartechnik trotzdem mithalten konnte, bis auf wenige, aber wichtige Felder.

Schon vor dem Hochfrequenzkrieg waren die deutschen Nachtjäger erfolgreich, von Mai 1940 bis Juli 1941 verlor die RAF 543 Bomber bei Nachteinsätzen. Von diesen wurden etwa 400 von den Reichsverteidigungs-Nachtjägern, also Me 110, abgeschossen, die restlichen von den Fernnachtjägern.

In dieser Zeitspanne waren die folgenden Nachtjäger in aller Munde:

Hauptmann Walter Ehle, Oberleutnant Werner Streib, Oberleutnant Reinhold Eckart, Oberfeldwebel Paul Gildner, Oberleutnant Helmut Lent, Leutnant Ludwig Becker, Oberleutnant Egmont Prinz zur Lippe-Weissenfeld.

Sie flogen bis dato die Me 110.

Der Leutnant Ludwig Becker hat nur für den von mir schon geschilderten Testangriff mit Bodenführung eine Do 17 erfolgreich eingesetzt, ansonsten war er in einer Me 110-Einheit.

Auch in der Zeit der Kammhuber-Linie wurden bereits so genannte Reihen- oder Mehrfachabschüsse erzielt.

Am 01.10.1940 hat der Oberleutnant Werner Streib in 40 Minuten drei Wellington-Bomber abgeschossen. Ebenfalls in der „hellen Nachtjagd" konnte der schon als Zerstörerpilot erfolgreiche Oberleutnant Reinhold Eckardt über Norwegen eine Hudson, über England zwei Jäger, bei einem Angriff auf Hamburg am 27./28.06.1941 im Scheinwerferlicht vier englische Bomber abschießen.

Doch war abzusehen, dass man die Maschinen mit eigenem Bordradargerät bestücken musste, um die Erfolgsbilanz noch zu verbessern. Auch hier hat der Oberleutnant Ludwig Becker, der sich schon am 16.10.1940 mit einer Do 17 durch einen Jägerleitoffizier an eine feindliche Maschine hatte heranführen lassen und diese zum Absturz gebracht hatte, sich erneut zur Verfügung gestellt, den Versuch durchzuführen.

Diese Me 110 hatten dann das berüchtigte Geweih, gemeint natürlich Antennen, am Rumpfbug. Das Gerät führte den Namen Lichtenstein B/C.

Es war der 09.08.1941, an dem Becker durch seinen Bordfunker Feldwebel Straub an den Feind geführt wurde. So einfach war die Angelegenheit mit diesem neuen Gerät nicht, zweimal wanderte der Bomber aus dem Auffasswinkel aus, der nur 70° betrug, die Reichweite lag bei 200 m-3,5 km. Doch beim dritten Anlauf kam Becker genau hinter den Bomber und schoss ihn ab.

So konnte der Nachtjäger, ohne auf die Bodenführung angewiesen zu sein, sich selbst, was die entscheidenden letzten Kilometer anbetraf, an die Bomber heranführen. Natürlich wurde die Einflugrichtung des gegnerischen Verbandes mit stationären Radargeräten ermittelt. Genannt seien hier der Würzburg-Riese und das Freya-Gerät in Matratzenform. Dann gab es noch einige Geräte, die ortsfest installiert waren, wie Mammut und Jagdschloss. Die größte Reichweite hatte das Mammut bei Einflughöhe von 6000 m mit 250 km.

Zusammengenommen wurde dies als „Himmelbett-Verfahren" bezeichnet. Es gab mehrere Verbesserungen dieses Systems, so dass es bis Kriegsende eingesetzt wurde.

Das zur technischen Historie in Kurzform, im Laufe des Kapitels werde ich noch auf den einen oder anderen technischen Aspekt, vor allem was das Bordradar betrifft, ausführlicher eingehen.

Zunächst wurde der Antennenwald wegen seines starken Luftwiderstandes abgelehnt, und die Vermutung liegt nahe, dass man das Gerät bereits im Herbst 1940 hätte einsetzen können.

Nach Einführung dieser Technologie in die Me 110 schnellten die Abschusserfolge beträchtlich in die Höhe.

Oberleutnant Becker hat sein Wissen an die anderen Nachtjäger erfolgreich weitergegeben. Diesen fähigen Techniker und Piloten hat man zusammen mit seinem bewährten Bordfunker Oberfeldwebel Straub in einem Tageinsatz, wie viele andere auch, verheizt.

Obwohl die Nachtjäger erfolgreich operierten, bekamen dies die Einwohner der bombardierten Städte kaum mit. Die Nachtjäger traf daran natürlich überhaupt keine Schuld, sondern die Führung hatte im Vorfeld einiges verschlafen.

Als Beispiel sei angeführt die Bombardierung Hamburgs am 24.07.1943, als die Briten Düppel, auch Stanniolstreifen genannt, einsetzten, um die deutschen Radargeräte blind zu machen. Dies gelang auch, und die Briten konnten, zumindest in der ersten Nacht, fast unbehelligt ihre Bomben abwerfen. Bei diesen Angriffen, die bis zum 03.08.1943 fortgesetzt wurden, kamen 9 000 t Bomben zum Einsatz. Mindestens 30 000 Menschen verloren dabei ihr Leben.

Die Nachtjäger des hier hauptsächlich eingesetzten NJG 3 wurden völlig überrascht, doch haben sie sich den Umständen entsprechend gut geschlagen. Sie konnten trotz des Einsatzes von Düppeln und der blinden Radargeräte noch 89 Bomber abschießen, davon gingen wohl auch einige auf das Konto der Flak.

Um wie viel wäre hier der Erfolg höher gewesen, wenn man auf den deutschen Ingenieur Roosenstein gehört hätte, der bereits im Frühjahr 1942 zu dem Ergebnis kam, dass man Radar mit Stanniolstreifen außer Gefecht setzen kann! Göring hat die weitere Beschäftigung damit einstellen und die Untersuchungsergebnisse in einem tiefen Safe verschwinden lassen. So hat man auf diesem Gebiet wichtiges Terrain verspielt. Solche Fehler konnte kein Nachtjäger ausmerzen.

Ein verbessertes Bordradargerät für den zweimotorigen Nachtjäger wurde entwickelt, das Lichtenstein SN 2, dieses Gerät war bei weitem nicht mehr so störanfällig wie das erste Gerät. Einführung des SN 2 war der September 1943, die Reichweite erhöhte sich um 1 km gegenüber dem Vorgängergerät, aber das Wichtigste, der Suchwinkel, war beträchtlich verbessert worden, nämlich auf 120° Seite und 100° Höhe.

Zu den Verbesserungen zählten auch noch waffentechnische Neuerungen, wie das Einführen der Schrägbewaffnung, die unter dem Namen „Schräge Musik“ in die Luftfahrtgeschichte einging.

Die Idee dazu hatte ein Hauptmann Schoenert, der das System von zwei nach oben feuernden Bordkanonen in seine Do 217 einbauen ließ. Die Do 217 war zwar ein sehr guter Bomber und Langstreckenaufklärer, doch so richtig als Nachtjäger war sie nicht geeignet. Trotzdem hat Schoenert einige Erfolge mit dem Flugzeug und der Bewaffnung erzielt.

Als er zu einer Einheit mit Me 110 versetzt wurde, hat er seine Do 217 mitgenommen. Der zu dieser Einheit gehörende Waffenoberfeldwebel Mahle meinte lakonisch, diese Waffenanordnung könne man auch in eine Me 110 einbauen. Den Worten folgten seine Taten und die Me 110 hatte ihre Schrägbewaffnung, und Hauptmann Schoenert flog von Stund an die Me 110. Gleich bei seinem ersten Einsatz schoss er eine Viermotorige damit ab.

Dieses Einbausystem wurde dann auf andere Me 110 übertragen. Verwendung fanden bei der Me 110 zwei 20 mm-MG FF / M. Die Waffen wirkten in einem 65-70°-Winkel nach oben. Auch hier wurde mit einem im Kabinendach eingebauten Reflexvisier gerichtet. Bei der Me 110 war es aus Platzgründen etwas problematischer als bei der Do 217 oder Ju 88. Deshalb kamen hauptsächlich die MG FF / M bei der Me 110 zum Einsatz, es gab auch Nachtjäger mit der 30 mm-MK 108, da diese Waffe sich gut einbauen ließ. Doch diese Konfiguration war eher selten anzutreffen.

Oberfeldwebel Mahle hat später berichten können, dass viele bekannte Nachtjäger zu seiner Kundschaft gehört haben. Eine Belobigung und 500 RM hat es Oberfeldwebel Mahle eingebracht. So viel war dem Reichsluftfahrtministerium die erfolgreiche Waffe wert.

Danach steigerten sich die Abschusszahlen der deutschen Nachtjäger noch einmal, da das Bomber Command monatelang von dieser Waffenanordnung in deutschen Nachtjägern keine Kenntnis hatte. Man schoss aus Geheimhaltungsgründen deshalb auch nicht mit Leuchtspur nach oben.

Zu Hauptmann Schoenert wäre noch zu bemerken, dass dieser seine insgesamt 65 Nachtabschüsse mit drei verschiedenen Flugzeugmustern erzielt hat, Do 217, Me 110, Ju 88. Wie sich diese auf die einzelnen Typen aufteilten, entzieht sich meiner Kenntnis. Er hat in einem Zeitraum von fünf Monaten, als er die Me 110-Einheit befehligte, allein 18 Bomber mit der „Schrägen Musik“ zum Absturz gebracht.

Erst im Herbst 1944 konnte das Bomber Command mit der Modifikation des H2S-Radars gegnerische Nachtjäger bei dem Versuch, ihre Schrägbewaffnung einzusetzen, erkennen und dadurch wirkungsvoll bekämpfen.

Vorher, am 17.08.1943, kam es zu einem erfolgreichen Täuschungsmanöver seitens der RAF durch acht Mosquito-Pfadfinder-Maschinen bei Berlin, die zuvor Peenemünde überflogen hatten. Bei der Jagdfliegerdivision nahm man an, dass es sich hier um den erwarteten Luftangriff auf die Reichshauptstadt handelte, denn hinter den Mosquito folgten knapp 600 Bomber der RAF. Man alarmierte die Nachtjägereinheiten mit etwa 150 überwiegend mit Me 110 ausgerüsteten Maschinen - davon einige mit „Schräger Musik“ –, dazu kamen noch 50 Einmotorige des JG 300, und beorderte sie nach Berlin, damit sie die Feindflugzeuge abfangen. Doch die erste Welle dieses RAF-Bomberverbandes warf bereits ihre Bomben auf Peenemünde. Dabei konnte man über Berlin die Zielmarkierungen, die auf Peenemünde fielen, sehen.

Nachdem man den Irrtum erkannt hatte, wurden die Nachtjagdmaschinen schleunigst umdirigiert Richtung Peenemünde. Das Einsatzgebiet erreichte man jedoch erst, nachdem auch die zweite Welle den Großteil ihrer Bombenlast bereits abgeladen hatte.

Die zweite Welle wurde zunächst von nur einem halben Dutzend Nachtjägern der II. / NJG 1, aus St. Trond kommend, angegriffen. Der Leutnant Dieter Musset schoss allein fünf Viermotorige ab, doch seine Me 110 wurde ebenfalls getroffen und die Besatzung musste ausbooten, dabei hat sich der Flugzeugführer am Leitwerk schwer verletzt. Mit drei Luftsiegen erfolgreich war der Major Walter Ehle, mit jeweils zwei Oberleutnant Walter Barte, Oberfeldwebel Fritz Schellwat und der Hauptmann August Geiger von der 7. / NJG 1, der den Verband verstärkte. Durch diese Einheit verlor das Bomberkommando 13 Maschinen.

Die II. / NJG 5 aus Parchim kam ebenfalls bei Peenemünde zum Einsatz, wobei einige Maschinen als Feldversuch mit der „Schrägen Musik" ausgestattet waren. Leutnant Peter Erhardt schoss vier Viermotorige damit ab, der Unteroffizier Walter Hölker konnte zwei Luftsiege mit dieser Bewaffnungsart erzielen. Der Chef des NJG 5, Major Radusch, schoss selbst drei Feindbomber ab, damit kam man auf insgesamt elf Luftsiege. Die in Kopenhagen / Kastrup (hier die 7. / NJG 3) und Schleswig (II. / NJG 3) gestarteten Nachtjäger trafen noch auf die einzelnen Wellen des abfliegenden britischen Bomberverbandes. Elf Bomber wurden Opfer dieser Nachtjagd-Verbände, davon allein drei Lancaster durch den Feldwebel Hans Meissner, zwei gingen auf das Konto von Oberleutnant Paul Zorner. Hier traf es auch wieder die zweite und dritte Welle der RAF-Bomber am heftigsten.

Trotz des erfolgreichen Bluffs der RAF wurden noch 42 Viermotorige durch deutsche Jäger abgeschossen, 30 weitere wurden als beschädigt gemeldet, dies durch überwiegend Me 110-Verbände. Vier Me 110 gingen bei diesen Einsätzen verloren.

Am 19. / 20.02.1944, als die Engländer Leipzig mit 823 Viermotorigen angriffen, kostete sie das 78 Bomber, bei einem ähnlich starken Angriff auf Berlin am 24. / 25.03.1944 gingen noch einmal 72 Bomber in die Verlustlisten ein.

Aber einer der größten Abwehrerfolge und auch Höhepunkt, was die Luftsiege betraf, dürfte der Angriff auf Nürnberg am 31.03.1944 gewesen sein.

Um jetzt wieder auf das eigentliche Thema zu kommen:

In dieser Nacht wurden Nachtjagdgeschwader mit gemischten Flugzeugtypen eingesetzt, vom NJG 1 waren einige He 219 beteiligt, der Hauptmann Modrow schoss damit zwei Feindbomber ab, die 110er des Geschwaders hatten zehn Abschüsse zu verzeichnen. Das NJG 2 mit Ju 88 wurde ebenfalls in diesem Operationsgebiet eingesetzt und konnte 19 Luftsiege über

Viermotorige verbuchen. Lange Zeit gab es auch in diesem Geschwader die Me 110, vor allem die II. / NJG 2 flog von Mitte 1940 bis Ende 1942 Me 110 und einige Do 217. Auch in der III. / NJG 2 wurden 110er eingesetzt von Mitte 1943 bis Anfang 1944. Bei der II. / NJG 3 befanden sich Ju 88 im Einsatz, sie errangen 13 Luftsiege in dieser Nacht.

Von den 795 Halifax- und Lancaster-Bombern, die in dieser Nacht eingesetzt worden sind, wurden nachweislich 95 abgeschossen, davon mindestens 53 durch Me 110-Verbände. Im Einzelnen: zehn durch Teile II. / III. / IV. / NJG 1, 19 I. / III. / NJG 3, acht I. / III. / NJG 4 und 16 I. / II / NJG 6. Das NJG 6 war zu diesem Zeitpunkt komplett mit Me 110 ausgestattet. 71 Viermotorige kamen schwer beschädigt zurück, davon zwölf als Totalschaden. Natürlich dürfte die Flak auch einige der Bomber abgeschossen bzw. beschädigt haben.

Die Nachtjäger meldeten 101 Abschüsse, daran ist zu erkennen, wie genau die Abschussmeldungen der deutschen Piloten waren.

In dieser Nacht hat der Oberleutnant Martin Becker mit seiner Me 110 allein sieben Abschüsse erzielt. Auch Oberleutnant Martin Drewes, ebenfalls Me 110, kam auf drei Abschüsse in jener Nacht.

Der Totalverlust von zwölf Prozent der eingesetzten Maschinen war auch dem Luftmarschall Harris zu hoch. So setzte das Bomber Command der RAF für einige Zeit wenigstens die nächtlichen Bombenangriffe aus.

Also auch im Frühjahr 1944 war die Me 110 immer noch auf der Höhe der Zeit.

Serienabschüsse gab es schon vorher mit dem Bordradargerät, einer der ersten Piloten mit fünf Abschüssen in einer Nacht war der Hauptmann Reinhold Knacke vom 16. auf den 17.09.1942. In anderer Hinsicht war der Hauptmann Knacke ebenfalls Erster, dazu später mehr.

Hauptmann Wilhelm Herget hat vom 20. auf den 21.12.1943 mit seiner Me 110 innerhalb von 50 Minuten acht Abschüsse erzielen können.

Wilhelm Herget kennen wir schon als erfolgreichen Zerstörerpiloten, der über Großbritannien acht englische Jäger abgeschossen hat, als Tagjäger im ZG 76 hatte Wilhelm Herget 14 Abschüsse insgesamt zu Buche stehen.

Hergets Einheit wurde Mitte 1941 zur NJG 3 umbenannt und er war danach noch Kommandeur der I. / NJG 4. Auf Ju 88 G umgerüstet, in der Mehrzahl, wurde die Gruppe Mai / Juni 1944, meines Wissens hat Major Herget noch einige Einsätze und Abschüsse mit der Ju 88 G1 absolviert.

Von seinen insgesamt 58 Nachtabschüssen sind jedoch 50 mit der Me 110 erzielt worden. Major Herget ist ab Januar 1945 zum JV 44 versetzt worden und hat mit der Me 262 noch einen Abschuss erzielt. Somit kam er auf 73 Luftsiege.

Viele der Me 110-Piloten sind nicht so gerne auf die Ju 88 umgestiegen, das soll jetzt nichts gegen die Ju 88 aussagen. Aber gerade für einen Nachtjäger ist es wichtig, die Maschine von A bis Z zu kennen. Die Handgriffe mussten buchstäblich blind beherrscht werden. Deshalb ist es nur zu verständlich, dass die Freude über einen solchen Wechsel sich bei manchen in engen Grenzen hielt. Doch muss der Fairness halber geschrieben werden, dass es

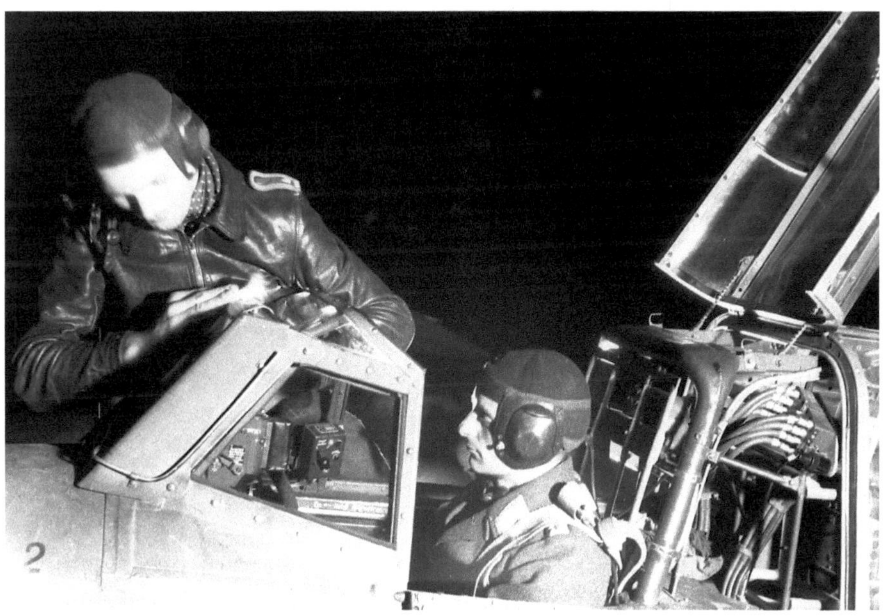

Abb. 32: Major Wilhelm Herget, Grp.Kdr. I. / NJG 4, Frühjahr 1944 mit der Me 110 G-4. Foto: BA 101 I-492-3342-38

auch Piloten gab, die der Ju 88 den Vorzug als Nachtjäger gaben, da es halt bei der Nachtjagd nicht so sehr auf die Agilität eines Flugzeuges ankam.

Einer, der zum Beispiel von der Ju 88 auf die Me 110 wechseln musste, war der Leutnant Heinz Strüning, ein erfolgreicher Fernnachtjäger im Nachtjagdgeschwader 2, wo er mit 28 Abschüssen erfolgreich agierte. Im Mai 1943 kam er zur 2. Staffel des NJG 1, das zunächst noch mit Me 110 ausgerüstet gewesen ist. Bereits am 27. / 28.05.1943 konnte er eine Mosquito als seinen 29. Luftsieg verbuchen, weitere Lancaster folgten noch mit der 110. Im Juli 1943 wurde er in die 3. Staffel NJG 1 versetzt, die anfing sukzessiv auf die He 219 umzurüsten.

Mit der He 219 schoss Strüning am 5. / 6.06 und 18. / 19.07.1944 noch mal je eine Mosquito ab. Am 01.09.1944 wechselte er zur 9. Staffel NJG 1, die wieder mit der Me 110 G-4 ausgerüstet war.

Insgesamt hatte Strüning 56 Nachtabschüsse auf drei verschiedenen Flugzeugmustern. Heinz Strüning wurde am 24. / 25.12.1944 Opfer eines britischen Fernnachtjägers.

Bei dem Major Paul Zorner liegt die Sache anders. Paul Zorner fing als Transportflieger an, bevor er sich am 01.10.1941 zu den Nachtjägern meldete. Zunächst auf Ju 88 und Do 217 ausgebildet, mit welchen er dann auch einsatzmäßig flog, konnte Paul Zorner zunächst keinen Erfolg erzielen.

Oberleutnant Zorner hat dann um die Versetzung zu einer Me 110-Einheit gebeten. Am 01.10.1942 wurde ihm dieser Wunsch erfüllt, als er zum NJG 3 versetzt wurde. Hier konnte er nun endlich die Me 110 fliegen. Später wurde er Gruppenkommandeur der III. / NJG 5. Mit der 110 hat Paul Zorner 58 Abschüsse erzielen können, darunter am 20. / 21.04.1944 eine Mosquito.

Major Zorner wurde zum Ende des Jahres 1944 zur II. / NJG 100 versetzt, die mit Ju 88 ausgerüstet war, hier hat er noch eine B-24 abgeschossen, somit sein 59. und letzter Luftsieg im Zweiten Weltkrieg.

Die Ju 88, seine letzte Maschine, wird oft in Zusammenhang mit ihm abgebildet und darunter stehen dann 59 Abschüsse. Natürlich hat Paul Zorner die 59 Abschüsse erzielt, aber 58 davon mit der Me 110, einschließlich einer Mosquito.

Dies passiert bestimmt nicht immer in böser Absicht, aber etwas mehr Recherchearbeit würde manchem Artikel gut zu Gesicht stehen.

Bei Oberstleutnant Walter Borchers ist es nicht ganz so extrem. Borchers zeichnete sich schon in der Luftschlacht um Frankreich und Großbritannien als Zerstörerpilot aus, indem er zehn Luftsiege über französische und britische Jäger erzielte.

Als Nachtjäger konnte er mit der Me 110 auch einen Reihenabschuss von sechs Viermotorigen in einer Nacht verbuchen. Doch auch sein NJG 5 wurde ab Ende 1944 auf Ju 88 G-6 umgerüstet.

Er dürfte weitere 14 Nachtabschüsse noch mit dieser Maschine erzielt haben. Insgesamt schoss Borchers 59 Flugzeuge ab; wie schon erwähnt, zehn als Zerstörerpilot.

Abb. 33: Major Borchers, Grp.Kdr. III. / NJG 5
Foto: BA 183 I-575-244

Bei Major Egmont zur Lippe-Weissenfeld verhält sich die Zuweisung der Luftsiege verhältnismäßig einfach. Er gehörte anfangs der 3. / NJG 1 und 4. / NJG 1 an, wo er zehn Luftsiege auf Me 110 erringen konnte. Danach wechselte er zur 5. / NJG 2, die zu der Zeit auch mit Me 110 ausgestattet war, bei dieser Einheit schoss er zwölf Feindmaschinen ab. Er soll aber auch einige Einsätze mit Do 217 und Ju 88 geflogen sein. Danach kam er zum I. / NJG 3, das wiederum mit Me 110 G-4 ausgerüstet war. Mit dieser Maschine schoss er weitere 29 Feindmaschinen ab. Major zur Lippe-Weissenfeld gehörte zu den eingefleischten Me 110-Nachtjägern.

Auch Manfred Meurer ist, wie so viele Nachtjäger, von einer Zerstörereinheit zu den Nachtjägern übergewechselt. Zunächst wie die meisten auf Me 110 fliegend, erzielte er 50 Abschüsse inklusive einer Mosquito am 27. / 28.07.1943. Danach, von August bis September 1943, war er Gruppenkommandeur bei II. / NJG 5. Im Oktober 1943 wechselte Meurer zum NJG 1 zurück und wurde Gruppenkommandeur I./NJG 1, verbunden auch mit dem Wechsel von der Me 110 auf die He 219. Hiermit erzielte er weitere neun Abschüsse, darunter nochmals eine Mosquito am 12./13.12.1943.

Hier muss der Richtigkeit halber angemerkt werden, dass es immer wieder zu falschen Zeitangaben über die Einführung der He 219 gekommen ist, dies wohl weniger aus böser Absicht. Natürlich ist es möglich, dass eine solche Maschine bereits Anfang 1943 auf einem Flugplatz gesichtet wurde, aber da war sie noch lange nicht für den Einsatz vorgesehen. In einem Fall ist von Anfang 1943 die Rede. Ein Prototyp der He 219 ist November/Dezember 1942 geflogen worden. Ich kann mir nicht vorstellen, dass ein solches Flugzeug im Januar, Februar oder März 1943 zur Truppe gekommen wäre. Es sind sogar Versuchsmuster von der Truppe übernommen und in Einsatz gebracht worden, da der Zulauf an A-Serien nur sehr schleppend vor sich ging. Erst im Frühjahr 1944 kamen nennenswerte Kontingente an He 219-Maschinen an die Front.

Der erste Einsatz dieser Maschine fand nachweislich am 11./12.06.1943 statt. Die Heinkel 219 wird hier noch genauer unter die Lupe genommen.

Doch um noch mal kurz auf die vorigen Kurzbiografien einzugehen: Es ist eben sehr schwierig, eine Zuweisung der Erfolge auf die verschiedenen Flugzeugtypen vorzunehmen. Durch umfangreiches Stöbern in verschiedenem Quellenmaterial ist es mir doch gelungen, natürlich unter Vorbehalt, hier etwas Klarheit zu schaffen.

Zur Me 110 selbst muss noch einiges hinzugefügt werden.

Mit Einbau des Lichtenstein-Gerätes wurde ein dritter Mann im Cockpit notwendig, einer, der das Radar bediente, und ein Bordschütze. Denn anfangs waren die Me 110 nur zur Nachtjagd umgebaute Maschinen.

Die erste richtige für die Nachtjagd vorgesehene Maschine war die Baureihe F-4, die Anfang 1942 zum Einsatz gekommen ist. Durch das Lichtenstein-FuG-202-Gerät wurden die Flugeigenschaften noch nicht so sehr eingeschränkt, wie dies bei späteren Maschinen der Fall war, da die Antenne relativ klein dimensioniert war.

Die Geschwindigkeit dieses Typs lag bei 500 km/h in 5 500 m. Nur knapp 300 Maschinen Me 110 F-4 wurden gebaut.

Abb. 34: Me 110 F-4 mit FuG 202, auch wurden bereits MG 81Z in F-Serien eingebaut, wie in diesem Flugzeug. Aufnahme von 1942.
Foto: BA 101 I-659-6436-12

Doch die am meisten in der Nachtjagd eingesetzte Maschine war die Me 110 G-4, diese wurde von Anfang 1943 bis zum Ende eingesetzt. Es wurden von der G-4 2 300 Exemplare produziert.

Die Maschine wurde immer wieder einer Modellpflege unterzogen. So vor allem auf dem Radarsektor, Bewaffnung (Schräge Musik), und auch auf dem Motorensektor wurden immer noch ein paar PS herausgekitzelt. Bewaffnung normalerweise 2 x 30 mm-BK 108 und 2 x MG 151 / 20 mm unter dem Rumpfbug, dazu das MG 81Z für den Bordschützen.

Die 30 mm-MK 108 ließen manche Nachtjägerpiloten durch ihre Warte wieder ausbauen, um auf 20 mm-Kanonen umzurüsten, und zwar aus folgendem Grund: Die Nachtjäger mussten bis auf 100 Meter an den feindlichen Bomber zwecks Zielauffassung herankommen, durch die enorme Wirkung der 30 mm-Granaten montierten gleich größere Wrackteile der Bomber nach hinten ab und gefährdeten den Nachtjäger besonders stark.

Die Me 110 war der Nachtjäger, den das britische Bomberkommando im Zweiten Weltkrieg am meisten fürchtete. Die Briten geben selbst zu, dass von etwas über 7 000 Bombern, die in der Nacht abgeschossen wurden, etwa 4 500-4 800 auf das Konto der Me 110 gingen.

Natürlich versuchte das RAF-Bomberkommando den deutschen Nachtjägern das Leben schwer zu machen. Dies gelang ihnen einmal dadurch, dass sie die Flugzeuge, sowohl den Halifax- wie auch den Lancaster-Bomber, mit 8 x 7,7 mm-Browning-MGs ausstatteten. Die MGs wurden überwiegend im Heck konzentriert. Zusätzlich versuchte man mit Fernnachtjägern der Typen Beaufighter und natürlich der Mosquito die Erfolge der deutschen Nachtjäger einzudämmen.

Die ersten Angriffe mit diesen Maschinen erfolgten zur Jahresmitte 1942. Dabei haben die Beaufighter einige Überraschungserfolge erzielt, hauptsächlich dadurch, dass ihr Bordradargerät dem deutschen überlegen war. Sie konnten die deutschen Maschinen früher erfassen und sich dadurch in deren Rücken in eine unbemerkt günstige Schussposition bringen, um sie abzuschießen.

Und nun zur Mosquito, die ja als Hauptgegner der deutschen Nachtjäger betrachtet worden ist und wird. Dieses Flugzeug war ein achtbarer Gegner, aber auch seine Hauptstärke lag im überlegenen Radargerät, denn seine extreme Höhenflugeigenschaft war bei Einsätzen als Nachtjäger nicht gefordert.

Um etwas näher auf das Radargerät der Mosquito einzugehen, es war ein amerikanisches Produkt der Firma Western Electronic mit der Bezeichnung SCR-720, die Briten bezeichneten es als AI X, das wird dem einen oder anderen eher geläufig sein. Es war eine Weiterentwicklung des AI VII und AI VIII, dies waren die britischen Vorgänger, die etwas störanfälliger waren, aber auch sie waren dem deutschen Lichtenstein-Gerät überlegen. Sie arbeiteten auf 10-cm-Welle und hatten eine Reichweite von gut 10 km, also die doppelte Reichweite. Ein weiterer Vorteil der Geräte bestand darin, dass man sie so einbauen konnte, dass der Luftwiderstandsbeiwert nicht erhöht wurde, man musste also kein Geweih oder Gartenzaun und ähnliche störende Antennen am Rumpfbug / -rücken mitführen. Was natürlich den britischen Nachtjägern Vorteile bei der Geschwindigkeit und allgemein in der Agilität verschaffte.

Zumal auch die Bewaffnung der britischen Nachtjäger so gehalten wurde, dass sie für gegnerische Jäger ausreichte. Dies bedeutete eine Gewichtsreduktion, während deutsche Nachtjäger Viermotorige bekämpfen mussten, wofür reine MG-Bewaffnung nicht ausgereicht hätte.

Insgesamt dürften 300 deutsche Nachtjäger aller Typen den britischen Mosquito und Beaufighter zum Opfer gefallen sein. Diese Abschusszahlen sind aber eher auf das weitaus bessere Bordradar zurückzuführen als auf die reinen Flugleistungen der Maschinen, besonders bezogen auf die Beaufighter. Die Briten konnten schon 1943 die deutschen Nachtjäger mit einem speziellen Gerät orten aufgrund der von den Lichtenstein-Geräten ausgehenden Impulse. Dieses Gerät ist unter dem Namen „Serrate" ein Begriff geworden.

Mosquito wurden von deutschen Nachtjägern über 50-mal abgeschossen, nicht eingerechnet die Abschüsse des JG 300.

Doch zunächst nochmals zurück auf die Me 110 G-4. Wie schon erwähnt, war in dieser Maschine das meistverwendete Radargerät FuG 220, oder auch

Abb. 35: Standard-Nachtjäger Me 110 G-4 mit SN-2-Antennen auf einem französischen Flugplatz im Jahre 1944 (NJG 4). Foto: BA 101 I-492-3347-028

kurz SN-2 genannt, eingebaut. Etwas später wurde auch noch eine Rückwärtswarnantenne in dieses Radar integriert, so dass man den feindlichen Nachtjägern nicht ganz chancenlos ausgeliefert war, genannt wurde es dann SN-2R.

Leider führten diese Geräte durch ihren Antennenwald zu beträchtlichen Einbußen an Geschwindigkeit, man kann es nicht oft genug wiederholen. Dazu die Flammenvernichter an den Auspuffstutzen, diese verursachten Leistungseinbußen auf der Motorenseite.

Eine Me 110 G-2 konnte in 6 000 m 600 km / h erreichen, eine Nachtjagd-G-4 mit ihrer ganzen Ausrüstung dagegen nur 525 km / h, in etwa der gleichen Höhe. Mit der eingebauten „Schrägen Musik“ wog das Flugzeug nicht weniger als 9,8 t. Allerdings modifizierte man die Antennen an der SN-2-Anlage, um den Luftwiderstand zu drücken. Dies war bei der Me 110 G-4d / R3 der Fall, der letzten Ausführung. Damit stieg die Geschwindigkeit wieder auf 550 km / h in knapp 7 000 m.

Trotzdem war die Steigleistung den anderen zweimotorigen Nachtjägern überlegen. Um auf eine Abfanghöhe von 6 000 m zu kommen, benötigte eine He 219 gut 11 min, eine Me 110 G-4 dagegen nur 9 min. Eine Ju 88 G-1, die noch bis zum Juli 1944 in den Verbänden vorhanden war, brauchte, um in diese Höhe zu kommen, nicht weniger als 14 min, sie konnte dieses Manko durch die Reichweitenvorteile ausgleichen. Selbst die Konkurrenz aus dem eigenen Haus, die Me 410, konnte sie in dieser Disziplin nicht abhängen.

Nichtsdestotrotz wurde von Generalluftzeugmeister Milch beschieden, die Produktion der Ju 88 zuungunsten der Me 110 zu erhöhen, gemeint sind hier natürlich Nachtjagdflugzeuge. Doch obwohl der Generalfeldmarschall Milch nicht gut auf Professor Willi Messerschmitt zu sprechen war, hat er manchen Vorschlag, die Me 110 ganz aus dem Programm zu streichen, nicht übernommen. Der Zwist der beiden rührte aus den zwanziger Jahren des vorigen Jahrhunderts, als Milch noch Generaldirektor der Lufthansa gewesen war und Messerschmitt einige Passagierflugzeuge an diese Gesellschaft hatte liefern dürfen. Bei diesen Maschinen war es zu zwei folgenschweren Abstürzen gekommen, bei denen sich die beiden Kontrahenten nie einig wurden, denn für die Lufthansa folgte ein geschäftliches Debakel, was Milch Messerschmitt nie ganz verzieh.

Doch war Milch Realist genug, solchen zurückliegenden Geschehnissen in seiner Planung nicht Raum greifen zu lassen, wenigstens nicht auf Kosten der Verteidigung. Zumal immer wenn es gegen die Me 110 zu Entscheidungen kommen sollte, von der Front Erfolgsmeldungen kamen, von Einheiten, die mit der 110 ausgerüstet waren.

Den wohl weitaus größten Ausschlag für die Ausweitung der Fertigung der Ju 88 mag die intensive, heute würde man sagen: Lobbyarbeit der Kampfflieger gegeben haben.

Immer mehr Kampfflieger wurden freigesetzt, da man mehr Jagdflieger brauchte. Die meisten Kampfflieger waren aber nicht sehr erpicht, in einmotorige Jagdflugzeuge gesetzt zu werden, deshalb haben sich viele für die Nachtjagd entschieden und sich zu diesen Verbänden gemeldet. Da es nun mal die Ju 88 bei den Nachtjägern gab, wurde dieser Flugzeugtyp von diesen Piloten natürlich bevorzugt, denn die Me 110 war ihnen nicht sehr genehm, die Pilotenkanzel glich eher der von Jagdflugzeugen als von Kampfflugzeugen, darin waren die Platzverhältnisse viel beengter. Natürlich wurde dieses Argument nicht in den Vordergrund gestellt.

Dies war mit Sicherheit ein Grund für Milch, die Ju 88 in der Produktion zu bevorzugen.

Gefertigt wurden die Me 110 aber noch bis April 1945 durch die Luther-Werke.

Bis zum September 1944 waren die Zahlen zwischen Ju 88 und Me 110 bei den Einsatzverbänden gleich. Danach neigte sich die Waage zur Ju 88. Im Frühjahr 1945 gab es noch sechs vollständige Gruppen mit Me 110 G-4.

Übrigens hat GFM Erhard Milch die Me 110 nie ganz abgeschrieben. Der DB 605 sollte noch einmal leistungsgesteigert und für die Me 110 bereitgestellt werden, dieser Motor brachte eine Leistung von 1 800 PS. Es war vorgesehen, die Me 110-Produktion wieder zu erhöhen, sobald der Motor einbaufähig geworden wäre. Doch dieser Motor wurde nicht mehr fertig, oder vielleicht besser gesagt, die Arbeit an ihm wurde wegen des Kriegsverlaufs eingestellt. Dieser Motor wäre allerdings für den Zerstörer Me 110 wichtiger gewesen als gerade für den Nachtjäger, eine Erhöhung der Geschwindigkeit war hier primär nicht so wichtig wie ein besseres Radargerät.

Heute werden von sehr vielen Autoren irgendwelche Laborwerte in Zeitschriften oder Internet veröffentlicht, welche Geschwindigkeit mit zum Beispiel der Ju 88 G-7 erreicht worden ist. Natürlich gab es eine Ju 88 G-7 mit 2 x 1 750 PS starkem Jumo 213 und man erzielte damit eine Höchstgeschwindigkeit von 580 km / h mit Nachtjagdausrüstung. Von dieser Baureihe wurden aber von November 1944 bis Kriegsende nur zwölf Stück gebaut. Die Ju 88 kam ja überhaupt nur als Nachtjäger anfangs in Frage durch ihre große Reichweite und später für allerlei Bordfunkmessgeräte, die in den Größenordnungen nicht in die Me 110 hineingequetscht werden konnten, wie z. B. das FuG 240.

Auch das Naxos-Z-Gerät FuG 350 wurde entwickelt und mit ihm konnte man das englische Navigationsradar H2S anpeilen und so den Feindverband orten, es wurde in der 110 so gut wie nicht verwendet. Das Naxos ZR, eine Verbesserung, war mit einem starken Rückwärtswarngerät gekoppelt, so dass feindliche Nachtjäger früher geortet werden konnten, diese Version wurde wahrscheinlich aus Platz- und Gewichtsgründen nur noch in die Ju 88 G eingebaut. Die industrielle Produktion reichte jedoch nicht aus, um jede Ju 88 damit auszustatten.

Für den Zweck, die englischen Bomber orten zu können, wurden einige Me 110 mit FuG 221a und später FuG 227 Flensburg ausgerüstet. Diese an den Tragflächenenden angebrachten Dipolantennen konnten das in den RAF-Bombern eingebaute Heckwarnradar Monica lokalisieren.

Sicherlich wurden die Funkmessanlagen, die in der Me 110 verwendet wurden, ständig verbessert, es gab dann noch das von der Leistung mit dem SRC 720 durchaus konkurrierende Berlin-N3-Gerät, das eine Reichweite von knapp 10 km erzielen konnte. Bei Kriegsende gab es jedoch nur ein Stück davon. Das bei der Ju 88 angesprochene FuG 240, auch genannt Berlin N1a, war etwas schwächer als das N 3, nur konnte es in kein anderes Flugzeug eingebaut werden als in die Ju 88, da der Antennenspiegel viel zu groß war und das Gerät ein Gewicht von 150 kg auf die Waage brachte, das SN-2 im Vergleich wog 50 kg. Allerdings brauchte damit die Ju 88 G dann kein Geweih mehr zu tragen, sondern eine vollverkleidete Parabolantenne am Rumpfbug, was den Luftwiderstandsbeiwert erheblich senkte. Nur zehn Geräte wurden davon ausgeliefert.

Damit will ich nur sagen, dass Deutschland auf dem Gebiet der Bordradarführungssysteme noch ziemlich im Hintertreffen gegenüber Großbritannien war.

Ab und zu musste sogar wieder auf ein älteres Radargerät zusätzlich zurückgegriffen werden, weil dessen Frequenzen von den Briten nicht so leicht gestört werden konnten, aber das Geweih am Bug wurde damit noch umfangreicher. Durchaus üblich war eine Kombination von FuG 220 (SN-2) und FuG 212, einem Weitwinkelgerät, das im Nahbereich die Defizite des FuG 220 ausglich.

Doch im Bereich der sonstigen FT-Geräte waren die Nachtjäger gut ausgestattet. Am Beispiel einer Me 110 G-4 Ende 1944, in dieser Maschine waren folgende Funkausrüstungen installiert:

Fu Bl 2F, eine Blindlandeanlage, die mit Funkanlage, Peil-G-6-Peilzusätzen APZ 6, Höhenmessanlage FuG 101 und der Kurssteuerung (siehe Kapitel Afrika!) funktionierte.

FuG 16 ZE, das in Verbindung mit FuG 10 zur Jägerführung und als Zielfunkgerät fungierte.

FuG 25 für die Kennung und Abfrage durch Würzburg- und Freya-Geräte.

Dies nur der Vollständigkeit halber. Es gibt in diesem Bereich sehr gute Publikationen, die diese Thematik ausführlich behandeln.

Einige Maschinen wurden noch mit dem FuG 218 „Neptun“ ausgerüstet, um wieder auf die Funkmessortung zurückzukommen, das vor allem in punkto Störanfälligkeit nicht so empfindlich war, doch die Reichweite gegenüber SN-2 verringerte sich wieder. Die Einführung des Gerätes wurde notwendig, weil sich Mitte Juli 1944 eine Ju 88-G1-Besatzung verfranzt hatte und in England gelandet war. An Bord hatte sie SN-2, „Flensburg“ und „Naxos“. Danach konnten die deutschen Nachtjagdbesatzungen noch besser getäuscht werden. Zudem setzten die Bomberbesatzungen das Heckwarngerät Monica und die H2S-Anlagen nur noch kurzfristig in Funktion, um eine Peilung durch deutsche Funkmessgeräte unmöglich zu machen.

Als am 28.01.1945 ein Angriff auf die Stadt München stattfand, bei dem auch die bekannte 100. Bomber Group dabei war, die Nachtjäger und mit Störsendern ausgerüstete Bomber mit sich führte, konnte das NJG 6, insbesondere die Besatzung Bahr, Erfolge erzielen. Günther Bahr schoss drei B-17 und eine B-24 ab. Sein Flugzeug war mit FuG 218 ausgerüstet und konnte demzufolge nicht gestört werden. Wichtig war eben die Ausrüstung mit den entsprechenden Geräten und die 110 war wieder auf der Höhe der Zeit.

Um nochmals auf die Geschwindigkeit zurückzukommen, die englischen Viermotorigen gehörten zu den schnellsten viermotorigen Bombern, die es gab. Bis zu 430 km / h mit Bombenlast war ihre Höchstgeschwindigkeit, doch aufgrund ihrer engen Formation bei Nachteinflügen konnten sie diese Geschwindigkeit nicht ausreizen, übrig blieben dann noch 350 km / h.

Also reichten die 525 km / h / 550 km / h der Me 110 G-4 weitaus, dies ist natürlich die V max, meist flogen die Nachtjäger die V max. Reise, die lag um 480-500 km / h, sonst wäre der Kraftstoffverbrauch zu hoch gewesen, um an die Bomber zu gelangen, zumal die Me 110 deren Einflughöhe schneller als die anderen Nachtjagdmaschinen erreichte, mit Ausnahme natürlich der Me 262.

Nur eine Ju 88 war schneller als die Me 110 G-4, nämlich die Ju 88 G-6c mit zwei Jumo 213 mit jeweils 1 750 PS, und zwar um ganze 15 km / h. Dieser Typ wurde in kleiner Stückzahl ab November 1944 beim NJG 1 in Luftraumbeobachterstaffeln und in Norwegen eingesetzt.

Die Ju 88 G-1 und G-6a,b waren beide mit dem Doppelsternmotor 801 und jeweils 1 700 PS ausgestattet, ihre Höchstgeschwindigkeit betrug in 6 000 m Höhe 520 km / h, sie unterschieden sich nur durch ihre elektronische Ausrüstung. Die Vorteile bei der Ju 88 waren eigentlich die größere Aufnahmekapazität von Geräten und die längere Flugdauer, wie ich schon erwähnt habe.

Für Umsteiger konnte die Ju 88 etwas problematisch sein, beim Start musste der Pilot kurz die Radbremse einsetzen, um damit das Heck vom

Boden zu bekommen und nicht zum „Fliegerdenkmal“ zu werden. Auch der Einmotorenflug besonders beim Einkurven war nicht unbedenklich, führte in einigen Fällen zum Abschmieren oder besser gesagt zum Abstürzen. Dies war wahrscheinlich die Todesursache bei Helmut Lent, dem das in Bodennähe widerfahren ist, wo es natürlich überhaupt keine Abfangmöglichkeiten mehr gibt. Die Landung musste mit hoher Geschwindigkeit vonstattengehen, aufgrund der hohen Flächenbelastung, sonst drohte ein Durchsacken der Maschine, was sich auf Besatzung und Maschine verhängnisvoll auswirken konnte.

Allerdings für eingefleischte Ju 88-Piloten, die eben gerade von den Kampffliegerverbänden kamen, stellten die oben bezeichneten Eigenheiten keine Probleme dar. Nur eben für Umsteiger war dies oft gewöhnungsbedürftig.

Kurz angeschnitten hatte ich ja schon die He 219. Für viele der Me 110-Piloten war einfach der Fortschritt dieses Flugzeuges zu gering, als dass sie mit fliegenden Fahnen umgestiegen wären. Sicherlich gab es eine ganze Reihe von überzeugten Umsteigern. An erster Stelle wäre hier der Major Werner Streib zu nennen.

Vom 11.06. auf den 12.06.1943 führte er zum ersten Male eine He 219 in einen scharfen Einsatz. Gleich fünf schwere RAF-Bomber wurden von ihm abgeschossen. Die He 219 von Streib wurde nach dem erfolgreichen Einsatz bei der Landung schwer beschädigt. Streib nahm die Schuld auf sich. Dabei muss gesagt werden, dass dieses Flugzeug nicht unumstritten war, was gerade die Flugeigenschaften anging, nach einigen Verbesserungen sollen sie jedoch ausgezeichnet gewesen sein.

Dem GFM Milch wurde sofort über diesen Einsatz Bericht erstattet, doch zeigte dieser sich nicht besonders beeindruckt, seine Aussage: „Vielleicht hätte Streib genauso viele abgeschossen, wenn er einen anderen Flugzeugtyp geflogen hätte.“ Immerhin ließ er Streib ein Glückwunschtelegramm zukommen, es war ja immerhin der erste richtige Einsatz mit der He 219.

Trotzdem ist an Milchs Aussage was dran. Reihenabschüsse gab es vorher auch schon und bald darauf sollten weitere folgen, eben auch mit anderen Flugzeugtypen.

In einer bekannten Flugzeitschrift, die ich hier nicht nennen möchte, sollen nach Streibs Erfolg in den nachfolgenden zehn Tagen mit einer He 219-Einheit bei sechs Einsätzen weitere 20 Bomber abgeschossen worden sein und zusätzlich sechs Mosquito. Das mit den Bombern ist möglich, aber die sechs Mosquito sind wohl eher Wunschdenken.

Die Aussage, es wäre vorher noch nie gelungen, eine Mosquito abzufangen, ist ebenfalls eine jedenfalls nicht gut eruierte Angabe. Oberleutnant Reinhold Knacke hat nachweislich die erste Mosquito in der Nacht vom 28.07. auf den 29.07.1942 mit einer Me 110 F-4 abgeschossen. Der nächste Abschuss erfolgte durch Major Helmut Lent am 20./21.04.1943 mit einer Me 110 G-4. Die dritte Mosquito wurde in der darauffolgenden Nacht durch Oberleutnant Lothar Linke mit einer Me 110 G-4 abgeschossen. Erst am 12./13.12.1943 erfolgte der erste Abschuss einer Mosquito durch Hauptmann Manfred Meurer mit He 219 A-0. Vom Mai bis Juli 1944, also ein Jahr später, kam es zu einer Reihe von Mosquito-Abschüssen durch Einheiten des NJG 1, die mit He 219 ausgerüstet waren.

Auf Vorschlag von Major Streib hat man einen Mosquito-Jagdverband zusammengestellt, Streib hatte das bereits Ende 1942 mit einer Me 110-Einheit in Angriff nehmen wollen, doch damals war es abgelehnt worden.

Im Juni 1943 wurden zehn Me 110 G-4/U 7 ausgeliefert, bei dieser Ausführung wurden einige gepanzerte Bauteile ausgebaut, und das MG 81Z wurde auch entfernt, allerdings nicht aus Gewichtsgründen, sondern im B-Stand wurde ein Tank für die GM-1-Anlage (Glykol-Methanol) installiert (Funktionsprinzip im Kapitel Reichsverteidigung erklärt). Doch auch diese Serie wurde nicht zur Mosquitojagd eingesetzt, obwohl diese Maschinen ein gutes Höhenpotential hatten, man konnte mit ihnen leicht auf 12 000 m steigen, auch die Höchstgeschwindigkeit lag mit 580 km/h bei 8 000 m sehr hoch. Doch unterhalb von 7 000 m lagen die Leistungsparameter unter dem Niveau einer normalen G-4. Denn klar ist natürlich, dass man mit den Serien Me 110 G-4 keine Mosquito direkt jagen oder abfangen konnte. Schon alleine ihre Sperrholzkonstruktion brachte Vorteile, um überhaupt durch Radar erfasst zu werden. Hinzu kam die Überlegenheit des englischen Bordradarsystems.

Man hatte 1944 noch einmal einen Höhenjäger Me 110 H geplant, doch auch dieses Projekt wurde aufgrund des negativen Fortgangs des Krieges nicht mehr ausgeführt.

Einem neuen Versuch wurde erst im Frühjahr 1944 zugestimmt, somit setzte Streib die erste I. / NJG 1 unter anderem für die Mosquito-Jagd ein.

Vom 06.05.1944 bis 19.07.1944 konnten die He 219-Besatzungen zwölf Mosquito abschießen. Ob man damit hätte zufrieden sein sollen, kann ich nicht beurteilen, aber der Verband wurde wieder zur reinen Bomberabwehr umstrukturiert. Insgesamt schossen He 219 aller Ausführungen 14 Mosquito ab. Ju 88-Besatzungen kamen auf fünf Mosquito-Abschüsse in der Nacht.

So, nun chronologisch geordnet die Me 110-Besatzungen, auf deren Konto abgeschossene Mosquito kamen.

28. / 29.07.1942	Oberleutnant Knacke	I. / NJG 1
19. / 20.04.1943	Major Lent	IV. / NJG 1
21. / 22.04.1943	Oberleutnant Linke	IV. / NJG 1
27. / 28.05.1943	Oberleutnant Strüning	I. / NJG 1
27. / 28.07.1943	Oberleutnant Meurer	I. / NJG 1
13. / 14.01.1944	Oberleutnant Schmidt	III. / NJG 1
12. / 13.02.1944	Leutnant Brandenberger	III. / NJG 1
20. / 21.04.1944	Hauptmann Zorner	III. / NJG 5
04. / 05.05.1944	Unteroffizier Wester	I. / NJG 5
29. / 30.07.1944	Unteroffizier Metzer	I. / NJG 5
12. / 13.12.1944	Unteroffizier Scherl	III. / NJG 1
17. / 18.12.1944	Oberleutnant Lau	II. / NJG 1
18. / 19.12.1944	Hauptmann Breves	II. / NJG 1
16. / 17.04.1945	Oberleutnant Witzleb	III. / NJG 1

So konnten doch mindestens 14 Mosquito von Me 110-Besatzungen erfolgreich bekämpft werden, obwohl es bei diesen Einheiten nie ein Sonderkommando gegen Mosquito gegeben hatte. Auf jeden Fall war es eine Me 110, die den ersten Abschuss einer Mosquito bewerkstelligte (Oberleutnant Knacke) und den letzten Mosquito-Abschuss (Oberleutnant Witzleb).

Richtig gefährlich für die Mosquito-Einheiten wurde es erst durch den Einsatz der Me 262-Nachtjäger, die es zu wenig bei den Nachtjagdeinheiten gab. Hier schoss der Oberleutnant Welter nur bei Nachteinsätzen mit seiner Me 262 25 (in Worten: fünfundzwanzig) Mosquito ab. Hieran ist deutlich zu erkennen, dass die Entscheidung, die He 219 nicht mehr gegen die Mosquito einzusetzen, die richtige gewesen ist.

Großbritannien baute über 7 000 Mosquito, ein Teil davon wurde in Kanada produziert.

Auch waren die eigenen Verluste bei der Jagd nach Mosquito nicht gering. Die Bekämpfung der Mosquito wurde danach am 19. Juli 1944 den einmotorigen Spezialeinheiten überlassen. Das JG 300 war zum Beispiel ein solcher Verband, in dem der Oberleutnant Welter mit seiner Staffel sehr erfolgreich agierte, anfangs mit FW 190 A-8 und Me 109 G-10 ausgerüstet.

Doch weiter mit dem eigentlichen Thema.

Es wurden auch direkte Vergleiche der Abschusszahlen vorgenommen. Gerade beim NJG 1 war ein Vergleich am besten möglich, da vor allem die I. Gruppe mit He 219 und die II. Gruppe mit Me 110 ausgerüstet war, auch das Einsatzgebiet war identisch.

In der Nacht vom 03. auf den 04.11.1944 schossen elf He 219 sieben Bomber ab, allein Oberfeldwebel Morlock sechs Bomber, der andere wurde durch Oberleutnant Thurner abgeschossen.

Die II. Gruppe, bestehend aus neun Me 110, schoss bei diesem Einsatz zehn Bomber ab, davon der Hauptmann Lau allein drei. Zufall?

Zwei Nächte später sah das Ergebnis ähnlich aus:

- Zwölf He 219 kamen in dieser Nacht zu drei Abschüssen.
- Zehn Me 110 wurden vier Abschüsse bestätigt.

Man beachte auch bitte das Datum, die He 219 war also schon über ein Jahr eingeführt und hätte so langsam mal eine deutliche Steigerung der Abschusszahlen erbringen müssen! Woran es sicher nicht gelegen hat, waren die Piloten. Also von einer Verbesserung kann hier schlicht nicht gesprochen werden oder gar von einer überzeugenderen Leistung gegenüber der Me 110.

Zwei Nachtjägergruppen, die I. und die IV. / NJG 6, die immer noch mit teilweise Me 110 G-4 und Ju 88 G-6 ausgerüstet waren, haben am 21. / 22. Februar 1945 bei einem Angriff auf Worms den wohl größten Erfolg des gesamten Monats erzielen können. Für 21 Luftsiege gegen viermotorige Bomber benötigten sie keine halbe Stunde. Der Oberfeldwebel Bahr, Me 110 G-4, mit Besatzung Rehmer, Riedinger konnte hier einen Reihenabschuss von sieben Bombern verbuchen. Feldwebel Emil Weinmann drei Abschüsse, und der Kommandeur Oberstleutnant Lütje, auch auf Me 110, hat hierbei zwei Luftsiege gegen Halifax erzielt. Der Hauptmann Becker und Oberfeldwebel Schmidt auf Ju 88 G-6 waren mit jeweils drei Luftsiegen bei diesem Einsatz erfolgreich. Die zwei Gruppen hatten keine Verluste.

Me 110 G-4 ein Auslaufmodell? Mitnichten!

Einen guten Nachtjäger hätte wohl die von Prof. Kurt Tank entwickelte TA 154 abgegeben. Doch gab es hier Fertigungsprobleme, da die Maschine auf einer Holzkonstruktion basierte, ähnlich der englischen Mosquito. Um die Stabilität zu gewährleisten, brauchte man einen besonderen Leim. Dieser war offenkundig nicht so einfach herzustellen.

Das Gewicht des Flugzeuges stieg im Laufe der Zeit ebenfalls, so dass der eigentliche Vorteil der Maschine, nämlich leichter zu sein, immer geringer wurde. Einige Prototypen dieser Maschine wurden bereits am Boden durch Bombentreffer zerstört. Trotzdem wollte ich die Maschine als Alternative genannt haben.

Der Konstrukteur und leidenschaftliche Pilot Prof. Kurt Tank hat auch die He 219 geflogen und war von ihr nicht sehr angetan. Er hat eben, wie viele Me 110-Piloten auch, die Flugeigenschaften der He 219 eher einem Kampfflugzeug zugeschrieben als einem Jäger.

Besser als die Me 262 wäre die Ta 154 mit Sicherheit nicht geworden, die Zeit der Propellerkampfflugzeuge neigte sich hier schon dem Ende entgegen.

Einen Sonderstatus, wie ihn manche Autoren der He 219 zuweisen, kann ich beim besten Willen nicht nachvollziehen.

Auch das Gutschreiben des amerikanischen Nachtjägers P-61 Black Widow, aus welchen Gründen auch immer, ist mir nicht plausibel. Allein der Name mag wohl einige beeindrucken, doch das reale Bild, das die P-61 abgab, war wohl eher ernüchternd. Man bot diese Maschine auch Großbritannien an, doch die Beurteilung durch RAF-Piloten war eher negativ, so dass man das Angebot ablehnte. Denn bei einer Spannweite von über 20 Metern kann kaum mehr von einem Jäger gesprochen werden, das Startgewicht lag bei 17 t.

Sie wurde ab Mai 1944 auch im Pazifik eingesetzt und ab Juni 1944 in Europa. Insgesamt konnte sie, so wird verlautbart, 127 Abschüsse erzielen. Von ihrem guten Radar abgesehen war sie von der Me 110 gut auszumanövrieren. Auch wird sie von Nachtjagdpiloten so gut wie nicht erwähnt.

So, nun zu einigen Piloten, die mit der Me 110 stark verbunden waren, teils weil sie vorher Zerstörerpiloten waren oder sich erst mit den guten Flugeigenschaften angefreundet hatten.

Ich habe ja schon von Piloten berichtet, die anfangs ihre Erfolge mit der Me 110 errungen haben, im Laufe der Zeit umsteigen mussten und auch wieder aufs alte Einsatzmuster zurückkehrten.

Die nachfolgend genannten Nachtjäger sind, soweit bekannt, keine oder nur sehr kurzfristig andere Maschinen im Einsatz geflogen.

Übrigens hat auch der Oberst Günther Radusch einen Großteil seiner 65 Abschüsse mit der Me 110 erzielt, ebenso Hauptmann Martin Becker, der durch mehrere Reihenabschüsse auf sich aufmerksam gemacht hat und im Herbst 1944 auf Ju 88 umsteigen musste. Von 58 Gesamterfolgen hat er wenigstens 43 mit der Me 110 erzielt.

Genannt werden muss in diesem Zusammenhang auch der Hauptmann Ludwig Meister, er hat von 39 Luftsiegen 38 mit der Me 110 verbuchen können, davon eine Viermotorige am Tage.

Wie schon erwähnt, ist eine genaue Zuordnung der Abschüsse sehr schwierig, da Anfang 1945 nur noch sechs Gruppen durchgehend über die Me 110 verfügt haben, dies vor allem bei NJG 1, 5, 6, 101, 102. Die NJG 2 und 4 hatten nur noch Ju 88 in ihrem Bestand. Nur ein Pilot im NJG 4 konnte nicht von seiner 110 getrennt werden, auf diesen Piloten werde ich gesondert eingehen.

Oberfeldwebel Heinz Vinke war einer der ganz großen Nachtjäger im Unteroffizierrang mit Portepee, mit 54 Abschüssen hat er den Unteroffiziersstand eindrucksvoll repräsentiert. Eichenlaubträger.

Hauptmann August Geiger mit 53 Abschüssen war im Zeitraum 1943 einer der erfolgreichsten Nachtjäger. Leider wurde er am 30.09.1943 Opfer eines englischen Fernnachtjägers. Eichenlaubträger.

Hauptmann Hermann Greiner war ebenfalls ein überzeugter Me 110-Pilot, der auch sechs Monate mit der Aufgabe eines Nachtjagdlehrers betraut war und zwei Monate eine Luftbeobachterstaffel führte.

Hptm. Greiner hat am 05. / 06.01.1945 Luftsiege über vier britische Bomber und am 07. / 08.03.1945 noch einmal über drei Bomber erzielen können. Insgesamt 51 Luftsiege, davon vier am Tage. Eichenlaubträger.

Oberstleutnant Herbert Lütje war mit 50 Luftsiegen, davon drei am Tag, erfolgreich, u. a. zwei P-38-Jäger über Rumänien, auch ein Reihenabschuss mit sechs Bombern am 13. / 14.05.1943 gehörte zu seinen Erfolgen. Eichenlaubträger.

Major Martin Drewes, ein alter Zerstörerpilot, war schon beim „Sonderkommando Junck“ 1941 im Irak dabei und konnte bei dieser Unternehmung einen Gladiator abschießen, nachher hat er noch im Einsatz als Küstenschutzflieger eine Spitfire über der Nordsee abgeschossen, bevor er sich zur Nachtjagd meldete und hier weitere 47 Luftsiege erzielte, davon vier Viermots am Tage und weitere drei Beteiligungen an Viermotorigen. Eichenlaubträger.

Abb. 36: Stfw. Reinhard Kollak (Mitte) und seine Besatzung.
Foto: BA 101 I-492-3347-23

Stabsfeldwebel Reinhard Kollak hat ebenfalls als Zerstörerpilot begonnen, er war mit bei den ersten Nachtjägern. Seine Abschusszahl von 49, davon 39 Viermotorige, hätte die Verleihung des Eichenlaubs zur Folge gehabt. Nur hat sich Reinhard Kollak stets geweigert, Offizier zu werden, dies wird vielleicht der Grund für die Nichtverleihung gewesen sein. Ritterkreuz.

Hauptmann Hans-Heinz Augenstein hat seine 46 Abschüsse in einem relativ kurzen Zeitraum erzielt, von Mai 1943 bis November 1944, also in 18 Monaten. Augenstein wurde Opfer eines englischen Fernnachtjägers. Ritterkreuz.

Leutnant Rudolf Frank war ein sehr junger Nachtjäger, Jahrgang 1920, der dennoch mit 45 Abschüssen zu den erfolgreichsten zählte. Leider wurde seine Maschine am 27.04.1944 von den Trümmern einer abgeschossenen Lancaster getroffen. Rudolf Frank konnte sich nicht mehr retten, die anderen Besatzungsmitglieder überlebten das Unglück. Eichenlaubträger.

Hauptmann Reinhold Knacke, von ihm haben wir schon gehört, war der erste Nachtjagdpilot, dem der Abschuss einer De Havilland Mosquito gelang. Er ist nach Abschuss von 44 Feindflugzeugen am 04.02.1943 gefallen. Eichenlaubträger.

Oberleutnant Paul Gildner war ein Pionier in der Einführung der Nachtjagd und mit 44 Luftsiegen erfolgreich. Kam durch Absturz seiner Me 110 am 25.02.1943 ums Leben. Ritterkreuz.

Hauptmann Leopold Fellerer, ein Österreicher, war mit 41 Luftsiegen, davon zwei B-17 am Tag, erfolgreich. Am 20. / 21.01.1944 gelang es ihm, fünf Viermotorige abzuschießen. Ritterkreuz.

Major Walter Ehle fing als Zerstörerpilot an und konnte schon drei Abschüsse vorweisen. Er war ein Mann der ersten Stunde bei den Nachtjägern, hatte 39 Luftsiege, davon vier am Tag. Er hat wohl am 20. / 21.07.1940 den wahrscheinlich ersten Nachtabschuss, eine Wellington, bewerkstelligt, und ein Reihenabschuss von fünf gegnerischen Bombern gehörte auch zu seinen Erfolgen. Ehle kam bei einem Absturz infolge Ausfalles der Platzbeleuchtung bei der Landung ums Leben, am 18.11.1943. Ritterkreuz.

Hauptmann Helmut Bergmann hatte 36 Abschüsse zu verzeichnen, darunter einige Reihenabschüsse. Am 16. / 17.04.1943 die erste Serie mit vier Bombern, am 10. / 11.04.1944 konnte er innerhalb von 46 Minuten sieben Halifax-Bomber bezwingen. Wenige Wochen später, 03. / 04.05.1944, kamen noch einmal sechs Lancaster in nicht mal einer halben Stunde dazu.

Helmut Bergmann kehrte von einem Feindflug am 07.08.1944 nicht mehr zurück. Ritterkreuz.

Hauptmann Dietrich Schmidt gelang es viermal, in einer Nacht jeweils drei Viermotorige abzuschießen, zusätzlich konnte er eine Mosquito, am 13. / 14.01.1944, bezwingen.

Insgesamt schoss Schmidt in der Nacht 40 Flugzeuge ab, dabei außer der Mosquito alles Viermotorige. Ritterkreuz.

Oberfeldwebel Günther Bahr kam auch von den Zerstörern, hier war er einige Zeit als Fluglehrer tätig, dann in Russland beim SKG 210, hier erzielte er seinen ersten Luftsieg. Meldete sich zu den Nachtjägern, wo er bereits Anfang 1942 die Schulung begann. Gerade Günther Bahr hat bewiesen, dass die Me 110 auch am Kriegsende noch nicht zum alten Eisen gehört hat. Er hat sich durch mehrfache Reihenabschüsse ausgezeichnet. Allein 15 Nachtabschüsse noch im Jahr 1945, davon vier Anfang Januar, vier Ende Januar und am 21. / 22.02.1945 sieben Luftsiege bei Worms.

Insgesamt 37 Abschüsse, davon 34 Viermotorige in der Nacht, drei am Tage, darunter zwei Viermotorige. Ritterkreuz.

Hauptmann Wilhelm Johnen, ebenfalls ein passionierter Me 110-Pilot, hat 34 Nachtabschüsse erzielt, davon vier russische Schnellbomber vom amerikanischen Typ B-25 Mitchell, als er kurzfristig im Südostraum eingesetzt wurde. Johnen wurde auch berühmt durch seine Stippvisite in der Schweiz, wohin er sich mit seiner nagelneuen Me 110 G-4 bei der Verfolgung einer Lancaster verfranzt hatte und wo er sich, nachdem durch deren MG-Beschuss ein Motor ausgefallen war, zu einer Notlandung entschließen musste. Dies gab einen riesigen diplomatischen Wirbel. Es ging bei dem Flugzeug nicht nur um das SN-2-Suchgerät, sondern um das integrierte Rückwärtswarngerät (SN-2R), mit dem konnten gegnerische Nachtjäger, die sich von hinten anpirschten, auf eine Entfernung von 500 m geortet werden. Ebenso war ein elektrischer Höhenmesser FuG 101 eingebaut, der nur noch kleine Messtoleranzen von 1-2 m aufwies.

Genaueres hierzu in Wilhelm Johnens Buch „Duell unter den Sternen". Ritterkreuz.

Oberfeldwebel Karl-Heinz Scherfling war auch einer der vielen Unteroffiziere, die auch als Flugzeugführer erfolgreich waren. Mit 33 Nachtabschüssen gehörte er ebenfalls zu den Spitzenreitern. Er wurde am 20. / 21.07.1944 Opfer eines britischen Fernnachtjägers. Ritterkreuz.

Hauptmann Fritz Lau kam erst spät, am 18.08.1943, zur Nachtjagd, er war vorher Transportflieger und Blindfluglehrer. Trotzdem konnte er bei nur 76 Feindflügen 28 Abschüsse erzielen, darunter eine Mosquito am 17./18.12.1944. Ritterkreuz.

Oberleutnant Lothar Linke kam von den Zerstörern, bei denen er schon mit zwei Luftsiegen erfolgreich gewesen war. In seiner Zeit als Nachtjäger kamen noch einmal 25 hinzu, darunter eine Mosquito am 21./22.04.1943. Lothar Linke fiel am 13./14.05.1943. Ritterkreuz.

Oberleutnant Heinz Grimm war 27-mal erfolgreich, davon gegen eine Viermotorige am Tage. Heinz Grimm ist am 13.10.1943 seinen schweren Verletzungen, die am 08.09.1943 durch eigene Flak verursacht worden waren, erlegen. Ritterkreuz.

Ein Pilot darf hier natürlich nicht fehlen. Es ist die Rede von Oberstleutnant Hans-Jochim Jabs. Er war schon als Zerstörerpilot eine Legende, hatte von da schon 19 Luftsiege, alles Jäger, viele davon Spitfire, mitgebracht.

Ab November 1941 erfolgte seine Umschulung zur Nachtjagd. Schnell konnte er sich auch hier einen Namen machen. Am 01.08.1943 war er schon Gruppenkommandeur der IV./NJG 1.

Bereits am 01.03.1944 wurde er zum Kommodore des wohl größten Nachtjagdverbandes ernannt, des NJG 1. Zu diesem Zeitpunkt hatte Oberstleutnant Jabs bereits 26 Abschüsse als Nachtjäger, davon eine B-17 am Tage, erzielt.

Abb. 37: Major Jabs, später Oberstleutnant und Kommodore NJG 1. Foto: BA 183-R63400

Am 29.04.1944 kam es dann zu der von mir bereits geschilderten Konfrontation mit den acht Spitfire, wobei Major Jabs zwei davon abschießen konnte mit seiner Nachtjagd-Me 110. Das wird heute noch in Großbritannien als außergewöhnlich gewürdigt.

Um es nicht zu vergessen: H.-J. Jabs flog die Me 110 als Kommandeur des NJG 1 bis zum bitteren Ende, obwohl gerade in diesem Verband Alternativen zur Verfügung gestanden hätten, nämlich die He 219 und die Ju 88 G-6. Von manchen Autoren wird so getan, wie wenn nur die „Besten" die He 219 hätten fliegen dürfen. Dies erscheint mir doch angesichts dieser Tatsache eher eine Verbalentgleisung zu sein.

Oberstleutnant Jabs hat mit der Me 110 insgesamt 50 Luftsiege erzielt. 31 als Nachtjäger, davon drei am Tag. Als Kommandeur des größten und wichtigsten Verbandes hatte er außer Abschießen noch andere vielfältige Tätigkeiten zu bewältigen. Es spricht deshalb sehr für ihn, dass er trotzdem noch so viele Einsätze mitgeflogen ist und sich gerade zum Schluss des Zweiten Weltkrieges nicht geschont hat, denn seinen letzten Abschuss erzielte er am 20. / 21.02.1945. Eichenlaubträger.

Gerade der erfolgreichste Nachtjäger darf nicht ausgelassen werden:
Major Heinz-Wolfgang Schnaufer, geboren in Calw (Württemberg). Bereits November 1941 kam er als ausgebildeter Nachtjäger zur II. / NJG 1. Seinen ersten Abschuss erzielte er am 1. / 2.06.1942. In den nächsten nicht einmal drei Jahren folgten weitere 120 Abschüsse, davon der einmalige Rekord von 114 Viermotorigen.

Mit anderen Worten, es sind von einer Besatzung zwei komplette Bombergeschwader vernichtet worden. Man nannte ihn bei den Briten das „Nachtgespenst von St. Trond" oder besser „Sint Truiden", da in Belgien gelegen. Mehrere Mosquito-Einheiten waren auf diesen überaus erfolgreichen Nachtjäger angesetzt. Wir wissen, ohne Ergebnis.

Seine Erfolge erzielte er ausschließlich mit der Me 110!

Mehrfach wurde ihm die He 219 angeboten, das erste Mal im Januar 1944. Major Schnaufer lehnte einen Wechsel ab. Zu der Zeit war er noch bei dem NJG 1 unter seinem Gruppenkommandeur Hans-Joachim Jabs. Dieser zeigte für die Entscheidung wohl Verständnis, da er ja selbst nicht von der Me 110 lassen konnte und sie wie Major Schnaufer bis Kriegsschluss flog.

Folgende Begebenheit mag Aufschluss darüber geben, wie stark bei Major Schnaufer und auch bei Oberstleutnant Jabs die Hinwendung zur Me 110 gediehen war:

Als am 13.04.1945 fast alle Nachtjagdmaschinen des NJG 4 durch Jagdbomber am Boden zerstört wurden, darunter auch Major Schnaufers Me 110, rief dieser bei seinem Freund und früheren Geschwaderkommandeur H.-J. Jabs an, ob er ihm eine 110 zur Verfügung stellen könne. Kein Geringerer als der Oberstleutnant Jabs, Kommandeur NJG 1, überführte selbst eine Me 110 zu Major Schnaufer. Damit flog Major Schnaufer in der Nacht vom 19./20.04.1945 seinen letzten Einsatz.

Doch ein Rekord von Major Schnaufer sollte noch erwähnt werden, der gerade die Kritiker, die behaupten, die Me 110 wäre nicht mehr zeitgemäß gewesen, Lügen straft:

Am 21.02.1945 schoss Major Schnaufer gegen 2.00 Uhr morgens zwei Lancaster ab, am selben Tag gegen Abend kamen weitere sieben Lancaster in der Zeit von 20.44 Uhr bis 21.03 Uhr hinzu.

Übrigens hat Major Schnaufer seine „Schräge Musik“ nur selten benutzt, es sollen nur wenige seiner 121 Abschüsse damit erzielt worden sein, er hat das direkte Richten der Primärbewaffnung auf das Ziel vorgezogen.

Einmal die Me 262 ausgenommen, war der Vorteil der anderen Nachtjagdmaschinen nicht oder nur sehr gering vorhanden.

Major Heinz-Wolfgang Schnaufer war von der Me 110 sehr überzeugt, und die Leistung aus dieser Symbiose Pilot-Flugzeug bedarf wohl keiner weiteren Kommentierung.

Leider ist dieser außergewöhnliche Pilot bei einem Verkehrsunfall 1950 ums Leben gekommen. Noch immer ist das Seitenruder seiner Me 110 mit 121 Abschüssen im Imperial War Museum in London zu besichtigen. Major Schnaufer gehörte zu den 27 höchstdekorierten deutschen Soldaten.

Damit will ich das Kapitel „Die Me 110 als Nachtjäger und ihre Piloten“ schließen – noch nicht ganz, denn es folgt der Zeitzeugenbericht.

VIII. Zeitzeuge Nachtjäger Frithjof Fensch, Leutnant im 4./NJG 4

Ich hatte schon fast aufgegeben, einen Nachtjäger zu suchen, da sehr viele schon nicht mehr unter uns Lebenden weilen oder sehr starken gesundheitlichen Einschränkungen unterliegen. Deshalb freut es mich außerordentlich, doch noch einen Nachtjäger gefunden zu haben, der bereit war, mir ein Interview zu gewähren. Auch Frau Fensch stand dem Projekt wohlwollend gegenüber. So kam es auch hier, wie schon bei meinem ersten Zeitzeugen, zu einer ungezwungenen Begegnung. Das Ehepaar hält sich mit Gartenarbeit fit und Herr Fensch ist mit seinen 85 ein richtiger Computerfreak.

Frithjof Fensch wurde Ende 1922 geboren, war also bei der Wahl im Jahr 1933 gerade mal zehn Jahre alt. So trat auch er der nationalsozialistischen Jugendorganisation, dem Jungvolk, bei. Als guter Sportler, als Handballspieler, Leichtathlet und vor allem als Ruderer, hat er sich bei mehreren Wettbewerben ausgezeichnet. In der Zeit fing er an, sich mit dem Flugmodellbau zu beschäftigen. Als 1936 in seinem Heimatort Prenzlau (Uckermark) ein Flugplatz der Luftwaffe gebaut wurde, kam in ihm schnell der Wunsch hoch, nach der Schule Pilot zu werden. Schon vor dem Abitur hat er sich freiwillig zur Luftwaffen-Offiziersausbildung beworben. Und dies war eine gute Entscheidung, wie sich später herausstellte. Die Eignungsprüfung hat er bestanden, so dass er bei der Luftwaffe angenommen wurde.

Bei einer normalen Musterung, bei der Offiziere aller Teilstreitkräfte zugegen waren einschließlich der Waffen-SS, wurde Frithjof Fensch von diesem Sturmbannführer mitgeteilt, dass er zur SS-Truppe kommen würde. Doch konnte er entgegnen, er sei ja schon als Offiziersbewerber bei der Luftwaffe angenommen worden, dies hat ihn vor dem Schicksal, zur Waffen-SS eingezogen zu werden, bewahrt.

So wurde Frithjof Fensch am 01.12.1941 zur Luftwaffe nach Schleswig eingezogen, hier bekam er seine knapp dreimonatige militärische Grundausbildung.

Bereits am 25.02.1942 kam er zur Luftkriegsschule 2 nach Berlin-Gatow, wo die eigentliche Piloten- und Offiziersausbildung stattfand. Die Ausbildung empfand Frithjof Fensch als sehr fordernd und umfangreich. Zu den theoretischen Fächern zählten Meteorologie, Instrumentenkunde, Flugzellenbau, Motorenkunde, Navigation, Geografie, Flugphysik, um die wichtigsten zu nennen. Auch die Körperertüchtigung kam nicht zu kurz.

„Die größte Freude bereitete aber der Flugdienst!", wie mir Frithjof Fensch erzählte.

Der erste Flug mit Fluglehrer wurde für ihn zu einem großen Erlebnis und der erste Alleinflug natürlich zu einem ganz besonderen Ereignis. In Gatow erwarb er sich die fliegerische A2-und B1-Ausbildung für kleinere ein- und zweimotorige Flugzeuge. In sehr guter Erinnerung hat er noch die FW 44 Stieglitz, die voll kunstflugtauglich war. Insgesamt flog er in diesem Ausbildungsabschnitt 13 Flugzeugtypen, und am Abschluss stand die Verleihung des Flugzeugführerabzeichens. Nach nur drei Monaten als Fahnenjunker-Unteroffizier ist Frithjof Fensch am 01.12.1942 zum Fähnrich befördert worden.

Nach dieser fliegerischen Grundausbildung kam er am 01.02.1943 nach Fürstenwalde zur C-Ausbildung. Der Offiziersanwärter Fensch lernte hier den Instrumentenflug auf der W 34 und He 111, Baureihe B, F und H. Während dieses Lehrganges ist der Fähnrich Fensch schon nach fünf Monaten am 01.04.1943 zum Oberfähnrich befördert worden.

Ab 01.05.1943 begann die Blindflugschule in Belgrad-Semlin, die man als hohe Schule der Fliegerei bezeichnen konnte. Dort wurde einem beigebracht, sowohl am Tage als auch bei Nacht ohne Sicht zu fliegen. Die verwendeten Flugzeuge waren die Ju 52 und die He 111.

Bei dieser Art der Fliegerei sollte der Pilot daran gewöhnt werden, die Lage des Flugzeuges nicht nach seinem Gefühl einzuordnen, sondern sich vollständig auf die Flugüberwachungsinstrumente zu konzentrieren und sich darauf zu verlassen, denn das eigene Lagegefühl liegt dabei oft falsch.

Die Navigation musste mit Kompass, Karte und Funk bewerkstelligt werden, Erdsicht und Horizont gab es nicht zu sehen. Das Cockpit wurde hierbei am Tage mit Vorhängen zugezogen, damit der Pilot keine Sicht hatte.

Hierbei gehörten Blindlandungen zu den anspruchsvollsten Übungen des Lehrganges. Der Flugplatz wurde nach Funk blind angeflogen, dabei wurden erst in einer Flughöhe von 10 m über der Flugplatzgrenze die Vorhänge aufgezogen. „Das war für uns Flieger die Krönung."

Nach Abschluss dieses Lehrganges wurde der Oberfähnrich Fensch am 01.06.1943 zum Leutnant befördert, gleichzeitig war die reine fliegerische Ausbildung damit abgeschlossen.

Doch nun folgte die Ausbildung zum eigentlichen Militärpiloten in Ingolstadt für die Tagjagd. Dabei wurden folgende Flugzeugtypen verwendet: Bü 133, FW 58, Me 108, Ar 96 und Me 109. Die Arado 96 war dabei das am meisten geflogene Flugzeug, schon wegen des Kraftstoffverbrauchs gegenüber der Me 109. Man hat mit der Ar 96 auch Schießübungen ausgeführt, allerdings nur im Luft-Boden-Bereich.

Die Me 109 fliegen zu dürfen war natürlich ein Ereignis, sie bestand ja fast nur aus Motor, wie mir Frithjof Fensch erzählte. Das Drehmoment war imposant, dieses musste durch Betätigen des Seitenruders beim Start gezähmt werden.

Dies hat wohl ein vor ihm startender Pilot nicht entsprechend berücksichtigt und kam bei dem daraus resultierenden Unfall ums Leben. Danach zu starten war für den Leutnant Fensch nicht einfach, wie man sich vorstellen kann, doch es lief mit der Me 109 besser, als erwartet. Auch heute noch findet er die Flugleistungen der Maschine, was gerade Beschleunigung und Steigleistung betrifft, recht imposant. Doch nur wenige Flugstunden waren ihm auf diesem Flugzeugmuster vergönnt.

Am 10.10.1943 begann für den Leutnant Fensch die Ausbildung zum Nachtjäger, auf die Auswahl zum Nachtjagdpiloten hatte man keinen Einfluss. Durchgeführt wurde diese Ausbildung durch das Lehrgeschwader NJG 101 in Schleissheim, dabei kam es vor, dass man im Zuge der Ausbildung auch in Kitzingen oder Unterschlauersbach kurzfristig stationiert war. Als Schulmaschine fand eine Me 110 F 4 Verwendung, also nicht das neueste Modell. „Trotz FuG 202, Flammvernichtern am Auspuff und zwei Mann Besatzung bekam ich sie auf 7 200 m Höhe", berichtete er mir. Das Seitenruder hatte man bei dieser Maschine schon vergrößert, um von der guten Manövrierbarkeit der 110 nichts einzubüßen.

Bei dieser Ausbildung kam die Navigation nochmals zum Zuge. Das Wichtigste war jedoch die Einweisung in die verschiedensten Verfahren, um einen Feindverband zu finden. Dazu gehörte die Beherrschung des Himmelbettverfahrens. Dieses wurde nach dem Debakel von Hamburg im Laufe der Zeit wieder schlagkräftiger, vor allem durch verstellbare Frequenzen und den Einsatz von Entstör-Sendern. So konnten dann zwei Nachtjäger in einem Sektor von den Jägerleitoffizieren an den Bomberpulk herangeführt werden. Größte Erfolge wurden dabei im Frühjahr 1944 über Berlin und Nürnberg erzielt, dies wurde bereits ausführlich im Kapitel 7 behandelt.

Doch auch andere Verfahren wurden geübt, so mittels Lichtenstein-Gerätes das Aufspüren eines Kameraden, der sich ebenfalls mit einer anderen 110 in der Luft befand. Ebenso das Auffinden eines Feindverbandes mit Hilfe eines Jägerleitoffiziers und dem eigenen Franzen mit der Knemeyer-Scheibe, was nicht zu den leichten Übungen gezählt hat. Mit dieser letzten Möglichkeit hat Frithjof Fensch seine meisten Erfolge erzielt.

Damit war die Ausbildung beendet, und Leutnant Frithjof Fensch trat am 23.02.1944 seinen Dienst beim II. / NJG 4 an. Kommandeur der Gruppe zu dieser Zeit war der Hauptmann Hubert Rauh, sein Staffelkapitän der Hauptmann Söthe. Zunächst ging es zu den Fliegerhorsten St. Dizier, Tavaux und seinem wichtigsten Einsatzort und Liegeplatz der 4. Staffel ab 7. Mai 1944, Coulommiers.

Seine ihm zur Verfügung gestellte Me 110 G-4 war schon etwas gebraucht, da die Neulinge allgemein in den Staffeln fast immer die ältesten Maschinen erhielten. Auf die Frage nach der von ihm mit dieser Maschine erreichten Höchstgeschwindigkeit bekam ich zur Antwort: „Mehr als 485 km / h waren nicht drin, es lag auch daran, dass sich die Einflughöhe der feindlichen Bomber in diesem Sektor im Bereich von 2 000-3 500 m bewegte und sie ihre absolute Höchstgeschwindigkeit erst in 5 800 m abgab."

Nach der Bewaffnung gefragt, erklärte er Folgendes: „Als Neuling im Leutnantsrang hatte man auf den Waffeneinbau keinen Einfluss, ich hatte nach vorne 4 x 20 mm-Kanonen zur Verfügung, nach hinten das MG 81Z, „Schräge Musik" war nicht eingebaut, doch zusätzlich konnte man noch einen Rüstsatz mit zwei 20 mm-Kanonen mitführen."

Man vergisst hier oft, dass meist nur Kommandeure, Gruppenkommandeure und vielleicht noch Staffelkapitäne eine variablere Waffenanordnung vornehmen lassen konnten. Allein auf die Munitionszusammensetzung hatte der Pilot Einfluss.

Abb. 38: Lt. Fensch (links) mit seinem Bordfunker. Foto: Sammlung Fensch

Als Radar hatte seine 110 das FuG 220, oder auch SN 2 genannt, an Bord.

Zunächst fand der junge Leutnant Verwendung als Zieldarsteller mit seiner 110, vor allem für das Bodenradar. Zu dieser Zeit war in der Gegend wenig Feindkontakt, das hat sich dann sehr schnell geändert, nämlich kurz vor der Landung der Alliierten in der Normandie am 06.06.1944.

Abb. 39: Me 110 G-4 und SN-2, wie sie der Lt. Fensch im Einsatz flog, ausgerüstet mit 4 x 20 mm Bugbewaffnung. Foto: BA 101 I-492-3347-025

So war die Ausgangslage, als er am 03.06.1944 zu seinem ersten Erfolg über ein viermotoriges Flugzeug, es war ein Halifax-Bomber, in 3 500 m gelangte. Doch in dieser Nacht blieb es nicht bei einem viermotorigen Bomber, in den nächsten zehn Minuten schoss der Leutnant Fensch zwei weitere Viermot-Bomber ab. Den Letzten der drei brachte er in 500 m Höhe zum Absturz. So hatte sich der Neuling gleich mit einem Reihenabschuss sehr gut in seine Einheit eingeführt.

Über 60 Jahre später holten ihn die Ereignisse von diesem 03.06.1944 wieder ein. Ich werde am Schluss dieses Zeitzeugenberichtes ausführlicher darauf eingehen.

Schon eine Woche später, am 10.06., erfolgte der nächste Abschuss über eine Viermotorige in 2 000 m Höhe.

Doch am 11.06.1944 kam für den Leutnant Fensch eine neue Erfahrung hinzu, obwohl seine Einsatzmaschine nicht über Schrägbewaffnung verfügte. Hier der Zeitzeuge selbst und wie er es erlebt hat:

„Am 11.06.1944 flog ich meinen 25. Einsatz. Meine Maschine war nicht klar gemeldet und ich bekam eine Ersatzmaschine. Bei ihrer Überprüfung vor dem Einsatz stellte ich fest, dass sie mit einer Schrägbewaffnung ausgestattet war. Diese Schrägbewaffnung war ein zweirohriges überschweres MG mit einem Kaliber von 30 mm. Sie war hinter der Kabine im Rumpf in etwa 60 Grad zur Horizontalen nach vorn geneigt montiert, um die Fluggeschwindigkeit des Gegners zu kompensieren. Gewissermaßen ein Vorhaltewinkel. Die konventionelle Bewaffnung blieb trotzdem erhalten. Ich hatte im Cockpit also zwei Visiere, eins nach vorne und eins nach oben über meinem Kopf. Eine Me 110 G-4 mit dieser Bewaffnung war ich noch nie geflogen.

Um 00.19 Uhr bekam ich den Startbefehl und flog dem Gegner entgegen. Dabei überlegte ich mir, dass ich bei einem eventuellen Kontakt mit den Bombern diese Schrägbewaffnung, die unter uns als ‚Schräge Musik' bezeichnet wurde, ausprobieren könnte. So kam es dann auch. Als ich den Gegner erreichte, hatten schon andere Kameraden angegriffen und der Pulk war ganz auseinandergestoben. Ich fand noch einen Viermotorigen und setzte mich etwa 50 m unter ihn. Dann zielte ich mit dem Visier über meinem Kopf, aktivierte die ‚Schrägmusik' und schoss wie immer auf die Motoren. Sie gingen sofort in Flammen auf und ich musste aufpassen, dass ich nicht von oben gerammt wurde, denn der Bomber ging sofort im Steilflug nach unten. Nachdem ich die Wirkung meiner Geschossgarbe gesehen hatte, machte ich deshalb sofort einen Schlenker nach links und beobachtete den brennenden Gegner, bis er am Boden mit großer Stichflamme aufschlug. Routinemäßig ließen wir uns von unten anpeilen, um den Abschussort später in unserem Bericht angeben zu können. Das war meine erste und einzige Erfahrung mit der ‚Schrägmusik'."

Frithjof Fensch hat hier eine der ganz selten mit der 30 mm-MK 108 ausgerüsteten Me 110 G-4 für einen Einsatz erhalten. Die MK 108 konnte gut in die 110 eingebaut werden, aufgrund ihres kurzen Laufes, doch sie wurde von vielen Piloten abgelehnt wegen der starken Zerstörungskraft am Ziel, die für die eigene Maschine sehr gefährlich werden konnte.

Für diese Abschüsse erhielt der Leutnant Fensch am 11.06.1944 das EK II und bereits am 16.06.1944 das EK I. Bei den Nachtjägern bekam man das EK II nach einem Abschuss, für fünf Abschüsse das EK I. Zusätzlich kam am 15.06.1944 die Frontflugspange in Bronze dazu.

Frithjof Fensch hat zwei weitere wichtige Luftkampfereignisse, welche den 07.07. und 29.07.1944 betrafen, dokumentiert, dies hat er mir dankenswerterweise zur Verfügung gestellt, deshalb erfolgt hier die persönliche Schilderung des Piloten selber:

„In der Nacht vom 07.07. zum 08.07.1944 schoss ich einen viermotorigen Bomber ab und war schon auf dem Heimflug, als wir hinter uns Scheinwerfer suchend aufleuchten sahen. Wo Scheinwerfer leuchten, sind auch gegnerische Flugzeuge. Ich hatte noch genügend Sprit im Tank und machte kehrt. Es war das erste Mal, dass ich im Scheinwerferlicht einen Luftkampf ausführte. Ich musste ständig die Instrumente im Auge haben, da mir die Scheinwerferkegel eine Senkrechte vorgaukelten, aber in Wirklichkeit ja unter einem Winkel von der Erde heraufleuchteten. Da sah ich im Leuchtkegel einen zweimotorigen Bomber. Er flog ziemlich schnell, so dass ich Mühe hatte, ihn einzuholen. Er war so hell angestrahlt, dass man ihn wie am Tage beobachten konnte. Ich benutzte nun seine ja waagerecht liegenden Tragflächen als künstlichen Horizont und konnte meine Instrumente außer Acht lassen. Ich griff ihn mit zwei Salven an, ohne eine Wirkung zu sehen. Also erneut zielen und schießen. Da sah ich, dass die Ausstiegsklappe abgeworfen wurde. Das ist ein Zeichen, die Besatzung will abspringen. Deshalb schoss ich nicht weiter und konnte wunderbar sehen, wie drei Besatzungsmitglieder einer nach dem anderen heraussprangen. Das Flugzeug legte sich auf eine Seite und stürzte ab. Ein Scheinwerfer begleitete es bis kurz vor dem Aufschlag. Die werden sich da unten sicher gefreut haben.

Als ich in einem anderen Scheinwerfer wieder einen Bomber entdeckte, griff ich in derselben Weise an. Auch hier stiegen die drei Besatzungsmitglieder aus, als der rechte Motor stehen blieb. Man konnte die stehende Luftschraube erkennen. Die zweimotorigen Bomber waren sicher von der englischen Küste mittels Radar an ihr Ziel geführt worden, nämlich um unsere V1- und V2-Startrampen, die in Küstennähe am Kanal aufgestellt waren, zu bekämpfen.

Es war eine erfolgreiche Nacht, die wir ohne eigene Treffer überstanden haben."

Diesen Luftkampf kann man wohl als klassisch im Sinne der „Wilden Sau"-Taktik bezeichnen. Es handelte sich bei den Zweimotorigen um B-26 Marauder, diese waren für einen deutschen Nachtjäger sehr gefährliche Gegner, denn die Geschwindigkeit lag bei 450 km/h und sie hatten elf 12,7 mm-MGs an Bord.

Am 19.07.1944 erfolgte ein Luftsieg in 1600 m über eine viermotorige Lancaster.

Der nächste von ihm geschilderte Luftkampf hatte eine ganz andere Charakteristik. Es war der 29.07.01944:

„In einer anderen Nacht lag in etwa 3000 m Höhe eine geschlossene Wolkendecke über unserem Einsatzgebiet. Darüber war sternklare Nacht mit einem wunderbaren Vollmond, der die Wolkendecke ganz weiß erscheinen ließ. Da wir keine Lagemeldungen über Funk bekamen, ließ ich den Funker unser SN-2-Gerät einschalten. Das war ein Radargerät mit

Abb. 40: Lt. Fensch, 4./NJG 4.
Foto: Sammlung Fensch

Sende- und Empfangantennen, die vor dem Cockpit am Rumpf angebracht waren. Mit diesem Radar konnte man Flugzeuge ausmachen, die in 3 000 m Flughöhe etwa 3 000 m vor einem waren. Ich kurvte langsam von links nach rechts und dann wieder von rechts nach links, um ein weites Gebiet vor mir abzutasten. Plötzlich rief mein Funker: ‚Ich habe einen drin! 2 000 m voraus links.' Ich schwenkte so weit nach links, bis das Radarzeichen genau voraus anzeigte. Dann gab ich Vollgas und kam dem Ziel immer näher. Mein Funker gab mir immer die angezeigte Entfernung durch, bis ich ein viermotoriges Flugzeug vor mir sah. Es flog ganz allein gen Süden. Ich wusste, dass es sofort in den Wolken verschwinden würde, sobald man mich entdeckt haben würde. Also merkte ich mir den Kurs und ging in die Wolken. Ich flog diesen Kurs in den Wolken blind und tauchte von Zeit zu Zeit für einen kurzen Augenblick auf, um mich zu vergewissern, dass das Ziel noch vor mir war. Auf so kurze Entfernung reagierte das Radar nämlich nicht mehr. Es war noch vor mir und ich tauchte sofort wieder in die Wolkendecke ein. Dieses ‚Katz-und-Maus-Spiel' ging so lange, bis ich auf sichere Schussentfernung dran war. Dann tauchte ich voll auf und schoss die Motoren in Brand. Der Gegner ging sofort in die Wolken. Ich schwenkte etwas nach rechts aus, um eine Kollision zu vermeiden, und durchflog die Wolkendecke nach unten. Je tiefer ich kam, umso dunkler wurde es. In etwa 1 000 m Höhe kam ich aus den Wolken raus und sah die brennende Maschine aufschlagen."

Diese Einsatzart gehörte zur Taktik der „Zahmen Sau".

Hier muss angemerkt werden, dass in diesem Bereich, in dem der Nachtjäger Fensch operierte, die „Zahme Sau"-Taktik selten mit Erfolg eingesetzt wurde. Die Radargeräte waren immer noch sehr störanfällig durch den

Einsatz von Düppeln, deshalb konnten die stationären Geräte nur bis zu einem bestimmten Punkt die Piloten mit den Einflugpositionen versorgen. Danach kam es auf die Piloten an, die Bomber zu finden. Die Position wurde dann anhand einer so genannten Knemeyer-Scheibe vom Piloten ausgerechnet. Diese funktionierte ähnlich einem Rechenschieber, nur war dieser rund. Natürlich war das keine unbedingt sichere Angelegenheit, die Bomber zu finden, und manche Abwehrmaßnahmen gingen ins Leere. Doch gerade Leutnant Fensch war mit dieser Methode überaus erfolgreich und hat manchen Feindverband so gefunden.

Nach seinem Abschuss mit dem SN-2-Gerät, es war sein insgesamt 10., erhielt Leutnant Fensch den Ehrenpokal der Luftwaffe fiktiv überreicht. Eine imposante Urkunde erhielt er, doch den eigentlichen Pokal sollte er nach dem „Endsieg" ausgehändigt bekommen.

Seine beiden letzten Luftsiege erzielte er am 07.08.1944 gegen viermotorige Bomber in 2800 bzw. 2400 m Höhe. Bei diesem Einsatz, es war sein 50., waren die Bomberschützen sehr aktiv und ebenfalls die deutsche Flugabwehr. Seine Me 110 musste nicht weniger als 40 Treffer einstecken, sowohl von den Bombern als auch von der eigenen Flak. Die 110 musste er im Einmotorenflug nach Hause fliegen. Normalerweise wäre die Frontflugspange in Silber fällig gewesen, doch hat er diese nie erhalten.

Mitte des Monats August 1944 wurde die II. / NJG 4 auf die Ju 88 umgestellt, diese Maschinen waren zum größten Teil noch nicht mal mit dem Rückwärtswarngerät des SN 2 ausgerüstet. Also konnte in keinem Fall, nicht mal ansatzweise, von einem Fortschritt gegenüber der Me 110 G-4 gesprochen werden. Natürlich gab es für den Leutnant Frithjof Fensch keine Alternative, als sich auf die Ju 88 umschulen zu lassen. Nach dieser Umstellung auf die Ju 88 flog er weitere zwölf Einsätze, hat jedoch keine Erfolge mehr erzielen können.

Frithjof Fensch hat mir gegenüber geäußert, dass er sich bei einer Wahl für das eine oder andere Flugzeug eindeutig für die Me 110 G-4 entschieden hätte. Seiner Ansicht nach ist die Me ein richtiggehendes Jagdflugzeug, in dem er sich sehr wohl gefühlt hat, wenn es auch bei Nachtjagdeinsätzen nicht so wichtig war, ein wendiges Flugzeug einzusetzen. Doch man hatte ein gutes Gefühl.

Die Ju 88 war ein gutes Flugzeug, doch Steuersäule und Größe hatten etwas von Kampfflugzeug-Charakteristik und waren nicht jedermanns Sache. Viele andere sahen das genauso.

Seine Me 110 G-4 hatte das Kennzeichen 3 C + K M.

Am 24.11.1944 geschah es, dass der Leutnant Fensch mit „seiner“ Ju 88 durch eine Mosquito abgeschossen wurde. Die Besatzung musste mit dem Fallschirm ausbooten. Leutnant Fensch hatte noch nicht registriert, dass er durch den Beschuss seinen rechten Arm nicht mehr bewegen konnte. Dadurch dauerte der Ausstieg etwas länger, auch das Bedienen der Reißleine funktionierte nicht mit dem rechten Arm, so wurde die Freifallphase lang, und Leutnant Fensch passierte seine zwei Besatzungsmitglieder, deren Schirme bereits geöffnet waren. Im fast letzten Moment griff er mit seiner linken Hand zur Reißleine und stieß den Griff nach vorne. Keine 400 m vom Erdboden entfernt, öffnete sich der Schirm, und Leutnant Fensch kam ohne weitere Beschädigung auf dem Boden auf. Hier hatte er Glück, ein in der Nähe stehender Sanka hatte die Angelegenheit beobachtet, so dass er gleich richtig behandelt wurde. Auf dem Verbandplatz wurde er operiert und er bat vorher den Oberstabsarzt, seinen Arm zu retten, damit er weiter fliegen und Klavier spielen könne. Der Oberstabsarzt reagierte mit einem Schulterzucken und meinte, dass er froh sein könne, wenn man ihn durchbrächte. Als er aus der Narkose erwachte, fehlte sein rechter Arm.

Für diese schwere Verwundung wurde ihm das Verwundetenabzeichen in Silber am 09.12.1944 verliehen.

Im Lazarett erfuhr er, dass sie seit dem Dezember 1944 einen neuen Geschwader-Kommandeur hatten. Es war dies der Major Heinz-Wolfgang Schnaufer. Gleichzeitig erfuhr er, dass dieser seine Me 110 als Einziger im Geschwader weiterflog, wohl eine Sondergenehmigung von Hermann Göring selbst. Selbstverständlich hatte Frithjof Fensch sehr viel Verständnis für den Wunsch des neuen Kommandeurs, die 110 weiterzufliegen.

Frithjof Fensch wurde aus der Luftwaffe aufgrund der Verwundung entlassen und kam infolgedessen nicht in Kriegsgefangenschaft. Sein Aufenthaltsort nach Kriegsende war die sowjetische Besatzungszone. Nun musste er sehen, dass er beruflich weiterkam. Für ihn stand fest, Lehrer zu werden, denn Abitur hatte er und schreiben konnte er ganz gut auch mit links. So kam es, dass er sich an der Universität einschrieb und mit dem Studium begann, doch er musste nicht lange warten und seine Immatrikulation wurde abschlägig beschieden, mit der Begründung, er sei Offizier in der faschistischen Luftwaffe gewesen. Doch man glaubt es nicht, aus der Sowjetunion selbst kam die Rettung, die Russen waren toleranter gegenüber dem jungen vormaligen Feind als die Landsleute selber. Vor allem gegenüber Frontkämpfern, die nachweisen konnten, nicht an Verbrechen beteiligt gewesen zu sein. Dies war für Frithjof Fensch kein Problem, da er all seine Papiere noch hatte, auf denen klar ersichtlich war, was für eine Funktion er im Zweiten Weltkrieg innegehabt hatte.

Mit einem Befehl der sowjetischen Militäradministration wurde erklärt, dass Deutsche, die nach 1920 geboren wurden, für die Nazi-Zeit nicht verantwortlich gemacht werden dürfen. Ihnen dürften keine Nachteile in der Ausbildung oder im Berufsleben entstehen. Das führte dazu, dass Frithjof Fensch seine Lehrerausbildung fortsetzen durfte.

Nach Abschluss des Studiums war er bis zu seiner Pensionierung mit 65 als Fachlehrer mit der Zusatzfunktion „Fachberater für Mathematik" in der DDR tätig.

Im Jahr 2005 kam der Krieg zu ihm zurück, wie er das ausdrückte. Der Vorsitzende der „Gemeinschaft Jagdflieger. Vereinigung der Flieger deutscher Streitkräfte e. V." rief Frithjof Fensch an, ob er Nachtjäger im Zweiten Weltkrieg gewesen sei. Es liege eine Anfrage aus Frankreich vor und ob man seine Anschrift an diese Person weitergeben dürfe. Frithjof Fensch bejahte dies und harrte der Dinge, die da auf ihn zukommen sollten. Schon bald meldete sich ein Herr Frederik Vincent, stellvertretender Vorsitzender des „US Army Air Force Club Europa", Frankreich, dies sind an der Luftfahrt geschichte interessierte Enthusiasten. Dieser war von Bürgern und dem Oberbürgermeister von La Boissiere-Ecole betraut worden, eine würdevolle Zeremonie mit der Enthüllung eines Gedenksteines zu organisieren.

Folgendes hatte sich zugetragen: Ein von Frithjof Fensch am 03.06.1944 abgeschossener Lancaster-Bomber ging in der Nähe des Ortes nieder, fünf Mann der Besatzung sind dabei gefallen, alles Kanadier, ein englisches Besatzungsmitglied und ein Kanadier konnten sich retten.

Herr Vincent wollte Frithjof Fensch bei diesem Zeremoniell mit einbinden, bei dem auch Angehörige der gefallenen Flieger anwesend waren. Vorhandene Zweifel über eventuell vorherrschende Ressentiments bei den Teilnehmern der Zeremonie gegen ihn hat Herr Vincent schnell ausräumen können. Der Oberbürgermeister des Ortes hat es sich nicht nehmen lassen, Herrn Fensch schriftlich einzuladen. Doch leider spielte die Gesundheit nicht mit und er musste den Besuch der Zeremonie absagen.

Für diesen Tag, den 03.06.2006, schrieb Herr Fensch eine Rede in Englisch und Französisch. Er bat Herrn Vincent diese vorzulesen. Dies hat dieser in Französisch getan und ein Kanadier las sie in Englisch vor. Sie ist bei den über 200 Teilnehmern sehr gut angekommen.

Diese Feierlichkeit wurde sowohl von der französischen als auch von der kanadischen Presse veröffentlicht, selbst das Fernsehen war dabei und so bekam Frithjof Fensch von Herrn Vincent mehrere Zeitungsartikel und eine DVD persönlich überreicht als Andenken an diesen denkwürdigen Tag.

Frithjof Fensch dazu: „In all diesen Dokumenten bin ich verewigt ohne einen feindseligen Vorwurf. Das ist immerhin erstaunlich."

Ich habe Herrn Fensch gebeten, seine Rede für mein Buch verwenden zu dürfen, da sie die Einstellung von jungen Piloten und auch Soldaten sehr gut reflektiert, die den Zweiten Weltkrieg mitmachen mussten!

„Meine Damen! Meine Herren! Liebe Jugend!

Ich, der ich jetzt diese Zeilen schreibe, bin der letzte noch lebende deutsche Nachtjagdpilot, der in der Nacht vom 2. zum 3. Juni 1944 an den Luftkämpfen über Ihrer Region teilgenommen hat. Ich war damals 21 Jahre alt und es war mein erster Luftkampf im Krieg überhaupt. Ich wäre zum Anlass Ihres Erinnerungstages sehr gerne bei Ihnen gewesen, aber mein Gesundheitszustand ließ es einfach nicht zu.

Es ist für Sie vielleicht schwer zu verstehen, dass ich damals in Nazi-Deutschland geglaubt habe, für Volk und Vaterland meine Gesundheit und mein Leben einsetzen zu müssen. Mit Sicherheit hat die Erziehung in Schule und Jugendorganisation während der Nazizeit zu dieser Einstellung geführt. Aber auch der Glaube daran, dass führende Männer in Regierungspositionen nur die Wahrheit sagen, ließ mich manche veröffentlichte Lüge nicht erkennen. Erst in den Nachkriegsjahren konnte ich durch das Studium von Dokumentationen die Vergangenheit aufarbeiten, um der Wahrheit möglichst nahe zu kommen.
Schon als Schüler faszinierte mich das Flugwesen ganz besonders und weckte in mir den Wunsch, das Fliegen zu erlernen. Da zwei Jahre vor meinem Schulabschluss der Krieg ausbrach, meldete ich mich deshalb zur Ausbildung als Luftwaffenoffizier. Nach meiner Ausbildung wurde ich zum Nachtjagdgeschwader 4 versetzt und kam nach mehreren anderen Stationierungen am 07.05.1944 nach Coulommiers.

Von hier aus erhielt ich am 03.06.1944 um 00.25 Uhr den Startbefehl, der zu meiner ersten Begegnung mit gegnerischen Bombern führte. – Ich habe die Bomber immer als Gegner und nicht als Feinde gesehen. Ich kannte ja die Besatzungen nicht, die sicher aus demselben Grunde wie ich sich der Fliegerei verschrieben hatten. Vielleicht hätte der eine oder andere mein Freund werden können. – Meine Erregung war sehr groß, als ich gleich mehrere Bomber gegen den hellen Himmel über mir sehen konnte. Am Boden hatte ich mir die Taktik überlegt, die Motoren in Brand zu schießen, um die Bomber zum Absturz zu bringen, was mir in dieser Nacht auch bei drei Bombern gelang. Ich war dabei nervlich so angespannt, dass ich an nichts anderes denken konnte als an die notwendigen fliegerischen Operationen und ruhiges Zielen mit der ganzen Maschine. Die Bomber hatten sich bei den Luftkämpfen weit auseinandergezogen. Ich habe dann keinen weiteren gesehen. Auf dem Rückflug stellte sich dann langsam eine Entspannung ein. Ich war mit mir zufrieden.

Zwar wurden unsere Abschüsse von höherer Stelle bestätigt, aber wir haben nie erfahren, was aus den Besatzungen geworden ist. Im Dunkel der Nacht konnte man auch kaum sehen, ob jemand mit dem

Fallschirm abgesprungen war. Ich habe im Krieg nie Anlass gehabt, direkt auf Menschen schießen zu müssen. Das lag an der Natur der Nachtjagd. Mir ging es immer nur um die Flugzeuge, was aber durch die Streuung der Geschossgarben nicht ausschließt, dass durch mich gegnerische Besatzungsmitglieder verwundet oder gar getötet worden sind. Wenn Sie können, vergeben Sie mir!

Ich wäre heute herzlich gerne hier gewesen, um die gefallenen Flieger zu ehren und mit allen Anwesenden den Blick in die Zukunft zu richten, in eine Zukunft ohne Krieg, aber mit friedlicher und freundschaftlicher Zusammenarbeit unserer Völker.

Ich grüße alle Anwesenden herzlich!!!!!!!!!!

Frithjof Fensch aus Deutschland"

Dem ist nichts mehr hinzuzufügen.

IX. Schlussbetrachtung

Ich habe in diesem Buch alle Facetten des Luftkrieges beleuchtet, in den die Me 110 involviert gewesen ist. Sowohl Erfolge wie auch Rückschläge wurden genannt.

Die Rückschläge sind in erster Linie auf so manche falsche Einsatztaktik zurückzuführen, wobei sich gerade der Reichsmarschall Hermann Göring in der „Luftschlacht um England“ besonders hervortat.

Meines Erachtens wurden auch in der Reichsverteidigung taktische Defizite offenkundig, dezidiert bin ich ja schon im entsprechenden Kapitel darauf eingegangen. Doch insgesamt muss an der Stelle gesagt werden, gegen eine solch erdrückende Übermacht hätte auch keine bessere Taktik vermocht, hier letztlich etwas zu ändern.

Man darf bei der ganzen Problematik auch nicht vergessen, dass nicht in jeder Me 110 ein ausgesprochen auf die Jagd spezialisierter Pilot den Steuerknüppel bediente. Das soll keine Kritik an den Piloten sein, aber als man die Zerstörereinheiten aufbaute, hat man zunächst Freiwillige dafür gesucht, und hier kamen auch Piloten aus Kampfverbänden, die das Jägerhandwerk nicht von der Pike auf gelernt hatten. Ebenso kamen bei der „Luftschlacht um England“, nachdem die Stukas abgezogen worden waren, auch Piloten aus diesen Einheiten zu den Me 110-Verbänden.

Die Piloten waren besonders als Jabopiloten geeignet, wie sie bei der Erprobungsgruppe 210 und später SKG 210 benötigt wurden. Natürlich gab es auch in diesen Verbänden vorzügliche Jägerpiloten. Durch Ausbau der Zerstörerschulen wurde das laufend verbessert.

Wilhelm-Richard Rössiger, Walter Rubensdörffer, Heinz Forgatsch, alle drei Ritterkreuzträger, kamen von den Kampf- oder Stukaverbänden. Nur, in Luftkämpfen hatten sie gegen einmotorige Jäger logischerweise einen überaus schweren Stand.

Die ZG 26 und 76 wurden zum größten Teil mit fertigen und frisch ausgebildeten Jägerpiloten besetzt. Leider hat die Führung hier auf das

Einsatzspektrum eines schweren Jägers, nämlich die Höhendeckung, keine Rücksicht genommen.

Ich habe ja statistisch nachgewiesen, dass Zerstörerpiloten von ZG 26 und 76 im Vergleich mit britischen Jägerpiloten durchaus mithalten konnten, was die Zahl der Abschüsse betrifft. Und diese Abschüsse wurden keineswegs nur gegen Hurricane-Jäger erzielt.

Nur nützt das wenig, wenn in dieser Zeit die britische Flugzeugindustrie mehr Jagdflugzeuge produzierte als die „großdeutsche“.

Die sonstigen Vorteile der Briten habe ich bereits ausgiebig im entsprechenden Kapitel ausgeführt, und dass die Luft bei den Briten trotz ihrer Vorteile Anfang September 1940 dünner wurde, ebenfalls.

Auch auf den Schauplätzen Afrika / Mittelmeer haben sich die Me 110 und ihre Piloten glänzend geschlagen. Gerade in den ersten Wochen, als noch nicht genügend Me 109 zur Verfügung standen, haben sich die Zerstörer im Zweikampf mit britischen einmotorigen Jägern bewähren können und müssen. Genauso in der Rolle als Jagdbomber und Begleitschützer haben sich die wenigen Flugzeuge mit ihren Besatzungen vom III. / ZG 26 mehrfach ausgezeichnet.

Die Aufgaben wurden ja immer ausgeführt, obwohl das Dauerthema Nachschubmangel nie abgestellt werden konnte, egal ob Treibstoff, Munition oder Ersatzteile.

Nachdem die Amerikaner im Dezember 1942 noch in Tunis gelandet waren, war das Ende abzusehen.

Auf dem östlichen Kriegsschauplatz konnte man große Anfangserfolge erzielen, zu denen die Me 110 einen nicht unerheblichen Anteil beisteuerte, doch letztlich war das bei diesen Dimensionen ein Tropfen auf den heißen Stein. Bis zu ihrem vollständigen Abzug im Juli 1943 aus der Sowjetunion konnten sich die Me 110-Besatzungen gegen ihre russischen Gegner in der Luft behaupten. Auch in der Unterstützung von Heerestruppen spielten sie eine maßgebende Rolle, natürlich bezogen auf die nur in geringem Umfang vorhandenen Zerstörerkräfte.

Zur Nachtjagd braucht nichts mehr hinzugefügt werden, hier ist von meiner Seite alles im Hinblick auf die Me 110 geschrieben worden.

Bedenkenswert für den einen oder anderen sollte vielleicht sein, dass höchstens 200 Me 110 durch britische Fernnachtjäger abgeschossen wurden. Weitere 600-700 gingen in die Verlustlisten ein durch RAF-Bomber, bei Tageinsätzen gegen amerikanische Tagjäger und Bomber, und natürlich gab es sehr viele am Boden zerstörte Maschinen. Allein im Februar 1944 wurden etwa 400 Me 110-Nachtjäger bei Bombenangriffen zerstört.

Doch wenigstens 4 500 britische Bomber, davon die meisten viermotorig, gingen auf das Konto der Me 110-Nachtjäger. Und es wird mehr von Hätte-, Wäre-, Wenn-Flugzeugen gesprochen oder geschrieben als von der Me 110. Natürlich haben solche Publikationen ihre Daseinsberechtigung, doch sollte dies nicht auf Kosten der Me 110 gehen, die sich in vielen Einsatzszenarien als erfolgreich erwiesen hat.

Zum Begleitschutz möchte ich doch noch Folgendes zu Papier bringen: Die Me 110 hat im Zweiten Weltkrieg Bomber und Transportflugzeuge eskortiert und hat selbst keine Begleitung benötigt, außer sie wurde als Schnellbomber, zum Teil bei Jagdbombereinsätzen, oder als Pulksprenger, und hier auch nur kurzfristig begleitet, eingesetzt. Dies sei aus Gründen der Verinnerlichung noch einmal erwähnt, auch um gewisse Fehlinterpretationen aus der Welt zu schaffen.

Leider gibt es sehr wenig Literatur von ehemaligen Zerstörerpiloten. Habe aber ansonsten alles, was mir zur Verfügung stand an Büchern, Zeitschriften, Berichten und sonstigen Recherchemitteln über die Me 110, in diesem Buch verwendet. Auch nach Parndorf in Österreich richteten sich meine Nachforschungen, hier wurde mir schnell und umfassend geholfen, dies soll an dieser Stelle auch geschrieben werden.

Die technischen Details habe ich dabei vernachlässigt, da es hierfür schon genug Bücher über diese Maschine gibt. Über ihre Einsatzeigenschaften sind bisher wenig fundierte Publikationen auf den Markt gekommen, es werden immer die gleichen negativen stereotypen Formulierungen gegen diese Maschine ins Feld geführt.

Gerade die Me 110 war, nach den Abschusszahlen als Nacht- / Tagjäger betrachtet, die erfolgreichste zweimotorige Maschine im Zweiten Weltkrieg mit knapp 6 000 Abschüssen. Dabei wurde sie nicht einmal ausschließlich als Jäger eingesetzt.

Ich wollte Ihnen als Leser die Me 110 in ihrem Element näherbringen. Dabei halfen mir zwei exzellente Me 110-Piloten mit ihren Zeitzeugenberichten. Dafür bin ich besonders dankbar.

Knapp sechs Jahre hat sich die Me 110 an allen Fronten ausgezeichnet bewährt, es gibt nur wenige Piloten, die diese Maschine nicht gern geflogen haben. Sie gehörte, was die Flexibilität betraf, zu den Spitzenflugzeugen des Zweiten Weltkrieges

Ich hoffe, es ist mir gelungen, Sie davon zu überzeugen, die Me 110 nicht mehr als „Versagerflugzeug“ anzusehen.

Denn das war sie mit Sicherheit nicht!!!

X. Quellen und Literaturhinweise

Aders, G.:
Geschichte der deutschen Nachtjagd, Stuttgart 1978
Bekker, C.:
Angriffshöhe 4000, Hamburg 1964
Beekman, F. / Kurowski, F.:
Der Kampf um die Festung Holland, Herford 1981
Boehm-Tettelbach, K.:
Als Flieger in der Hexenküche, Mainz 1981
Brown, E.:
Berühmte Flugzeuge der Luftwaffe 1939-1945
Deighton, L.:
Luftschlacht über England, München 1982
Girbig, W.:
Die Luftoffensive gegen die deutsche Treibstoffindustrie und der Abwehreinsatz 1944-1945, Stuttgart 2003
Girbig, W.:
Jagdgeschwader 5 „Eismeerjäger“, Stuttgart 1976
Gisclon, J.:
Sie eröffneten den Tanz, Rastatt 1967
Golücke, F.:
Schweinfurt und der strategische Luftkrieg 1943, Paderborn 1980
Held, W. / Nauroth, H.:
Die deutsche Nachtjagd, Stuttgart 1992
Hoch, G.:
Die Messerschmitt Me 109 in der Schweizer Flugwaffe
Jablonski, E.:
Doppelschlag gegen Regensburg und Schweinfurt, Stuttgart 1975
Johnen, W.:
Duell unter den Sternen, Friedberg 1956
Johnsen, J. E.:
Jagd am Himmel, München 1966

Kaufmann, J.:
Meine Flugberichte, Schwäbisch-Hall 1989
Kracheel, K.:
Flugführungssysteme, Bonn 1993
Kurowski, F.:
Der Luftkrieg über Deutschland, Düsseldorf, Wien 1979
Mankau, H. / Petrick, P.:
Messerschmitt Bf 110, Me 210, Me 410, Oberhaching 2001
McKee, A.:
Entscheidung über England, München 1960
Mombeek, E.:
Eismeerjäger Bd. 1, Linkebeek (Belgien) 2001
Nauroth, H.:
Bf 110. Zerstörer an allen Fronten 1939-1945, Stuttgart 1978
Obermaier, E.:
Die Ritterkreuzträger der Luftwaffe, Mainz 1966
Prien / Rodeike:
Jagdgeschwader 1 und 11. Teil 1 / 2
Price, A.:
Fliegende Legenden, Augsburg 1998
Price, A.:
Luftschlacht über Deutschland, Stuttgart 1987
Price, A.:
Sie flogen die Spitfire, Stuttgart 1980
Ring, H. / Shores, C.:
Luftkampf zwischen Sand und Sonne, Stuttgart 1969
Ring, H. / Shores, C. / Hess, W.:
Tunesien 42 / 43, Stuttgart 1981
Rohden von, H.:
Die Luftwaffe ringt um Stalingrad
Rossiwall, T.:
Fliegerlegende, Neckargemünd 1964
Scherzer, V.:
Die Träger des Deutschen Kreuzes in Gold der Luftwaffe

Scutts, J.:
German Night Fighter Aces of World War 2, Oxford 1998
Toliver, R. / Constable, T.:
Das waren die deutschen Jagdflieger-Asse 1939-1945, Stuttgart 1990
Townsend, P.:
Duell der Adler, Stuttgart 1970
Wagner, W.:
Kurt Tank – Konstrukteur und Testpilot bei Focke-Wulf, Bonn 1991
Weal, J.:
Messerschmitt Bf 110 Zerstörer Aces of World War 2
Wright, R.:
Der vergessene Sieger, Bergisch-Gladbach 1970
Ploetz Verlag, Würzburg 1960
Bundesarchiv, Koblenz
Militärarchiv, Freiburg

Sonstige Quellen:

Campbell, J.:
Bf 110 Zerstörer in action, Friedberg 1977
Dildy, D. / Scheve, F.:
Maidagen – Holland 1940, Berlin 2006, Flieger Revue
Gründer, M.:
Uhu für die Nachtjagd, Stuttgart 5 / 06 und 6 / 06, Klassiker der Luftfahrt
Redemann, H.:
Zerstörer an allen Fronten, Stuttgart 2 / 03, Klassiker der Luftfahrt
Schumann, R.:
Ritterkreuzträger Profile, Heinz-Wolfgang Schnaufer, Illertissen
Schwarz, K.:
Nachtjäger, Stuttgart 3 / 03, Klassiker der Luftfahrt
Thomalla, V.:
Witwe mit Biss, Stuttgart 3 / 03, Klassiker der Luftfahrt

Internet:

Ciel de Gloire

XI. Danksagung

Möchte die Möglichkeit nutzen, mich bei denen zu bedanken, die mir bei diesem Projekt mit Rat und Tat zur Seite gestanden sind.

Natürlich mein besonderer Dank gebührt den beiden Zeitzeugen

Zerstörerpilot Oberstleutnant a. D. Rudolf Kurpiers und

Nachtjäger Frithjof Fensch.

Beide haben mir unermüdlich jede Frage geduldig beantwortet und mir ihre Aufzeichnungen zur Verfügung gestellt.

Oberst a. D. Gert Overhoff, Vereinigung der Jagdflieger e. V., Frau Brigitte Kuhl, Bundesarchiv Koblenz, Frau Andrea Meier, Militärarchiv Freiburg.

Manfred Boehme, Thomas Wilberg, Virtuelles Luftfahrtmuseum, Steve Lasseck haben mir in uneigennütziger Weise Bildmaterial zur Verfügung gestellt, auch das Waffenmuseum Oberndorf/Neckar und Luftfahrtmuseum Laatzen/Hannover sollen hier genannt sein.

Und meiner Frau Elvira, die mir bei diesem Projekt eine moralische Stütze, aber auch bei vielen Formulierungen eine große Hilfe war.